滇池流域营养物综合减排策略及风险决策研究

阳平坚　郭怀成　著

科学出版社

北　京

内 容 简 介

面对我国大部分湖泊污染物负荷远超环境容量、湖泊生态系统退化严重的现实挑战，如何基于流域尺度采取有效的污染综合控制措施，运用适当的方法量化流域管理决策中的不确定性，以降低管理风险，是目前我国水环境管理领域亟待解决的问题。本书以滇池流域为例，梳理"源头—途径—末端"污染物全过程多级削减技术体系，建立"结构减排—工程减排—管理减排—生态减排"四位一体污染物综合减排框架，基于不确定性风险决策理论，构建风险显性区间线性规划和精炼风险显性区间规划两类风险决策模型，并在目标-约束风险曲线的基础上提出交互式风险决策方法，从而降低决策风险，提高管理效率。

本书可供环境科学、生态学、流域管理、资源与水利、运筹学、地理学等专业的科研技术人员、政府管理人员及高等院校师生阅读和参考。

图书在版编目（CIP）数据

滇池流域营养物综合减排策略及风险决策研究 / 阳平坚，郭怀成著.
—北京：科学出版社，2018.12

ISBN 978-7-03-059130-2

Ⅰ. ①滇⋯ Ⅱ. ①阳⋯ ②郭⋯ Ⅲ. ①滇池-流域-富营养化-污染控制-研究 Ⅳ. ①X524

中国版本图书馆 CIP 数据核字（2018）第 238780 号

责任编辑：张 震 孟莹莹 赵 晶 / 责任校对：孙婷婷
责任印制：吴兆东 / 封面设计：无极书装

科学出版社 出版
北京东黄城根北街 16 号
邮政编码：100717
http://www.sciencep.com

北京九州迅驰传媒文化有限公司 印刷
科学出版社发行 各地新华书店经销
*
2018 年 12 月第 一 版 开本：720×1000 1/16
2018 年 12 月第一次印刷 印张：15 插页：3
字数：300 000
定价：118.00 元
（如有印装质量问题，我社负责调换）

前　言

经历了改革开放 40 年的快速发展，我国的社会经济取得长足进步的同时，也产生了严重的资源环境危机。发达国家数百年发展过程中分阶段出现的环境问题在我国集中爆发，呈现出明显的结构型、复合型和压缩型的特点。在众多的环境问题与挑战当中，湖泊富营养化与淡水生态系统退化尤其严重。太湖、巢湖、滇池等流域蓝藻水华暴发，多个城市饮用水源受到影响，因此控制湖泊富营养化和抑制蓝藻水华暴发成为各级政府和公众关注的焦点。

根据生态环境部发布的《中国环境状况公报》，2016 年，我国监测的 112 个重要湖泊（水库）中，Ⅳ～Ⅴ类和劣Ⅴ类水质的湖泊（水库）比例分别为 25.9%和 8.0%，主要污染指标为总磷（total phosphorus，TP）和化学需氧量（chemical oxygen demand，COD）。国家重点控制的"三河三湖"中的滇池、太湖和巢湖均属于中度或重度富营养状态。湖泊富营养化不仅容易使水体滋生蓝藻水华、散发不利气味、影响水体环境功能，还会造成巨大的经济损失，危害人体健康，影响社会稳定和生态环境安全。

国家科技重大专项"水体污染控制与治理"六大主题中专门设立"湖泊富营养化控制与治理"专题，先后在太湖、滇池、巢湖等富营养化重点治理湖泊开展专项研究。北京大学作为第一责任单位与中国科学院水生生物研究所、云南省环境科学研究院、云南大学、云南高科环境保护工程有限公司、中国环境监测总站等单位共同承担了"滇池流域水污染治理与富营养化综合控制技术及示范"项目研究。该项目确定"从流域出发，以控源为主、创建生态修复条件为辅，在滇池流域范围内，集中力量对湖泊流域进行以严格控污为目标的调查研究，以及环境、生态诊断，为制定科学治理规划、控源减排技术及综合管理支撑提供依据"的研究思路与目标。笔者有幸作为主要研究人员参与了滇池项目下属课题"流域社会经济结构调整及水污染综合防治中长期规划研究"。在课题实施期间，研究组对滇池流域的水环境与社会经济系统进行了详细调查与诊断，依据调查收集到的资料和数据，对滇池流域的水环境承载力与主要污染物的容量总量进行了核算和优化分配，并基于承载力与容量制定了《滇池流域社会经济结构调整与区域发展战略规划》与《滇池流域水污染综合防治中长期战略规划》。本书的选题、案例区域、部分研究内容就是基于上述研究课题，支持本书案例研究中的大部分数据与模型结果也引自该课题的研究成果。

湖泊生态系统的修复是一个长期而又复杂的过程。富营养化控制是湖泊生态系统修复中的一个重要而又必需的环节。湖泊富营养化得到有效控制、周年性蓝藻水华不再暴发，既是湖泊水环境污染得到初步治理的结果，也是湖泊生态系统恢复到健康状态的重要前提。对滇池这样一个流域人口密集、经济规模巨大、城市化率在 90% 以上的高原浅水湖泊而言，其治理难度之大更是为世界所公认。过去很长一段时间里，滇池治理的投入一直被认为成效不高，很大一部分原因就是没有离岸治湖，从整个湖泊流域的尺度，综合考虑社会经济发展、城市布局、人口规模、产业结构、工程治理、生态修复、环境管理等方面对湖泊污染造成的影响，没有构建一套从源头控制、途径治污截污到末端控制及生态修复的全过程污染控制体系。

总结滇池流域污染治理经验和教训，本书提出以"控源减排"为主导，以"综合治理"为手段，牢牢把握流域经济社会发展战略与水污染防治的协调规划和联合调控，着重开展流域范围内水文气象、水质、污染源及经济社会的系统调查与监测，摸清流域社会经济与环境污染家底，开展流域水环境污染和湖泊富营养化全过程诊断，识别流域经济社会与滇池水环境的系统特征，探讨流域经济社会发展与滇池水环境保护的相互作用机理，量化滇池流域水环境承载力，提出滇池流域社会经济结构调整与区域发展战略规划；开发高原湖泊容量总量控制管理技术体系，完成流域"控源—减排—截污—治污—生态修复"多级削减技术系统设计，提出滇池流域水污染综合防治中长期规划，最终为滇池治理提供战略决策支持，也为我国高原湖泊流域水污染控制和治理提供示范与借鉴。

基于流域尺度对湖泊污染进行综合治理和管理的研究目前在我国正处于方兴未艾的阶段，其研究范围广且方法日新月异。希望本书能够推动我国在流域综合管理、湖泊富营养化控制、不确定性优化决策等方面的理论、方法与实证研究，并引发更多相关科学问题与实践需求的探讨与解决，从而更好地服务于我国的水环境管理工作。

本书得到国家水体污染控制与治理重大科技专项"滇池流域水资源联合调度改善湖体水质关键技术与工程示范"（项目编号：2013ZX07102-006）的大力支持。北京大学环境科学与工程学院副院长刘永教授在本书出版过程中给予了诸多协助，在此深表感谢。书中不足之处在所难免，敬请业界同仁批评指正。

阳平坚　郭怀成

2018 年 6 月 4 日

目　　录

第1章 绪 论

1.1 研究背景、意义与目的

1.1.1 研究背景

改革开放以来，经过几十年的快速发展，我国的社会经济建设取得了巨大成就，国内生产总值已经于 2010 年超越日本，稳居世界第二（国家统计局，2011）。然而，经济发展也让我们付出了沉重的代价，其中以资源消耗与环境污染的问题最为突出。目前，我国正处于社会经济转型期，城市化、工业化进程进一步加快，发达国家数百年接连出现的环境问题近 20 年内在我国集中出现，其中水环境问题尤为显著。与过去相比，水环境问题表现出显著的综合性、流域性和复杂性特征，重大环境污染问题与环境事故随时可能会爆发（中国工程院和生态环境部，2011）。近年来，作为目前中国较严重和较紧要的环境挑战之一，淡水生态系统退化与富营养化问题受到社会各界的广泛关注。众所周知，以河流和湖泊为主要载体的淡水生态系统是人类及其他众多物种生存繁衍与生活生产的主要生境，其所在流域内的淡水、土地、生物及矿产等自然资源维系着人类的生存和发展，而且河流、湖泊、水库和湿地等也为生物多样性的维持提供重要的栖息地保障（刘永和郭怀成，2008）。但人类对流域及其生态系统的干扰日益严重，以至对流域内资源的正常更替和养护、生态系统的健康发展都造成了巨大威胁。因此，河流、湖泊的水环境污染和以富营养化为主要特征的生态退化已成为目前我国面临的主要生态环境问题之一，并严重影响了人类对流域内资源的开发和保护。

自"九五"计划以来，尽管国家各级政府投入巨资治理流域水环境污染，但是目前的水环境质量和水生态系统状况并没有得到明显好转（Brookes and Carey，2011）。特别是社会经济发展迅速、城市化程度较高、人口和经济规模相对密集的辽河、淮河、海河与滇池、太湖、巢湖（简称"三河三湖"）地区，水环境质量恶化的趋势并没有得到明显遏制（生态环境部，2013）。究其原因是，流域内所面临的上述问题并不是一个简单的污染问题，而是涉及流域内社会经济发展、人口规模与聚集、产业结构和布局、生态建设与管理、市政工程设置等一系列安排的综合结果。因此，迫切需要为流域的保护和可持续发展寻求一条可行的途径，把流域内的社会经济发展、产业结构、资源配置、污染治理、人口布局等合理纳入流域的统一规划和管理中来（Yang et al.，2016）。而目前我国的流域管理采取的是一种分散化、以行政辖区为基础的管理模式，不同的资源类型隶属于不同的管理部门，因此造成了管理的职能脱节，并割裂了流域内水文与生态系统固有的完整性，非常不利于流域生态资源的保护与各类环境污染的治理（刘永和郭怀成，2008；钱正英和张光斗，2001；李恒鹏等，2004；杨桂山等，2004）。

自 20 世纪 60 年代起，国外水环境管理经历了"污染—防治—保护—生态系统管理"阶段，水质、水生态得到全面恢复后，目前已从污染防治阶段转移到生态系统的恢复与保护阶段（刘永，2007），国外水环境管理的治理理念也随着时间的推移和环境污染形势的变化而发生了深刻的变化。首先是 20 世纪 70 年代欧美爆发严重的环境危机，公众的关注和抗议日益增加，各国政府采取了积极有效的措施，对工业点源和生活污水等进行了有效治理。此后，随着污染治理技术的不断革新和发展，污染治理思路和理念也随之变化。从 1977 年 3 月联合国马德普拉塔水会议（the United Nations Water Conference，Mar del Plata）发布关于水资源管理的里程碑似的行动计划（Lee，1992；Koudstaal et al.，1992；Biswas，1992，2004），到 1992 年 6 月在里约热内卢举行的联合国环境与发展大会（Newson，1992；Biswas，2004）提出应该统一、综合、系统地对资源进行管理，摒弃以往通行的分散式的条块管理之后，系统管理理念得到前所未有的一致认同（Lee，1992）。与此同时，流域综合管理（integrated watershed management，IWM）概念也逐渐孕育形成，并经过多年的发展和完善，成为国内外水资源、水环境管理的共识（Nickum and Easter，1990；Newson，1992；Lee，1992；Koudstaal et al.，1992；Goodman and Edwards，1992；King et al.，2003；Orr et al.，2007；Heathcodes，2009）。将流域综合管理的理念和方法运用到实际的水资源管理中的案例也与日俱增，特别是澳大利亚、加拿大、美国和欧洲国家等的管理者，结合各自的流域特点和管理实践，为丰富流域综合管理的实际案例提供了佐证和素材（Wilks，1975；Heathcote，1993；van Ast，1999；King et al.，2003；Orr et al.，2007）。

截至 21 世纪初，将流域综合管理理论和方法应用到我国迫切需要治理污染和恢复生态的具体流域中的成功案例却不多见。换言之，我国的流域综合管理基本还停留在概念、理念、思路和战略的层面，尚无具体的案例研究进行理念和思路的落实（陈宜瑜等，2007）。产生上面这种状况的原因主要有 3 个：①我国社会经济发展和人口压力普遍超出流域的水环境承载力的阈值范围（何成杰，2011），尤其以东部沿海地区和城市区域的河流、湖泊为甚。当前我国重点关注和治理的"三河三湖"等流域，无一例外都存在着这类人口过度膨胀、经济活动过度密集，从而给所在流域造成巨大的人类胁迫压力的问题。特别是几大主要的淡水湖泊，都处于人口和经济压力巨大、入湖污染物极大地超出湖体自净能力、蓝藻水华周年性暴发的状态，基本丧失主要用水功能和生态系统完整性。②我国的水污染治理和生态恢复仍处于"头痛医头，脚痛医脚"的阶段，没有采用系统思维、综合设计从源头到末端进行全流域综合控制和管理（阳平坚等，2007）。这种分散式的污染治理方式使得许多治理管理措施相互抵触，无法形成合力，从而造成环境投资的巨大浪费。③水环境治理、管理实践中，条块分割、部门矛盾、利益冲突、信息不透明、公众参与（public participation）不足，以及科学研究支持不力也是造成目前这种局面的重要原因（孟伟等，2004）。基于以上现状，研究者和管理者有必要从流域系统整体出发，从流域内的社会经济发展、人口布局、产业结构、生态建设、工程控制等角度，建立全方位的流域污染控制与水环境管理的理论、方法框架体系。

　　如何将流域综合管理理论应用到国内具体的流域管理中，是目前中国主要污染水体恢复的迫切需要，也是我国水资源、水环境管理者亟须解决的问题。研究者从流域的尺度，提出了一整套湖泊-流域生态系统管理的理论与方法体系，并针对我国生态环境相对保持较好的邛海流域进行了应用研究（刘永和郭怀成，2008），取得了非常好的效果和反响，为我国流域综合管理的未来指明了前瞻性的方向。但如前文所述，我国的水环境现状远不尽如人意，全国主要流域水质污染严重（水利部，2015），生态退化剧烈，其污染和破坏现状决定了我国必须经历一段较长时间的污染治理和生态恢复，待湖泊、河流及其所在流域生态系统恢复到较好的状况时，才可能有条件实施生态系统管理（Heathcodes，2009）。而在此之前，如何从流域的尺度，对现有流域主要环境问题及污染源进行识别、评价，并采取相应的源头—途径—末端的综合治理、管理措施，大力促成流域水质和生态的改善与恢复，则是我国水资源、水环境治理管理的主要目标（刘永等，2012）。此外，在中国的水环境管理过程中，信息不对称、科学研究人员与管理决策者沟通不足、公众参与不够等问题也一直饱受诟病。因此，建立一套能有效促进公众参与水环境管理、提高研究人员与水环境管理者之间沟通效率的交互式水资源管理（interactive water management）决策方法体系也显得十分必要（Yang et al.，2016）。

　　基于以上研究背景和需求，本书选择地处我国云贵高原的滇池为研究对象，尝试解决如下研究难题：①如何构建社会经济、产业、人口、生态、管理、工程多种要素集成的污染控制途径和策略；②建立能有效促进科学研究人员与水环境管理者之间进行沟通及公众参与的水环境管理机制。滇池是我国第六大淡水湖泊，也是全国范围内污染较为严重的湖泊之一。中央和地方各级政府对滇池的污染控制投入巨大，尤其是近十余年对愈演愈烈的富营养化的控制力度前所未有。但是滇池的富营养化程度依然没有得到根本性的逆转，造成湖泊富营养化指数居高不下的主要营养物质总氮（total nitrogen，TN）和总磷（total phosphorus，TP）的入湖量依然远远超出湖泊的容量水平（国务院第一次全国污染源普查领导小组办公室，2009）。总结治理滇池的经验和教训，首要问题是没有切实落实流域综合管理理念，把社会经济发展、产业结构调整、人口布局、工程、管理等各项社会生活生产活动纳入滇池综合治理的范围中来。只有采取全局性的从源头到途径再到末端的全流域污染物削减措施，切实有效地从工程削减、产业结构、人口布局、管理手段等入手，降低主要营养物质的入湖量，才能有效地遏制富营养化的恶化发展趋势。

1.1.2 研究意义

基于上述研究背景，总结本书的研究意义，具体如下。

（1）流域综合管理已经成为世界各国水管理的共识，也受到中国研究人员和管理者的高度重视，但是目前其在我国还以提思路、谈理念为主，没有真正地将这种管理理念和理论方法落实到实际的流域管理中来。此外，研究者超前地提出以流域为基础的流域生态系统管理，但是目前中国水污染的严峻形势决定了该套理论方法还暂时无法得到有效实施。因此，中国流域水环境管理亟待一套面对现实水环境状况，以解决迫切亟须的水环境问题的流域综合管理方法和案例，以支持流域内的水环境质量得到有效改善、生态系统逐渐恢复。这套方法包括利用流域综合管理的理论、方法和模型进行流域综合评价、关键问题识别、利益相关者协商、公众参与等环节。

（2）针对目前中国亟待解决的以湖泊为主的淡水生态系统富营养化问题，如何综合社会、经济、人口、产业、生态、管理、工程等各个要素，最大限度地发挥各利益相关者的主动性，共同解决水体富营养化和生态退化问题，是目前水污染控制研究者面对的巨大挑战。已有的科学研究表明（Schindler，1974；Huisman et al.，2005；Howarth and Marino，2006；Conley et al.，2009），对淡水生态系统进行富营养化控制的关键在于营养物质，尤其是 N 和 P 等植物型营养物的有效减排。因此，如何从源头到途径再到末端进行全方位的综合防控、治理、削减体系的建立，将成为湖泊控制富营养化和恢复淡水生态系统的关键环节。这个环节也是切实落实流域综合管理理论与方法的平台。

（3）针对决策者面对诸多不确定性进行决策时的困境和迫切需求，如何使得科学家与决策者之间的鸿沟缩小，运用双方都能接受和理解的方式进行交互式决策；在决策者对自己熟知的环境系统进行决策时，如何利用他们对流域生态系统的背景知识和相关信息；不同的决策者有不同的风险意愿偏好，如何使得他们的风险意愿水平在决策方案中体现出来（Zou et al.，2010；Yang et al.，2016）；此外，面对一个高度不确定性的决策系统，约束条件无法满足和目标函数的参数无法取得合理的数值两个不确定性所引发的风险，如何权衡和选择。上述几个问题也是目前不确定性决策研究中亟待解决的问题。解决上述难题也是本书研究的重要目的之一。

（4）滇池是我国污染较为严重的淡水湖泊之一，也是国家重点治理的"三湖"中的难点。以滇池为案例研究区域，对于其他湖泊，尤其是浅水淡水湖泊和高原湖泊具有较大的示范意义。本书以解决滇池流域面临的实际问题为导向，运用流域综合管理理论和方法，综合考虑社会经济发展、产业结构布局、工程与管理结合的各种措施和手段，进行滇池的水污染控制和生态恢复。已有的研究发现，滇池化学需氧量（COD）、五日生化需氧量（five-day biochemical oxygen demand，BOD_5）等水质指标得到初步控制，水环境污染类型由有机污染型转向植物营养型污染；目前最迫切的是控制湖泊的富营养化，防止蓝藻水华的周年性暴发（刘玉生等，2004；何佳等，2010；李跃勋等，2010；陆海燕等，2010）。而由湖泊污染综合评价结果可知，控制富营养化最为关键的途径在于营养物 N 和 P 的入湖削减，因此本书拟提出以 TN 和 TP 为约束性指标的滇池流域营养物削减策略。

1.1.3　研究目的

本书的研究目的如下。

（1）将国外已经实施和应用的流域综合管理理论与方法落实到中国的实际流域中，使我国的流域综合管理从提理论、讲思路、谈理念阶段真正落实到能为亟待解决的实际问题提供支持，提出从理论、方法到应用的系统研究框架。

（2）提出综合社会经济、人口、工程、生态和管理的污染物减排框架，构建营养物结构减排、工程减排、生态减排和管理减排 4 种减排方式相互结合的污染物综合减排框架，为实现滇池的水质改善和生态恢复的目标提供科学支持，即为控制蓝藻水华周年性暴发而必须采取营养物质减排提供综合方案。

（3）为应对目前水环境中监测不足和数据缺乏的现实困难，提出一套基于不确定性理论的显性风险区间优化方法，将决策过程中的风险分解并定量，使得决策者能根据系统的实际状况和自身的风险意愿水平进行决策，同时，也为决策者和科学家提供良好的交互式决策方法和平台。

（4）综合上述理论、方法、模型和案例研究，提出滇池流域营养物综合减排框架方案和风险决策分析结果，探索其背后的普适性意义，以期为中国的其他重度富营养化湖泊-流域综合管理提供决策支持。

1.2　国内外研究进展及存在问题与发展趋势

1.2.1　研究进展（Ⅰ）——流域综合管理

水资源是地球上较为宝贵的自然资源之一，其能调节一个区域的人口增长，影响该地的环境健康和生活条件，并决定该地的生物多样性（Newson，1992）。数千年以来，人类一直试图从流量和水质方面管理好水，但是结果却不尽如人意。事实上，水资源分配所引发的纠纷不管是在国家（城邦）还是个人之间都名列首位（Phelps，2007）。最早的水资源利用纠纷纪录甚至可以追溯到 4500 多年前的美索不达米亚文明时期（McDonald and Kay，1988）。水资源有如此长时间的使用历史和经验，但水资源的管理却一直未能成功实施。尤其是进入 20 世纪，许多国家的经济发展取得了巨大的成功，伴随的却是水资源使用和管理的巨大代价。许多国家和地区甚至因为水资源的分配与管理失败而大动干戈，引起战争，造成人民生命财产的巨大损失。工业革命以后，技术的进步使得人类越来越倾向和依赖于各类水资源配置的技术和工程，如修建大坝、建设污水处理设施、发展灌溉系统等，却在很大程度上忽略了水所在的环境本身的特性。到了 20 世纪六七十年代，人类的这种忽视造成了严重的后果，主要发达国家的水环境几乎达到了有水皆污的境地。美国俄亥俄州克利夫兰市（Cleveland，Ohio）一条名为凯霍加河（Cuyahoga River）的河流甚至因为污染过重而着火。此后，美国海洋生物学家蕾切尔·卡逊（Rachel Carson）女士的环保科普著作《寂静的春天》唤醒了公众的环境意识，使得西方各国政府加大环境治理力度，尤其是水环境污染的治理力度，也使得水资源管理的理念得到了提升与发展。

1977 年 3 月，联合国在阿根廷马德普拉塔（Mar der Plata）举行第一次全球水会议，并发布了"水管理行动计划"与"饮用水安全与卫生 1990 年目标"。此次会议被许多研究者认为是人类水资源管理的里程碑事件（Lee，1992；Koudstaal et al.，1992；Biswas，1992，2004）。马德普拉塔水会议为各国水资源管理政策提出了 4 点建议：①制定水资源利用管理的国家计划，并实时评估与更新；②确保水资源开发和管理的制度安排在国家计划的框架范围之内；③审查现有的涉水法律、行政结构，促使其有利于水资源合作管理的进行；④努力创造条件，使得用水者与公众能有效参与水资源规划和决策过程。马德普拉塔水会议的行动计划着重强调"有力、集中的水资源管理国家承诺"，但是几十年过去了，水资源管理问题依然严重。Lee（1992）总结了水资源管理的困难所在，提出 6 大主要管理难点：大部分用水行为未能纳入管制范围、不充分的水资源管理和无效的水资源管理、涉水公共设施效率低下、各方面人员培训不足、决策机构过度集权与官僚、立法不足或不合理。不过,马德普拉塔水会议最大的意义在于使得全球范围内有了这样一个清醒的认识,即各国正式承认了现有水资源管理政策的失败。会议之后,令人沮丧的进展使得不少研究者重新审视会议所通过的"行动计划",并寻找失败的原因。这些审视为 1992 年在里约热内卢召开的联合国环境与发展大会作了很好的准备。

在 1992 年的联合国环境与发展大会上,150 多个国家与地区共同签署了《生物多样性公约》,并通过了诸如降低温室气体排放、减少跨界河流污染、保护臭氧层等多项共同计划。所有的行动计划都传达出一个明确的信息,那就是需要"对系统进行管理,而不是对系统的各个组成部分"(management of systems,not system components)。Lee(1992)提出,过度集权的水资源管理与过度集权的社会、经济系统一样,已经失败,需要被更具有灵活性的流域管理所取代。Koudstaal 等(1992)也在同一年重申了这一观点,并强调没有单一、清晰的水资源管理"问题",因此很难发展一套单一的集中水资源管理模式。越来越多的研究者呼吁水资源的管理应该强调"达到理性、高效的本土化水资源利用"目标,水资源管理的体制也应该"适应本地化的客观条件,而不是自上而下强行施加"。自此,水资源管理应该"基于流域而不是基于国家或者州府等行政区域"的管理理念形成(Lee,1992)。此后世界各国先后接受把流域作为水资源管理的基本单元,接受综合整个流域内的开发活动,统一管理水资源的理念。

事实上,早在 1980 年,Schramm(1980)就提出流域是一个完整的系统,具有"自然的完整性""整体大于部分的总和"的特性。而水资源综合管理(integrated water resources management,IWRM)的提出也可以追溯到 20 世纪 80 年代。Pearse 等(1985)提出水资源综合管理的关键原则包括:①流域计划综合考虑系统所有用水活动和影响流量、水质的其他活动;②流域内的管理信息应该包括全部水文状况的信息;③所采用的分析系统或模型能全面揭示流域内特定用水或开发所造成的影响;④具体流域制定具体的管理目标,并保持公允的评价标准;⑤确保所有相关的管理机构都参与其间;⑥在制定管理目标和决策时确保公众的参与。此后,流域综合管理理念和案例应用进一步在世界各地得以进行。尽管随着科学技术的进步,传统的流域范围甚至被人工调水工程改造,但是流域依然被认为是最适合的水资源管理单元(Nickum and Easter,1990;Newson,1992;Koudstaal et al.,1992;Goodman and Edwards,1992;King et al.,2003;Orr et al.,2007)。

20 世纪 70 年代末期,美国与加拿大交界处的五大湖流域的磷削减行动趋于停滞不前的状态,International Joint Commission(1978)对其原因进行了调查和研究,最后得出结论,五大湖区的恢复需要综合控制整个流域的点源与非点源。在某些区域控制点源是最为经济可行的办法,而另一些区域则把重点放在面源控制上，这会更为经济有效。没有全局的综合管理方案的结果可能是花费不菲却收效甚微。一般来说，水资源管理的失败源自没有综合考虑所有涉水部门及其利益。van Ast（1999）研究发现，不同的管理部门有不同的利益诉求，如渔业部门、航运部门、水利部门与饮用水管理部门水资源管理的利益出发点显然不同，要想达成一个真正的综合管理计划几乎是不可能的。King 等（2003）得出了类似的结论，不过他的着眼点相比之下更为宏观，他考察的是环境保护与经济发展二者之间的不同利益诉求，意识到公众、非政府组织（non-government organizations，NGOs）越来越多地并且与政府以越来越平等的方式参与到水资源管理中来。van Ast（1999）号召超越流域综合管理，进入交互式水资源管理时代。由此也可以看出利益相关者共同参与、共同协作在流域综合管理中的重要作用。

Garande 和 Dagg（2005）在智利的低收入地区运用流域综合管理，使得自下而上的公众参与技术有效实施。Takahasi 和 Uitto（2004）在日本记载了当地公众对河流上大坝的态度变化，同时分析了民意变化对河流管理政策与实践的影响。Sokile 和 Koppen（2004）描述了坦桑尼亚民众利用非正式纠纷解决机制在水资源管理实践中的重要性。He 和 Chen（2001）从具体的涉水工程的角度考察了中国水资源管理政策的变化，阐明了在中国即使是在三峡水库这种超级巨型的工程中，流域综合管理也是可行且合适的。这些案例中最为重要的是所有研究者都触及他们所研究流域的社会、经济动态系统，并或深或浅地考察了该系统对水资源或生态环境的影响，或是反向影响，以至 Orr 等（2007）声称，以协商合作与跨界学习为特征的全体利益相关者共同参与是流域综合管理最重要的特征。

在 1992 年里约热内卢的联合国环境与发展大会召开前，大范围的争论和讨论使得在世界范围内对水资源流域综合管理"到底该管什么"取得了一定程度的共识。Viessmann（1990）、Nickum 和 Easter（1990）、Goodman 和 Edwards（1992）等列举出了如下关键的水资源管理要点（表 1-1）。上述研究者将水资源的管理要点分为 3 个大类，包括"水资源获取与使用""水质"和"水管理及制度安排"。每个大类之下又分为若干个小类，主要包括"保护水生生物及湿地栖息地""全球气候变化""湖泊与水库保护及恢复""点源及面源管理""本土化""经济发展的导向""人口增长"等 24 个管理要点。此外，Koudstaal 等（1992）也总结了影响流域综合管理的各种社会力量和要素及其之间的相互作用关系（图 1-1）。Koudstaal 等（1992）总结的流域综合管理相互作用关系中，"社会与经济发展""流域生态系统""水资源""用水户"是这个系统中的四大作用主体，"水资源"和"用水户"之间以"供水"和"需水"作为主连接线，四大主体通过"行动计划"落实"流域综合管理"的原则和实践，同时"流域综合管理"系统通过"供给导向型措施"和"需求导向型措施"反作用于四大主体。

表 1-1　科学家识别出来的水资源管理要点

分类	要点
水资源获取与使用	保护水生生物及湿地栖息地
	极端事件管理（洪水、干旱等）
	过度开采地表水或地下水
	全球气候变化
	安全的饮用水供给
	水上商业活动
水质	近岸海域与海洋水质
	湖泊与水库保护及恢复
	水质保护，包括有效的执法
	点源及面源管理
	土地/大气/水相互之间的影响
	健康风险
水管理及制度安排	合作与连贯
	本土化
	联邦与州省机构的分工
	工程与研究项目的各自作用
	经济发展的导向
	财政与成本分摊
	信息公开与教育
	适当程度的管制与放权
	水权与取水许可
	基础设施
	人口增长
	水资源规划

　　根据 Heathcote（2009）的研究，尽管世界各国流域综合管理实践差别各异，但是仍然有诸多的共同点。在流域综合管理过程中特别强调的几个关键点包括：①强调全流域综合评价方法，识别出流域的关键需求，并根据需求制定相应的管理措施；②强调流域全体利益相关者共同参与，即常说的公众参与；③强调流域管理规划方案实施过程中，尽可能地综合各个利益相关团体、各种资源配置和污染治理手段，并根据实施效果给予实时的反馈和动态调控。流域综合管理本身对

沟通、参与就十分注重。van Ast（1999）甚至提出变水综合管理（integrated water management）为交互式水资源管理。其理由是随着时代进步、信息获取和传播的改变，公众与政府在某种程度上能等同地获得信息，因此，对大家共享的资源进行交互式管理也就变得理所当然。

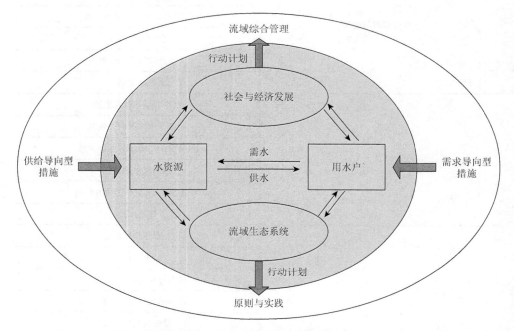

图 1-1　流域综合管理各要素之间相互作用关系（改自 Koudstaal et al.，1992）

综上所述，流域综合管理已经被研究者广为接受，也成立了越来越多的流域管理机构，有些甚至能综合其他受水影响的自然资源管理机构的职能。虽然目前形势依然严峻，但正如 Orr 等（2007）所指出的那样，其至少在农业活动、森林、渔业等方面取得了进展。然而，在更大的范围内，如在全球范围内推行流域综合管理却面临诸多挑战。究其原因，主要是管理体制的分割与低效的综合沟通（van Ast，1999；King et al.，2003），即决定流域综合管理能否顺利推行更多的是社会与经济的力量，而不是基于技术的考虑。

流域综合管理本身并不是一门精确的科学，而是一种环境管理的途径。这种途径采用了地形学上的流域作为分析的物理及研究边界。流域综合管理鼓励研究者对存在于流域内自然资源之间的所有生物物理的、社会经济的联系进行全面考察，同时考虑上下游、左右岸的生活、生产活动的相互影响；它具有跨学科的特点，并强调不同领域专家的跨界合作；它能均衡社会、经济、环境的价值，并把重点置于某些必不可少的战略行动（尤其在面临财务和人力短缺的情形下）；当然，面对一个复杂的系统，也需要处理生态系统与社会-经济系统所带来的不确定性和复杂性。与传统的自上而下的水资源管理相比，流域综合管理是一种自下而上的管理模式，特别强调各水资源管理参与者的能力建设；鼓励跨部门、跨领域合作管理；涵盖其他能影响到水资源管理的自然资源管理，如土地利用等。

1.2.2　研究进展（Ⅱ）——富营养化控制

1. 富营养化发展

富营养化，是从一个英文合成词 eutrophication 翻译而来的。该英文单词的词根源自 eutrophia，表示"健康、营养充分和发展"的意思。20 世纪初，随着西方世界社会经济的快速发展，人类活动对生态系统尤其是淡水环境的干扰日益突出，使得湿地、湖泊、河流等淡水生态系统发生了过去不为人所理解的剧烈变化，其中变化之一就是水体的富营养化。因此，德国生态学家 Weber（1907）首次使用 eutrophie 描述德国沼泽（bogs）的富营养化状态，此后该词成为描述水体，尤其是淡水湖泊发生富营养化的通用说法。一般认为，在没有受到人类干扰的湖泊里，其自然状态也是一个逐步富营养化的过程，并最终老化形成沼泽（Hasler，1947）。但是工业化革命以后，人类的生活和生产活动使得过量的营养物质，尤其是受藻类和水草生长所欢迎的 N 和 P 进入水体，大大加速了这一自然老化的过程，从而产生了这种由人类活动引起的水体富营养化，即人为富营养化（cultural eutrophication）（Thilaga et al.，2005）。

早在 20 世纪中期，湖泊富营养化问题已经广为人知，尤其是对居住在湖泊周边的人来说更是如此。不断增加的蓝藻水华、大型水生植物的疯长、周期性的死鱼事件等，都是人们难以忽略这个问题的最直观表象。在 Weber（1907）首次用"富营养化"这个合成词来描述湿地的过剩生产力后，Hutchinson（1973）对该词自 1907 年后的发展与使用的历史做了比较详尽的介绍。早期对于"富营养化"一词的使用一般仅限于描述性质，如水面植物的过盛繁殖、湖泊均温层的耗氧增加、水底关键大型脊椎物种的变化等（Hutchinson，1969；Hynes，1969）。正因为这种非定量化，这个时期许多湖泊的富营养化还很难准确归类。直到 70 年代，测量湖泊的初级生产力（primary productivity）变得可能时，"富营养化"一词才有了新的量化含义，而此时湖泊流域内的人类活动是造成湖泊富营养化的关键因素也逐渐广为人知（Schindler，2006）。正如 Wetzel（2001）所指出的那样，"生产力/生物量"作为湖泊分类的关键变量的引入，消除了以往湖泊分类系统中面临的最大难题。

人为富营养化的发生是如此广泛，以至今天的研究者已经默认富营养化就是由人类活动所引起的。富营养化的危害甚多,众多的研究者已经从多个方面和角度做出阐述,且随着人类对富营养化产生机理研究的深入,越来越多过去不为人知的作用机理和危害也被揭示。例如,Chatterjee 和 Raziuddin(2001)认为,水体过度的营养丰富不仅降低了水体的经济性,也降低了水体的娱乐价值。Ansari 和 Khan(2006a)也通过其研究得出的结论认为,过量的人为营养输入改变了水生生态系统(Ansari and Khan,2006)。关于富营养化的发生机理及所产生的效应还有其他众多的研究(Fruh et al.,1966;Sreenivasan,1969;Marshall and Falconer,1973;Arumugam and Furtado,1980;Pant et al.,1980;Zdanowski,1982;Prat and Daroca,1983),在此不再赘述。

2. 富营养化控制发展

在早期的富营养化控制研究史上,有几次会议起到了里程碑式的作用。其中一次就是 1969 年由美国国家科学院(US National Academy of Sciences,USNAS)在威斯康星州的麦迪森(Madison,Wisconsin)组织召开的富营养化专题国际研讨会(Hynes,1969)。另外一次是时隔数年由美国湖沼与海洋协会组织(Association for the Sciences of Limnology and Oceanography,ASLO)召开的专题研讨会(Likens,1972)。两次研讨会都没有提出应对富营养化问题的具体对策,也忽视了消费者种群变化在导致富营养化问题中的作用(Schindler,2006)。

国际生物学计划(International Biological Program,IBP)对早期的生态系统、湖泊等方面的研究助力颇大。奇怪的是,20 世纪 60 年代的 IBP 并不把营养物质视为影响生态系统生产力的一个主要因素。这个时期科学家主要关注的是光照、温度、纬度等自然因素对生产力的影响(Kajak and Hillbricht-Ilkowska,1972;Brylinsky and Mann,1973)。直到 IBP 的最后几年,其对科学家的研究资助才重点转向营养物质对淡水生态系统的影响方面(Schindler,1977)。毫不奇怪,早期富营养化发生机理尚不明确,相关部门对富营养化的控制也经历了颇多的曲折,并且有众多的利益团体卷入其中。

富营养化控制的曲折历程中,首先值得一提的是"控碳(C)说"。最初的研究者确立了蓝藻水华细胞中营养物质的雷德菲尔德比(Redfield ratio),即碳:氮:磷(C:N:P)(Redfield,1934),并通过实验室研究得出,碳亏(C deficit)会抑制藻类生物量,因此以抑制碳进入蓝藻细胞为主要手段的"控碳说"非常流行(Schindler,1971,1974;Schindler et al.,1972),部分利益团体如肥皂和洗涤剂企业(soap and detergent interests,SDI)对"控碳"抑制蓝藻资助力度很大。有零星的研究指出富营养化的发生主要是 P 的过度输入这个事实后,SDI 团体立刻频频发声反击并给出了许多今天在我们看来让人啼笑皆非的辩解。在 SDI 团体的众多辩解中,有一种被其大力鼓吹并颇有市场的说法,就是 C 才是富营养化的主要控制因子，削减 C 的输入就能控制水体藻华的发生。因此，在加拿大著名湖沼学家 Schindler 领导的全湖实验项目中，学者首先将着眼点放在了控 C 与控 P 的焦点上。在全湖实验地点（experimental lake area，ELA）的几个湖泊中，227 号湖（lake 227）因为溶解无机碳（dissolved inorganic carbon，DIC）浓度最低，所以被选取为控 C 实验湖。1969 年起，227 号湖泊以 14：1 的质量比例人工加入 N 和 P，但是不加入任何 C，很快就证明控制 C 是无法抑制湖泊的蓝藻水华发生的，因为大气中有足够的 CO_2 会随着 N 和 P 的加入在发生 C 亏时补充进入水体。Schindler 通过全湖实验用无可辩驳的事实阐明了 C 在富营养化过程中的作用，并在 *Science* 上撰文宣布控 C 无法抑制蓝藻水华在湖泊中的暴发（Schindleret al.，1972；Schindler and Vallentyne，2008；Schindler，2009）。

其次是生物调控方法。生物调控方法的主要原理是基于营养级联理论（cascade theory）。在湖泊中，鱼类通过食物网与蓝藻及含 P 营养盐建立如下联系。如果在某个湖泊中食肉大型鱼（piscivorous fishes）被移除，则以浮游动物为食的小型鱼（planktivorous fishes）会过度繁殖；而此类小型鱼只选择性地捕食浮游动物，从而使得草食性浮游动物（如水蚤）的数量迅速减少，其结果就是蓝藻等浮游生物大量繁殖。反而言之，如果湖泊中有较多数量的食肉大型鱼，则会减少小型鱼的数量，继而使得浮游动物得以大量存活，成为占优浮游生物，但是这种情况也有例外（Elser et al.，1998）。总之，营养级联就是通过一系列的捕食与被捕食的食物链改变湖泊生态系统的生物量或生产力（Pace et al.，1999）。更多的关于营养级联的介绍可以查阅参考文献 Paine（1980）和 Carpenter 等（1985）。

使用营养级联进行生物调控效果较为显著的试验之一是由 Mittelbach 等（1995，1999）在美国密歇根州的冬青湖（Wintergreen Lake）进行的。1978 年，冬青湖中食物链最顶层的大口黑鲈（*Micropterus salmoides*）被全部清除，随之而来的反应就是湖里以浮游生物为食的鱼类（大口黑鲈的捕食对象）数量急剧增多，继而使得食藻类浮游动物数量下降。直到 1986 年大口黑鲈被重新引入湖内，该湖泊生态系统一直保持这种一增一减的态势。随着大口黑鲈数量的逐渐增加，食浮游生物类鱼的数量减少到原来的 1%，浮游动物约增加了 10 倍，体型较大、吞噬藻类速度很快的水蚤（*Daphnia*）重新占据了食物网的主导地位，湖水的透明度也随之显著增加（Mittelbach et al.，1995）。与此同时，欧洲的湖泊科学家也在调控鱼类的实验中观测到了类似的变化（Scheffer et al.，1997；Jeppesen et al.，1998）。冬青湖的调控采用的是顶级驱动，即控制食物链的最顶端物种，McQueen 等（1989）采用了顶端和中间营养级共同调控的方式，尽管生态系统的反应没有 Mittelbach 等（1995）所发现的那么显著，但是在浮游动物数量的变化上也观测到了相似的结果。

3. 富营养化限制性因子

在富营养化控制发展史上,蓝藻水华暴发的限制性营养因子到底是 N 还是 P,要控制水华暴发,到底是应该优先控制 N 还是优先控制 P,抑或是 N 和 P 应该同时控制,是所有研究者都无法忽略和错过的一段历史。早期的富营养化控制并不像今天这样有坚实的理论基础,其处理方法也多限于"治标不治本",只观表象不问机理。例如,向水体中投放硫酸铜(copper sulfate)或除草剂,企图杀死水中的藻类,而不是试图去寻找产生水华的根源(Schindler,2006)。直到 20 世纪60 年代,科学家才逐渐认识到蓝藻水华的产生与淡水生态系统所处流域内人类活动所产生的过度营养物的输入有关,但是到底是哪一种或多种营养盐却一直争论不断。

在 1969 年的麦迪森研讨会上,有一位当时供职于经济合作与发展组织(Organization for Economic Co-operation and Development,OECD)名叫 Richard A. Vollenweider 的参会者,他并没有被邀请发言。然而,就是这位在主流科学家眼中没有资格发言的科学家首次比较系统地提出了需要削减 P 和 N 作为控制富营养化的思路。他在 OECD 的报告中,利用简单的模型将富营养化与 N、P 营养物质的输入及平均水深联系起来,详细系统地记录了以控 P 为主、某些情况下辅以控 N 对富营养化问题的有效解决(Vollenweider,1968)。他的研究报告尽管没有在任何主流的学术刊物上发表过,但是却并不影响其成为当时世界各地富营养化控制的基础。同时,Vollenweider 的研究也首次将湖泊流域的变化与富营养化联系起来,从而否定了当时流行的由 Forbes(1925)提出的有关湖泊本身是一个"小宇宙"的观点。

但是也有一些人对 Vollenweider 提出的结论表示怀疑。例如,Kuentzel(1969)、Kerr 等(1970)和 Lange(1970)等就通过生物计量(bioassay)实验证明是 C 而不是 P 最终决定着生产力的高低。如前所述,他们的这些实验结果一经发表就得到了 SDI 团体的大力支持,甚至连加拿大的官方研究机构也严切关注,并对控 P 而不是控 C 的水环境管理逻辑产生质疑(Legge and Dingeldein,1970)。然而,正如 Schindler(2006)所指出的那样,这些实验都犯了一个致命的错误而站不住脚,那就是研究者没有考虑他们用的水在做生物测定前就已经受到了 P 的影响。

在美国,比较早把湖泊富营养化和 P 的输入联系起来的案例来自西雅图附近的华盛顿湖。Edmondson(1970)对西雅图城市扩张对华盛顿湖造成的影响进行了长时间的观测和研究。基于较长时间 P 的输入和湖内藻类生长的数据,他正确地得出了 P 是湖泊富营养化的主要原因的结论。在 Edmondson 的劝说下,西雅图市政当局接受了他的建议,不再向华盛顿湖排放市政污水。该湖的水质很快得到了恢复，这也从事实上反驳了之前广泛确信的观点，即认为湖泊富营养化之后就无法得到恢复（Edmondson，1996）。Edmondson 的研究结论深刻触动了 SDI 团体的利益。他们先是宣称阻止污水入湖不仅仅只控制了 P 的入湖，而且其他的营养物质也得到了控制，所以 Edmondson（1996）把富营养化控制归因于控制 P 的输入是不正确的，之后甚至不顾逻辑和因果，宣称湖中浮游植物的减少是入湖 TP 减少的原因。总之，SDI 团体及其在议院的代言人想尽一切办法，试图阻止控制 P 的法案通过，与今天气候变化怀疑论者想尽一切手段阻止对温室气体的控制如出一辙（Schindler，2006）。

控 P 是否有效和必要的争论越来越多，使得越来越多的科学家希望拿出令人信服的科学证据说服 SDI 团体及其利益代言人。在相关的科学研究中，加拿大的科学家走在前列。1967 年，科学家 Vollenweider 被加拿大温尼伯淡水研究所（Freshwater Institute in Winnipeg，FIW）邀请至加拿大领导"全湖实验项目"。在经过长时间的广泛调研选址后，他将实验地点选在了安大略省西北处离凯诺拉市 50km 处（Johnson and Vallentyne，1971）。随着"全湖实验项目"的顺利开展，越来越多的研究成果被令人信服的科学数据所证实，淡水湖泊的富营养化主要应该通过控制 P 的输入的观点也得到大多数科学家，尤其是从事淡水生态系统富营养化控制的科学家的承认（Schindler，2009）。在控 P 理论的背后有一个重要的科学事实作为基础，即空气中含量丰富的 N 会随着 P 的加入在不使蓝藻生长发生 N 亏时，通过藻类本身的固氮作用（N-fixation）源源不断地补充到水体中，从而使得蓝藻生长必需的 N 和 P 都能得到有效供应。

当然，科学研究总会存在不同的观点。随着人类改变自然生态环境的能力不断增强，以及生态系统稳态转换（regime shifts）本身的迟滞性（hysteresis）（Scheffer et al.，2001），河口和海洋生态系统的富营养化较晚才被重视。随着众多的河口、海洋富营养化控制的研究结果的发表，控 P 学说不断遭到挑战与质疑。Conley、Howarth 等学界顶尖科学家在 Science、PNAS、Ecology Letters 等主流学术杂志上不断发表文章，阐述控 N 的必要性和成功案例（Conley，1999；Howarth and Paerl，2008；Conley et al.，2009）。而越来越多的 N 亏在河口、海洋富营养化控制中被发现有效，即在这些生态系统中，固氮作用不能发生（只有一个例外，即盐度很低的白令海峡），也就是说，控 N 在这些情况下是有效的。因此，质疑控 P 的声音越来越多。特别值得一提的是，Elser 等（Smith 团队科学家）于 2007 年在 Ecology Letters 以封面文章的形式，对 600 多个淡水生态系统、200 多个海洋生态系统和近 200 个陆地生态系统的营养物质进行研究，通过统计方法得出结论，这些生态系统对 N 和 P 的影响无差异（Elser et al.，2007）。虽然笔者怀疑其方法的有效性，但是这篇文章作者的分量之重实属罕见，其集中了全世界研究富营养化控制的众多顶尖科学家。继而 Schindler 等在 PNAS 上发表了针锋相对的文章"Eutrophication of Lakes Cannot be Controlled by Reducing Nitrogen Input-Results of a 37-Year Whole-Ecosystem Experiment",认为控 N 至少在淡水生态系统中毫无必要,不仅成本高昂、浪费巨大,而且会对水质改善起到负面作用(Schindler et al.,2008;Smith and Schindler,2009)。

Schindler 团队和 Smith 团队的观点看似针锋相对,其实也未必。Smith 团队并没有否认控 P 的作用,只是针对 Schindler 声称控 N 无用的观点作出反击。而 Schindler 的观点似乎更符合发展中国家的实际,即考虑现实的经济发展水平,从控制成本的角度出发,先将控 P 作为主要手段遏制住愈演愈烈的水体蓝藻增长。显然,控 P 与控 N 的争论仍然会继续,但是事态似乎越来越明朗。笔者认为,一方面生态系统千差万别,也许给所有的生态系统强行施加一个统一标准的富营养化控制方法本身就不切实际甚至是错误的,这种行为只是以求真为天职的科学家所犯的强迫症(obsessive-compulsive disorder)的表现之一。另一方面,即使一定要做大的归类,淡水生态系统和海洋生态系统两者在富营养化控制方面的反馈不同,这种差异性也被越来越多的研究者所证实(Smith et al.,2006;Elser et al.,2007;Russell and Connell,2009)。因此,要简单作出区分,可以做如下表述:淡水生态系统的富营养化控制以控 P 为主,海洋生态系统的富营养化控制需要控 P 和控 N 双管齐下。

4. 富营养化控制研究趋势

人类已经拥有了数十年的富营养化控制历史和经验。Cooke 等(1993)总结了世界各地数以百计的湖泊富营养化治理和管理的历史和经验。在其总结的案例中,尽管成功与失败相互交错,但还是有很多的规律可以总结出来。在某些案例中,仅通过控制入湖污水从而控制入湖的 P,就成功地解决了富营养化问题(Edmondson,1991)。但也有某些湖泊,对营养物质输入的削减、生物调控等各种管理手段均不奏效(Smith,1990;National Research Council,1992)。其中,最典型的就是明尼苏达州的 Shagawa 湖,其在削减了 80% 以上的 P 输入后,等待了 18 年之久,水质依然没有得到改善,这可能是由底质释放 P 所造成的(Larsen et al.,1979,1981)。总体来说,控制比较成功的案例的湖泊具有一些共同的特点。例如,平均水深较深,有低温而且氧充足的恒温水层,或者具有较快的冲刷速率,这些因素决定了湖泊具有较大的稀释 P 或者维持氧富余的状态。也有些成功控制的湖泊的富营养化时间比较短,因此底泥中所积累的营养物并不多。

尽管从 1969 年至今,富营养化控制的研究得到了极大的提升,取得了许多卓有成效的进展,但是仍然留下许多关键的科学问题有待进一步阐明(Smith and Schindler,2009)。在研究趋势方面,全球气候变化对富营养化的影响研究日益增多(Harley et al.,2006;Martin and Gattuso,2009;Paerl and Huisman,2009),并且有力证据表明全球气候变化与有害蓝藻的增长关系密切(Paerl and Huisman,

2008)。Rabalais 等（2009）也强调，气候变化、人口增长，以及强度日益增加的
工业化和农业化生产，在很大程度上加剧了河口与近岸海域的富营养化问题。Paerl
和 Huisman（2009）甚至认为，气候变化及其波动有时候能对海域有害赤潮的暴
发、持续时间和范围起到比营养物质输入更大的决定性作用。这种由气候气象条件
（温度）起主导作用的富营养化蓝藻水华暴发现象在淡水湖泊系统也得到了印证
（Sheng et al.，2012）。此外，气候变化与富营养化的胁迫作用及其间的机理亟待
进行更多研究（Russell and Connell，2009），富营养化与其他水环境污染问题的协
同作用、富营养化控制的多种途径综合集成研究等都方兴未艾。

5. 小结

富营养化问题依然是世界性难题，尤其是发展中国家饱受其困扰，探索富营
养化控制途径迫切而且必要，并具有世界性意义。1969 年以来，富营养化控制取
得了巨大的进步，众多的水体，尤其是发达国家的淡水湖泊、河流、湿地，以及
部分河口、海湾和海域的富营养化的成功治理，给发展中国家留下宝贵经验。控
C 早已成为历史，不再被人提及；控 P 取得了巨大成功，为淡水水质改善作出巨
大贡献，然而也遭受了来自控 N 支持者的挑战。目前，发达国家治理富营养化的
重心已经转向河口、近岸海域、海洋生态系统和非点源治理，但是发展中国家还
需要大力削减生活、工业点源中的营养物质，而其污水处理厂在除 P 和去 N 技术
上成本差异巨大。因此，选择控 P、控 N 还是 N、P 双控事关重大。

尽管世界各地拥有差异巨大的自然生态条件，气象条件不一，土壤背景元素
含量迥异，很难对全球的富营养化控制得出一个放之四海而皆准的结论。但是，
通过文献综述仍可谨慎认为，在淡水（包括淡水湖泊、河流、湿地），甚至低盐度
的河口（Smith et al.，2006）生态系统中，控 P 是最为经济而且有效的途径；在
河口、海洋生态系统中，控 N 变得非常必要，最佳的途径是 N 和 P 一起控制。海
洋、河口等咸水生态系统拥有与淡水生态系统不一样的生态条件，影响富营养化
控制的因素可能包括盐度、微量元素、水动力条件及营养物质的地球化学活动等，
但是具体的原因尚有待严格的科学研究确证。

对于中国的淡水湖泊生态系统，应该以控 P 为主，同时辅以一定的低成本手
段（如施肥管理、禁止畜禽散养等控制农业面源）控制 N 输入在一定的水平；对
于环境敏感区域、海洋与河口生态系统，应该坚持控 P 与控 N 双管齐下，以遏制
近岸海域生态系统进一步恶化。

1.2.3 研究进展（III）——不确定性优化模型

现实世界的决策与规划问题常常可以从本质上被界定为最优化问题，这是由

于规划和决策的根本目的在于寻求一种或几种指导行为的方案以获取尽可能好的结果。从数学的观点来说，这类问题可归结为在特定约束条件下实现一个（或一组）目标函数的最小化或最大化的问题，即所谓的数学规划问题。生态系统的规划与决策也不例外。但是，生态系统的动态性，使得在预测、分析和判断湖泊-流域等淡水生态系统的变化时会带来很大的不确定性（刘永和郭怀成，2008）。事实上，任何一个流域管理决策问题都处于复杂多变的环境中，而且流域系统本身所具有的随机特性，以及来源于数据误差、数据稀缺的不确定性，对一个流域决策问题建立经典的确定性的规划模型就可能会导致模型表达与系统原型之间的偏离。只有当某个特定流域系统的不确定性参数对系统的基本特征与最优解影响不明显时，才有可能通过简化取值方法（如对特定参数取平均值、中值或最大值等）对该流域建立确定性线性规划模型，以产生具有实际意义的最优解。

可实际上，上述的理想状况几乎是不存在的。在绝大多数流域系统中，关键的决策模型参数常常具有很大的甚至很难定量的不确定性。一般认为，环境系统的不确定性主要来自于数据本身和建模过程。前者主要包括数据不准确、收集有遗漏或代表性不足；后者主要源自模型结构、参数和关键方程的模糊性，更具体地说，此类模糊性源于物理过程的随机性、采样误差、知识缺失及模型中过于简化的假设等（Rowe，1994；Ayyub，1998；Oberkampf et al.，2002）。在此情形下，面对现实中具有很大不确定性的优化决策问题，继续使用确定性的模型和方法对其进行模拟和优化，就无法避免各种复杂多变的失真甚至错误的风险，以至于难以获得高效可靠的管理决策。过去众多的研究也表明，在对系统进行分析、模拟及作出决策的过程中，如果忽视不确定性的影响就会导致不好甚至错误的决策（Ruszczynski，1997；Young，2001；Ozdemir and Saaty，2006）。为了能够更精确地描述系统特征，准确预测系统发展趋势，并得出可靠和高效的决策方案，开发一套有效的不确定性分析方法就显得非常重要（Chang et al.，1996；Ben-Tal and Nemirovski，1997；Zou et al.，2000；Baresel and Destouni，2007）。因此，在数学规划模型中引入系统的不确定性方法，尽可能地还原流域系统本身的面目，最大限度地接近流域系统的特征，以此描述系统并解决相应的问题就显得非常必要。

不确定性数学规划问题的研究最早可以追溯到 Charnes 和 Cooper（1959）等的研究工作。经过数十年的发展，利用定量化方法来描述环境系统中的不确定性已经取得长足发展。最早出现的一些经典的数学规划方法，包括线性规划、非线性规划、整数规划、目标规划、多目标规划、多层次规划、动态规划等，都被不同程度地运用于不确定性优化方法之中（刘年磊，2011）。其中，线性规划（linear programming，LP）作为运筹学（operational research，OR）较重要的方法之一，在过去几十年中被广泛应用于各种管理规划问题的优化方案制定（Dantzig，1955；Huang et al.，1992；Rommelfanger，1996；Chang and Chen，1997；Bazargan，2007）。此外，利用一阶分析方法、蒙特卡罗（Monte Carlo）模型、贝叶斯（Bayesian）模型和卡尔曼滤波（Kalman filter）法来计算系统可信度，以及利用模糊、随机、区间函数和混合算法来度量系统的性能等方面的研究也频见报道（Ayyub，1998；Fellin et al.，2005）。

目前，在数学规划模型中对不确定性信息的定量表达常以如下形式出现：随机（stochastic）（Birge and Louveaux，1997）、模糊（fuzzy）（Bellman and Zadeh，1970；Zadeh，1978）和区间（interval）（Moore，1966；Huang and Moore，1993）。相对于这些不确定性信息的表达形式，在数学规划模型的研究领域中逐步形成了随机规划模型、模糊规划模型、区间规划模型，以及一些复合规划模型（Huang et al.，1993，1996；Chang and Chen，1997；Wu et al.，1997；Huang and Loucks，2000；Li and Huang，2006；Qin et al.，2007）。其中，随机规划模型的不确定性参数通常被看作是概率分布可以表达成一定形式的函数的随机变量；而模糊规划模型却有所不同，它的不确定参数一般是模糊变量，且该变量的模糊隶属度也是可以通过一定形式的函数描述的。上述两种规划方法的主要差别在于它们的不确定参数的表达形式不同。具体地说，随机规划模型的不确定参数变量是由一系列连续或离散的概率分布函数来表示的；而在模糊规划模型中不确定性变量则是由一系列模糊数所构成的模糊集。引入了描述约束满足程度的隶属度函数后，也就意味着优化方程的约束条件是允许一定程度的不满足的。湖南大学姜潮（2008）、天津大学刘年磊（2011）等在各自的学位论文中对不确定性区间规划方法的研究进展进行了综述和分析。本节拟在前人的基础上，对随机、模糊和区间 3 种规划模型的理论、特点、发展及应用进行研究综述和分析。

1. 随机规划模型

随机规划模型最初由线性规划创始人 Dantzig（1955）和 Beale（1955）提出。紧接着 Charnes 和 Cooper（1959）提出了机会约束规划（chance constrained programming，CCP）模型，又称第二类随机规划模型。Markowitz（1991）提出了均方差分析方法、Dupacova（1990）提出了惩罚模型及求解方法、Grandmont（1972）提出了效用模型及解法等。之后，随机线性规划（stochastic linear programming，SLP）模型（Birge and Louveaux，1997）、随机整数线性规划模型（Sherali and Fraticelli，2002）、随机非线性规划模型（Ahmed and Sahinidis，2003）、鲁棒随机规划模型（Takriti and Ahmed，2004）等一系列的规划模型和方法都得到发展和应用。此外，Liu（1997）提出了相关机会规划（dependent-chance programming，DCP）模型，又称第三类随机规划模型。

2. 模糊规划模型

Zadeh（1965）提出模糊决策（fuzzy programming，FP）模型的概念基础。模糊变量则由 Kaufmann（1975）首先提出雏形。紧接着，Nahmias（1978）用 3 条公理重新界定了模糊变量的概念。Liu（2000）提出了模糊环境下相关机会规划、相关机会多目标规划和相关机会目标规划。此后，Liu（2002a，2004）提出了可能性测度的第 4 条公理，进一步为模糊规划奠定了基础。Liu 和 Iwamura（1998a）提出了模糊机会约束规划模型，用于求解那些难以转化成清晰等价类的机会约束规划模型。Kwakernaak（1978）发现并提出用模糊随机变量来描述随机性与模糊性并存的现象。接下来，Puri 和 Relascu（1986）、Kruse 和 Meyer（1987）及 Liu Y K 和 Liu B D（2003）等又根据可测性的不同含义对前述定义作了相应的修改。作为模糊性与随机性并存的另外一种形式，Liu（2002b）提出了随机模糊变量的概念，即从一个可信性空间过渡到随机变量集合的函数。更多的关于随机模糊理论的研究还可参阅相关文献（Liu，2002b；刘宝碇等，2003；Zhu and Liu，2004；刘宝碇和彭锦，2005）。此外，还有一些其他的描述双重不确定性的模型可参阅相关文献（Zhu and Liu，2004；Liu，2004）。在实际应用中，该模型在水资源管理（Guldman，1988；Datta and Dhiman，1996；Huang，1998；Liu et al.，2003，2008a）、空气污染控制（Pereira and Pinto，1991；Ouarda and Labadie，2001；Xu，2009）、固体废物管理（Lee and Li，1993；Chang and Wang，1997；Jairaj and Vedula，2000）和水库调度（Chang et al.，1997；Huang and Loucks，2000；Qin et al.，2007）等方面都应用甚广。

3. 区间规划模型

区间规划（interval programming，IP）模型是指部分或全部参数以区间数来表示的模型（Ben-Israel and Robers，1970；Rommelfanger et al.，1989；Huang and Moore，1993；Tong，1994；Huang，1996；Rommelfanger，1996；Hansen and Walster，2004）。其理论和方法基础、区间数学相关理论首先由 Moore（1966）提出。通常，区间数学是指一个确定的上下界范围，在区间规划中表征模型的误差和不确定性（Jaulin et al.，2001；Hansen and Walster，2002；Fiedler et al.，2006）。Moore 之后，Robers（1968）与 Robers 和 Ben-Israel（1969）将区间数学的理论和方法应用于线性规划得到区间线性规划（interval linear programming，ILP），并提出区间线性规划模型的雏形。随后研究者逐步提出了区间目标规划（Charnes et al.，1976）、区间分式规划（Armstrong et al.，1979）、区间整数规划（Ishibuchi and Tanaka，1989）和区间对偶线性规划（Agrawal and Chand，1981）及其相应的分解算法和分支定界算法（Sunaga et al.，1985）等。20 世纪 90 年代以来，Inuiguchi 和 Sakawa（1997）

与 Sengupta 等（2001）提出相应的区间线性规划模型；Tong（1994）提出了综合考虑所有区间参数的区间线性规划模型及最好最坏算例（best-and-worst case，BWC）。之后由 Chinneck 和 Ramadan（2000）进行了拓展。Huang 和 Moore（1993）提出了新的区间线性规划——灰色线性规划（grey linear programming，GLP），进一步扩充了区间线性规划方法体系。

具体应用方面，Huang 和 Loucks（2000）、Huang 等（2001）、Maqsood 等（2005）、Li 等（2007）等一系列的文献都给出了区间规划模型的实际应用案例。国内，周丰等（2008）提出了改进区间规划模型；同时，Zhou 等（2009）还提出了强化区间（enhanced interval）不确定性优化方法及算法。对于区间非线性规划模型，Yokota 等（1995）、Gen 和 Cheng（1996）、Yokota 等（1996）和 Taguchi 等（1998）提出了区间整数非线性规划，并将其转换为双目标整数非线性规划，并利用遗传算法求解；蒋峥等（2005）引入决策风险因子和偏差惩罚项，并采用基于遗传算法的递阶方法来求解；Li 和 Huang（2009）结合不确定的二次规划和两阶段随机规划，构建了不确定条件下的两阶段随机二次规划模型，用于处理水质管理中的非线性目标区间规划问题。

随着决策风险分析在区间规划模型中的重要性日益显著，近年来有研究者对上述区间规划模型进行了进一步发展。Zou 等（2010）和 Liu 等（2011a）提出了风险显性区间线性规划（risk explicit interval linear programming，REILP）模型，并将其应用于数值案例和中国西南淡水湖泊邛海流域的污染物削减管理决策。REILP 通过风险意愿水平参数的引入，能同时考虑决策风险和系统回报之间的权衡，大大提升了目标函数最优解集合的有效性，在区间不确定性条件下为决策的制定提供了更有力的支持。REILP 方法明确了决策风险和系统目标之间的关系，使得决策者可以根据实际情况和一定偏好设定模型的约束条件，从而在不同的意愿水平（risk aspiration）（或称风险接受水平）下分别求解，为决策者提供一种可实时反馈的模型系统。陈星等（2012）针对 REILP 的最优解，对约束风险偏好的敏感性与稳健性进行了研究，并利用两个案例进行数值试验。结果表明，在不同的风险意愿水平下，REILP 的解空间表现出局部稳健的特点。正是这种特点使得 REILP 方法具备了高效生成系统优化替代方案的能力。在上述 REILP 模型中，约束条件与目标函数之间的不确定性存在一定的取舍关系，需要决策者对二者进行权衡，以作出最符合实践需求的管理决策。因此，Yang 等（2016）对 REILP 模型进行了更深一步的精炼，提出了 Refined REILP 模型。在 Refined REILP 模型中，优化方程中的目标函数不确定性与约束条件不确定性被分离表征，通过引入一个决策者的风险权衡系数 α 到风险函数中，管理者能够根据具体的流域背景信息在目标函数风险（objective function risks）与约束风险（constraint risks）之间进行权衡取舍。

总而言之，区间线性规划方法在整个区间规划方法体系中起到了基础性的作用，其对于后继的区间非线性规划方法的发展和研究均具有关键的意义。当然，目前的区间线性规划也存在一些问题。例如，在用灰色线性规划算法求解区间线性规划问题的过程中，使用决策变量的最优区间解来表示最优解空间，并通过对其进行解译来得出几种实用的决策方案（Huang and Moore，1993；Oliveira and Antunes，2007；Qin et al.，2007），这个过程就包含了灰色线性规划解空间能够正确得出中间结果这一假设。然而，决策者在作出实际的决策之前还需要着重考虑两个关键问题：①从优化方程的解空间中得到的优化方案的可行性和最优程度；②在决策风险和系统收益之间进行权衡。研究者发现，虽然灰色线性规划解集合中能获得有效范围，但在用所得的决策变量解区间进行实际决策时，却常常面临得到不可行方案或非优方案的困境。实际上，对于区间线性规划模型，其可行阈与解空间是完全重叠的，因此所谓的灰色线性规划区间解实际上是没有意义的。不过，上文提及的 Zou 等（2010）、Liu 等（2011a）与 Yang 等（2016）构建的REILP 模型与 Refined REILP 模型，在一定程度上克服了传统区间线性规划（包括灰色线性规划）的无效性缺点，从而可为实际可行的基于不确定性的流域管理决策提供重要的理论框架。

4. 模型对比

由表 1-2 可知，经典数学规划模型与不确定性规划模型有诸多不同之处（刘永等，2012）。结合上文综述可以看出，与经典数学规划模型相比，不确定性规划模型的处理对象已由单个"点"数据扩展为随机数、模糊数、区间数或多种数据形式共存的不确定数，从而使得应用范围更为广阔，决策结果更具可行性。决策者在这些情形下所作出的决策，也由完全理性决策转化为优先理性决策，与实际应用中的情形也更相符。

表 1-2　不确定性规划模型与经典数学规划模型的比较

规划模型	模型特征对比
经典数学规划模型	信息充分、约束确定、静态系统、确定数、刚性模型、完全理性决策
不确定性规划模型	信息不充分、约束不确定、动态系统、随机数、模糊数、区间数、柔性模型、有限理性决策

对于随机规划模型，其不确定信息是基于一定的概率或概率分布函数而取值；模糊规划模型作为模糊数学的分支，其研究对象在很大程度上有"边界不清""难分彼此"的特性。因此，在上述两种规划方法的实际应用中，随机方法需要已知不确定性信息的概率分布函数，模糊方法则需要获取不确定信息的隶属

度函数。然而，通常情况下，概率分布函数或隶属度函数是不容易获得的。因此，许多问题的求解只能基于一定的假设条件，但是假设是否符合实际情况却无法得知。毫不奇怪，由此得到的决策方案往往会得出非最优、不可行甚至完全错误的结果，况且很多实际情形中的不确定信息并不具备随机或者模糊的特征，从而使上述两种规划方法毫无用武之地。此时，区间规划模型显示出其特有的优点。可以说，区间规划模型更适宜处理不确定信息的隶属度函数或分布函数未知的情形，因为它只需要不确定信息的两个边界——最小值和最大值即可。与随机规划模型和模糊规划模型相比，区间规划模型分析所能处理的不确定信息的不确定程度最高，所需信息量最小，因而适用的范围也最广。随机、模糊和区间 3 种不确定性规划方法的信息不确定性程度和信息量二者之间的关系如图 1-2 所示（刘永等，2012）。从图 1-2 可看出，A 点代表了不确定性程度大、信息量低的某个点，沿着二者关系曲线，3 种方法所需信息量是依次递增的，其不确定性程度则随着信息量的递增而下降，直至降低到完全信息量点 B，这时不确定性也降低至 0，此时不确定性模型方法过渡到确定性优化模型方法。

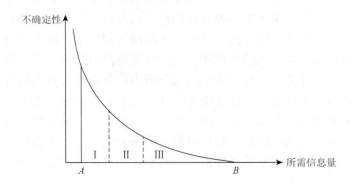

图 1-2　3 种不确定性分析方法的对比

Ⅰ：区间规划方法；Ⅱ：模糊规划方法；Ⅲ：随机规划方法。A：最低信息量点；B：完全信息量点

区间规划模型对数据的要求远低于随机规划模型和模糊规划模型，从而其成为随机规划模型和模糊规划模型在数据有效性受限时的替代方法（Ozdemir and Saaty，2006；Zhou et al.，2009）。其中，区间线性规划模型应用广泛（Maqsood et al.，2005；Li and Huang，2006；Qin et al.，2007）。相比 SLP 模型和模糊线性规划（fuzzy linear programming，FLP）模型，区间线性规划模型在模型构建时需要最少的信息量且独具优势，因而被广泛运用于信息量不足的情况（Chinneck and Ramadan，2000；Hansen and Walster，2004；Fiedler et al.，2006；Qin et al.，2007）。区间线性规划模型相对随机线性规划模型和模糊线性规划模型而言比较简单（Huang et al.，1995），其各个决策变量的解均以上下界的数值区间的形式给出（Huang and Moore，1993；Oliveira and Antunes，2007）。

1.2.4　存在问题与发展趋势

根据以上各个部分的文献综述，本节总结出流域综合管理、富营养化控制和不确定性优化模型 3 个主题主要存在的问题与发展趋势。

1. 流域综合管理

根据上文对流域综合管理的文献综述可以看出，未来在流域综合管理方面的研究发展将越来越趋向于具体的案例研究和具体应用，对于中国尤其应该如此。而目前中国一些地区的流域综合管理采取的是一种分散化、以行政辖区为基础的管理模式，不同的资源类型隶属于不同的管理部门，因此造成了管理职能的脱节，并割裂了流域水文、生态系统原有的完整性特征。目前中国部分地区面临的流域性问题比较复杂（夏军等，2011）。不断增长的社会经济压力，数千年的集权管理思想，以及部门之间、地区之间的难以合作等都是目前中国流域综合管理难以落地和实施的原因。因此，现行的水资源、水环境管理体制已经无法适应新形势的需求，解决流域性、区域性的资源环境问题需要将流域综合管理的理念和方法引入，采取综合的管理措施，促使整个流域范围内的利益相关方共同行动。中国科学院院士陈宜瑜先生认为："流域综合管理的核心是在流域尺度上，通过跨部门和跨地区的协调管理、合理开发、利用和保护流域资源，最大限度地利用河流的服务功能，实现流域的经济社会和环境福利的最大化。"（陈宜瑜等，2007）因此，研究者在应用流域综合管理理论、原则和方法时，必须针对中国的实际情况进行调整。

本书选择滇池流域作为研究区域，针对其目前生态环境欠账多、社会经济发展和人口压力大幅超出流域的水环境承载力的现状，需要引入流域的资源环境承载力，并以此为约束进行流域的开发、保护、管理等活动。基于流域综合管理的关键环节与中国社会经济体制和流域管理的实践，拟采用一种全新的利益相关者共同参与工具——可持续解决方案导航（sustainability solution navigation，SSN），对流域的关键问题进行识别，找出亟待解决的管理需求和制定最佳的管理实践。根据"十一五"国家水专项滇池项目的分析，该流域存在人口过度膨胀、经济活动高度密集、入湖污染物极大超出湖体自净能力、周年暴发蓝藻水华的问题，基本丧失主要用水功能和生态系统完整性。因此，该流域目前亟须解决的问题是减轻人类压力胁迫，有效降低入湖污染物，使水质得到改善、生态系统得以恢复。

2. 富营养化控制

在富营养化控制方面，经过数十年的研究积累和发展，已经在淡水生态系统的富营养化发生机理、蓝藻水华的控制理论与方法，以及对气候变化等全球环境问题的响应等方面取得了巨大的进展。对于近岸海域及海洋生态系统的富营养化发生机理和控制途径的研究也方兴未艾。对于西方发达国家，河湖滩漫等淡水水体的富营养化已经基本得到控制，目前的控制重点也已经从点源污染转向面源污染，控制手段也逐步转向以生态管理为主。对河口、近岸海域和海洋生态系统的富营养化控制，以及富营养化衍生的低氧区（dead zone）等问题的研究正成为新的热点（Diaz and Rosenberg，2008；Scavia and Liu；2009；Liu et al.，2010）。而对中国来说，情况有所不同。由于中国人口密集、资源匮乏、生态脆弱，且社会经济依然高速发展，人类生活生产对水体的环境压力依然严重，因此，目前最现实、最迫切的是有效减少营养物质的负荷量，将水体的营养物质水平降低到一个可接受的安全阈值之内，再辅以生态恢复的手段，逐渐达到富营养化控制和水生态系统健康恢复的长远目标。

就滇池而言，尽管经过近 20 年的努力，但是滇池的富营养化问题一直未能得到根本性的逆转。对比世界上其他国家重度富营养化湖泊的恢复历史，我们既要对滇池的恢复抱以坚定的信心，更要从历史的教训和他人的成功经验中有所借鉴、有所启发。从根本上说，滇池富营养化的症结在于流域内人口过多，城市化、工业化程度过高，从而给湖泊带来了远超其承受能力的胁迫。从这个意义上来说，历史上单一的湖泊恢复经验，不管是采用生物调控也好，还是采用控 P 或 N、P 双控也好，对滇池都不具备复制性。解决滇池富营养化问题最根本的途径依然是缓解人类对湖泊的巨大压力，切实有效地降低营养物质入湖负荷。

3. 不确定性优化模型

对于不确定性的风险决策方法，目前的模型和算法已经取得了很大的成功。尤其是计算机技术的发展，为大型、复杂的生态系统决策模型的求解提供了可能和便利。过去一个小型湖泊流域管理模型的求解，可能动辄需要数月时间，在今天则可能只是以小时甚至以分钟计的处理时间在模型结果的解释和优化能力上较之以前具有很大的突破性，其原因一方面是建模者越来越多地考虑模型与实际情形之间的吻合，力求模型的简化和假设尽可能地符合现实情况；另一方面也是管理者、决策者越来越多地参与到模型构建和科学研究中来。但是具体到本书研究的主题之一——决策风险方面，过去的研究则还存在着诸多的不足之处。Zou 等（2010）提出的 REILP 模型通过引入风险意愿水平系数，把决策者的风险偏好加入决策模型中来，使得系统风险与系统回报之间建立起一个定量的关系，给流域管理的优化决策推进了一大步。但是，该模型不能区分目标函数本身产生的风险与约束条件产生的风险。如何能够进一步把两类风险区别开来，并且在具体的风险决策中有条件进行比较和权衡，则是未来风险决策研究方法需要大力拓展的领域。

　　文献综述对本书研究的指导作用主要体现在以下 3 个方面：①通过文献综述比较了经典数学规划模型与不确定性规划模型之间的差异，得出不确定性规划模型在处理复杂系统的决策问题时所具备的优势。②梳理了不同的不确定性规划模型（随机、模型和区间）之间的优劣势。在面对湖泊-流域生态系统这一类数据受限、高度复杂、高度不确定的系统决策问题时，区间规划模型具有天然的优势。这也是本书最终选择区间规划模型对流域污染物削减进行不确定性优化的原因所在。③通过文献综述可以看出，优化模型的目的是服务于决策，其不仅在于给出最优的决策，还在于如何帮助决策者把决策方案落实到管理实践中去。因此，在优化模型的构建过程中，建模者与决策者之间的互动交流就显得尤为必要。因为这种交流不仅使建模者能更好地理解决策者的需求和研究区域的背景信息，也使决策者有机会更深入地理解模型的构建原理与过程，使其在运用模型结果时更为轻松和自信。正是这种实际的需求，以及从文献综述中发现建模者与决策者之间的交互式平台尚无先例，才促使笔者选择运用 Refined REILP 模型，试图将滇池流域的营养物削减方案进行更进一步的优化，从而给决策者提供一个简单实用的、可以基于自己风险偏好和专业背景信息的决策工具。

1.3　主要研究对象、内容与技术路线

1.3.1　研究对象与内容

　　研究的主要关键词为：流域综合管理、湖泊富营养化控制、资源环境承载力、营养物质减排、不确定性优化、决策风险和滇池流域。部分关键词之间的逻辑关系可以用图 1-3 来形容。如果将整个流域比作图中最外层的大椭圆，流域综合管理相当于最外层的外壳边界，也就是说，流域内所有的活动，包括社会经济发展、人口产业布局、污染排放等活动都需要囊括到流域综合管理的框架内，需要综合考虑、系统决策。第一圈边界和第二圈边界相当于流域的资源环境承载力，所有的生活和生产活动必须在承载力所能允许的范围内，否则就会发生环境问题。第三圈的圆圈所包含的范围相当于论文的核心部分湖泊。真正需要解决的是湖泊发生的富营养化问题，即最内核的小圆，寓意着富营养化问题需要在流域和承载力的框架内来解决。此外，湖泊生态系统不是孤立的，而是一个跟外界有着千丝万

缕联系的动态系统，加之人类科学认知的局限性，使得在解决湖泊问题时需要面对很多的不确定性，因此也会面对不同的决策风险。滇池是众多"鸡蛋"中特定的一枚，期待该湖问题的解决能为其他流域提供借鉴。显然，各个关键词的关系是从宏观到微观的过程。

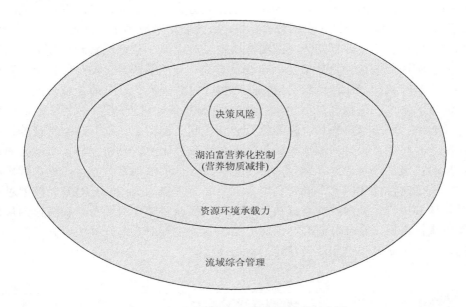

图 1-3 部分关键词之间的逻辑关系示意图

总体来说，目前滇池处于重度污染、环境压力远超过其资源环境承载力的状态。对于滇池污染控制的目标，短期来说是如何有效地控制蓝藻水华的暴发，长期来说是恢复整个湖泊，包括湖体、湖滨带、入湖河流，以及湖泊流域内其他水体的水生生态系统健康。根据目前众多的研究成果，在短期（未来 10～15 年）和可以预见的技术进步及经济承受能力范围内，把入湖主要营养物质 TN 和 TP 降到蓝藻水华暴发的阈值以下不具有可行性。因此，控制蓝藻水华暴发需要综合多种手段和途径进行。尽管如此，并不意味着滇池入湖营养物质的削减没有意义。综合考虑滇池水体的指定用途及经济、技术可行性，我们认识到，在一定的时期内，将滇池的入湖营养物削减到 V 类水标准是合理而且是必需的。确定该目标的主要理由如下：①不管滇池作为农业用水还是城市景观用水，V 类水质标准是可接受的最低标准；②考虑目前滇池流域的人口密集、产业聚集等客观现实，制定更高的水质目标不仅在经济、技术上有难度，而且对滇池短期的主要目标——控制蓝藻水华没有立竿见影的效果（盛虎等，2012）；③ V 类水质标准是长期恢复湖泊水生生态系统的基准。

1.3.2　技术路线

　　基于以上研究背景、研究目的、研究思路和拟开展的主要研究内容，提出全书的技术路线，如图 1-4 所示。技术路线主要分为研究驱动、方法框架、减排策略、风险决策和研究结论 5 个部分。其中，研究驱动对应第 1 章绪论部分的内容，包括研究背景、意义、目的等；方法框架主要对应第 2 章理论基础与技术方法框架，主要阐述流域综合管理概念、理论及方法，湖泊富营养化控制原理及关键技术，不确定性系统优化及风险决策方法等内容；减排策略对应第 3 章，主要针对滇池流域的富营养化特征污染物 TN 和 TP 的减排策略进行阐述，包括滇池流域富营养化系统诊断与综合评估、滇池富营养化控制关键问题识别、滇池富营养化主要污染物减排体系设计和滇池流域水污染与富营养化控制规划方案 4 个部分的内容；风险决策部分对应第 4 章，通过对第 3 章设计的滇池富营养化污染物减排体系进行不确定性优化研究，同时利用本书第 2 章提出的 Refined REILP 模型对关键减排措施进行风险显性交互式决策研究，从而获得滇池流域营养物减排的最佳决策方案；最后一个部分研究结论对应第 5 章，主要对全书开展的研究工作进行总结，并得出研究结论和政策建议。

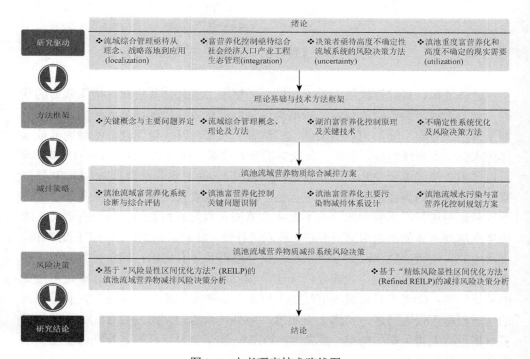

图 1-4　本书研究技术路线图

本书的技术路线逻辑如下：①通过第 1 章的流域综合管理的文献综述，发现中国的流域综合管理缺少综合集成，需要具体案例，因此将流域综合管理理论与方法应用到滇池。②运用流域综合管理理论，通过 SSN 方法对滇池流域的环境问题进行评估，识别出富营养化控制是滇池流域最为紧要的问题。而由富营养化控制的文献综述可知，富营养化控制的关键环节在于营养物质减排，从而运用富营养化控制技术与方法进行减排策略设计，提出四位一体营养物综合减排框架。③通过富营养化控制的文献综合，得出湖泊的富营养化控制的关键在于削减 N 和 P 两种营养物质；针对滇池流域社会经济、人口压力过大，湖泊生态系统退化严重的现状，需要运用流域综合管理理念，将流域内的社会经济、人口、产业、生态、工程等综合到流域管理中来，同时辅以生态恢复。④通过不确定性优化模型的文献综述可知，由于系统的复杂性和不确定性，需要对滇池减排方案进行不确定性优化，同时需要综合科学家与管理者的知识，进行交互式决策，从而运用不确定性系统优化及风险决策方法，提出 Refined REILP 风险决策关系图，产生不同的风险意愿水平下的决策方案。⑤对上述内容进行归纳和总结，提出滇池流域的水环境及富营养化控制规划方案，并对未来的湖泊流域管理提出政策建议。

第 2 章　理论基础与技术方法框架

2.1　主要概念及问题界定

我国学者宋怀常在《中国人的思维危机》一书中指出，确立清晰的概念是进行判断和推理的必要前提和基础。如果概念的界定模糊不清，那么在此基础上所做的判断和推理就会存在错误的风险。基于此，首先对本章及全书所涉及的几个可能引起多种理解的关键概念作出辨析，并就它们在本书中的内涵和外延做出明确阐述。其次，本节将对影响全书研究思路的 4 个主要问题进行界定。只有回答了这 4 个问题，才能有效地理解本书的结构、理论基础、技术方法的选择原因。这些概念和问题的提出都是基于一个最基本的思路，即作为应用学科，本书研究所遵循的首要目标是解决现实的环境问题。因此，这些关键问题和概念的提出与界定也服务于该目标。

2.1.1　关键概念辨析

1. 流域综合管理

流域综合管理最初来源于英文的 integrated watershed management，简称 IWM。在国外，IWM 与 IWRM 在一定程度上通用。自古以来，人类大多数文明都起源于江河流域。流域中的水、土、大气、生物等自然要素与社会、人口、经济等人类影响相互关联、共同作用而构成了自然-社会-经济复合流域系统。自人类结束迁徙游牧生活以来，系统内的各自然要素和人类要素，以及河流上下游、左右岸、跨界区等就无时无刻不在发生着相互影响、互惠互利、相互冲突的联系，形成了不可分割的有机整体。但是人类真正试图管理水资源的历史并不长。长期以来，由于缺乏综合的协调与管理，世界上许多大江大河（湖）流域都不同程度地出现了严重的环境污染和生态破坏问题。在管理实践中，人类也认识到要解决这些问题，并非某一个部门、某一个地区或者某一种方法就能奏效，而是需要不同部门、不同地区之间的相互合作，需要流域上下游、左右岸的相互协调，需要流域内所有的利益相关方共同参与，才有可能找到行之有效的管理方案。

尽管流域综合管理在世界各国已经得到广泛的认可和实施，但是考虑我国管理体制和研究区域的特殊性，本书所涉及的流域综合管理在内涵和外延方面与通常所说的流域综合管理概念稍有差异。通常的流域综合管理是一个大而全的概念，不仅包括流域资源的污染控制，也包括资源的利用和保护、未来的发展规划和调整等一系列的流域评价、管理、规划和实施。但是本书主要侧重于流域内污染的控制，尤其是富营养化问题的控制。其原因是，利用流域综合管理的评价方法，识别出流域内最为主要的管理需求在于水环境污染和生态退化，在解决了主要矛盾之后，再逐步解决其他相关的问题。尽管如此，解决滇池流域综合管理中的一个关键问题——富营养化控制却又无法绕过流域综合管理的核心理念和方法，即综合流域内社会经济发展、城市规划、人口规模、产业结构、工程措施、生态措施及管理手段等，来解决流域内迫切需要解决的问题。本书的流域综合管理在某种程度上可以理解为运用通行的流域综合管理理念和方法，识别流域内迫切需要解决的问题；在解决该问题的过程中，综合考虑流域内所有涉及的自然和人类活动因素。

2. 水环境承载力

绪论中提出，本书的流域综合管理活动需要在流域的资源环境承载力范围内进行。考虑研究区域的现实条件，选取何成杰（2011）所提出的水环境承载力概念，即"某一时期在特定技术条件下，水环境系统所能承受的人类社会、经济活动的阈值"。水环境承载力应该是水环境系统功能的外在体现，其落脚点是水环境系统所能承载的最大人口数量和经济规模。正如本书图 1-3 所展示的，水环境承载力是流域内社会经济发展、人口规模和布局、产业结构调整、市政工程设置，以及生态与管理手段应用的一个约束，所有的人类活动需要在水环境承载力的阈值范围内进行。例如，经济发展所需要的用水和排污不能超出水环境承载力所能提供的最大纳污容量；城市规划布局和人口规模设计需要考虑不同区域承载能力的大小。如果超出了承载力的阈值范围，那么各种工程措施和管理手段就会失去有效控制污染的作用。

与水环境承载力既有联系又有区别、很容易引起误解的一个概念是水环境容量。本书认为，水环境承载力与水环境容量的区别如下：首先，水环境承载力既不是一个纯粹描述自然环境本身所具有的特征的量，也不是一个单纯描述人类社会活动阈值的量，它反映的是人类活动与环境系统相互作用的界面特征，是研究环境与经济是否协调发展的重要依据之一。相比之下，水环境容量则侧重于描述水环境的纳污能力、自然降解能力，以及水体中的生态系统对污染物的降解能力与容忍水平。水环境承载力除隐含了水体的纳污能力以外，更表现了水环境系统对社会经济活动的忍受能力，它侧重于对发展的支撑能力。因此，可以说水环境承载力是社会经济系统与水环境系统的紧密结合点之一。其次，水环境承载力能直接体现技术进步与社会经济的发展。社会经济发展越迅速，技术进步越快，人类活动的污染物排放水平就越低，同时削减处理污染物的水平也就越高，从而使得特定水体能够承受的社会经济发展和人口规模也就越大。社会经济的发展必然使得生活方式和生产方式发生改变，这种改变也会反馈到水环境承载力，对其产生重要的影响。而影响水环境容量的主要因素则是区域或流域的自然条件状况，如河流流量、流速、植被、地理条件等是影响污染物迁移转化能力的因素。

3. 营养物质

营养物（质）一词源自英文 nutrients。与通常所认为的营养物质就是指生物体存活与生长所必需的化学元素或物质不同，本书的营养物质特指引发水体富营养化、促使蓝藻水华大量滋生的营养物质。而蓝藻水华生长所必需的营养物质也有很多种，其中既包括各种微量元素，也包括广泛常见的 C、N、P 等营养元素。通过本书第 1 章的文献综述可知，目前广泛暴发的水体富营养化问题主要是过量的 N 和 P 两种营养物质进入水体所导致。因此，本书所提及的营养物质一概特指上述两种元素的化合物，在具体的分析中，可能根据监测指标的选取有所差别。其一般包括 TN、氨氮（NH_3-N）和 TP。本书所提及的营养物质减排也是指 TN 和 TP 两种入湖污染物的减排。

4. 风险决策

风险决策，也就是通常所说的不确定条件下的决策。众所周知，决策要有一定的效用函数，效用函数常用经济效益表示。而这个经济效益的实现是具有一定不确定性的，也就是说，在多大程度上能实现效用函数是不确定的。风险决策的原理和方法就是试图用定量的方法，最大限度地计量这种不确定性，使其决策在已有的科学认知范围内达到最优。本书关于不确定性决策的综述部分已经提及，目前研究者已经将决策中的不确定性进行细化分析，把决策者愿意承受的风险意愿水平和系统决策的收益联系起来。本书更进一步运用精炼风险显性区间优化模型，引入风险权衡系数，将系统的目标函数的不确定性与约束条件的不确定性分离，使其更好地服务于系统决策。因此，本书所说的风险决策，是指权衡系统目标函数不确定性与约束条件不确定性所产生的风险，分析它们之间的相互作用及对系统优化结果的影响。

5. 交互式决策

交互式决策一般是指在系统决策的过程中，决策者（水环境管理者）与决策分析者（科学家或模型构建者）不断对话和沟通，持续地参与决策过程。在决策者和分析者的相互作用中，逐步获得决策者的偏好结果，最后得出最满意的决策。本书所述的交互式决策主要体现在决策者与分析者在对目标风险和约束风险的权衡方面。决策者作为流域的管理者，一般会对研究区域的背景、各种约束条件的严格程度等方面的知识了解得比较多，而分析者会对自己所构建的模型所做的各种假设、简化等了解得比较深刻，二者的相互交流可以使得系统优化结果在不同的目标风险和约束风险之间权衡选择，从而得到最符合现实条件的优化结果。

2.1.2　主要问题界定

（1）流域综合管理中的综合是什么方面的综合？为什么要综合？如何综合？

流域综合管理，首先是基于流域的尺度，对全流域的人类活动进行管理。但是随着人类对自然形态流域干扰的加剧，跨流域调水在现实中已经非常多见，因此，在某种程度上，流域综合管理中的"流域"也超越了地理形态的范畴。但是相比之下，对"综合"的界定却更为复杂和困难。综合，既可以是管理对象，如水体、土地、排污、人类活动等的综合；也可以是制度、政策、经济、技术和管理对象自然属性的综合；还可以是管理手段，如污染减排中的结构、工程、生态、管理的综合……不同的界定，内涵和外延大不一样。此外，流域综合管理为谁而管决定了管理的目标，是为了恢复保护生态系统，还是为了获取最大的经济效益，抑或是为了让流域内的民众得到最大的福祉？这是本书需要回答的另一个问题。答案在于恢复生态系统健康。为什么要综合？例如，Bundy 等（2001）的发问：Why would a farmer want to think beyond the farm level?这也是本书需要回答的问题之一。至于如何综合？具体的流域，具体的问题，需要具体分析。具体到本书，需要解决的问题主要是流域内营养物质的削减。如何综合削减，本书会对应地阐述整个技术和研究内容体系的设置。

（2）为何要把流域水环境承载力引入流域综合管理的框架中来？

环境承载力描述了"在一定时期和技术条件下，区域环境系统所能承载的人类社会经济活动的阈值"，在数值上体现在该区域环境系统所能承载的人口数量与经济规模的上限。在流域环境管理和水污染防治工作中，如果能够建立兼顾考虑水环境承载力约束条件、社会经济和产业发展水平目标、水质目标和污染控制目标的多约束多目标优化规划模型及其管理适用性方案，并基于该模型和方法开展社会经济发展预测及其承载力预测，将有效地平衡社会经济发展与水环境承载力之间的耦合关系，从而使得所提出的规划方案更符合滇池流域的实际情况，并使得规划投资更加有效地发挥作用。承载力本身体现了流域综合管理的内涵。滇池流域的现实条件决定了所有的规划与管理活动需要框定在一个合理的阈值范围之内，而水环境承载力无疑是最佳的框定工具。对于本书的主体内容——营养物质减排框架，承载力则是一个基础。因此，把流域环境承载力引入研究框架是合理而且必要的。

（3）富营养化控制理论与技术方法众多，为何只提营养物质削减？

前文对富营养化控制的综述中提到，造成目前淡水生态系统发生富营养化进而滋生蓝藻水华的主要原因是 N、P 等营养物质质的过量输入。本书研究区域的核心问题之一就是通过减少入湖营养物质来控制湖体的富营养化。营养物质的减排是实现流域生态系统恢复的前提条件。限于篇幅，本书把着力点置于营养物质的削减，从而为下一步的流域管理创造条件。营养物质的削减主要是通过构建一个综合的、系统的减排框架体系来实现的。其主要的原则在于源头、途径、末端共同发力，主要通过结构减排、工程减排、管理减排、生态减排 4 项减排的综合来实现。4 项减排相辅相成、互为条件、全面设防，将流域的主要污染物进行分级分区控制，从而最终实现点源的零入湖和面源的最大可能性削减。同时，在科学定量和丰富的监测数据及试验的基础上，本书给出的减排方法还将最大限度地进行减排定量和半定量化，从而为本书最后的风险决策提供数据基础。

（4）为什么要将风险决策方法引入流域污染物减排的不确定性优化？

流域系统面临诸多的不确定性，由各种不确定性所带来的决策风险会使得流域综合管理决策的效率大大降低。因此，运用定量化的模型，将各种不确定性最大程度地量化就非常有必要。在现有的研究中，优化模型目标函数的不确定性与约束条件的不确定性之间如何权衡，目前并无考虑。同时，在决策过程中，各种决策方法均未能有效地利用决策者的专业背景知识和科学家的理性判断，没有一个平台能使这两类重要的专业人员相互沟通和理解。因此，引入精炼风险显性区间优化模型，构建目标-约束风险关系曲线，使决策者和科学家能共同对不确定性系统作出最优决策。

2.2　理论基础及技术方法框架概述

2.2.1　理论基础

理论基础部分主要对流域综合管理理论基础、富营养化控制理论基础及不确定性区间优化理论基础进行简单概括。其中，流域综合管理理论基础部分主要阐述流域的概念、流域中自然和人类活动相互作用的关系、流域综合管理的基本步骤、流域综合管理里常用的方法等。富营养化控制理论基础目前已经成为基本的共同知识，即减少进入水体的 N、P 营养物质，或者控制蓝藻水华暴发的诱导因子，如水温、光照、水动力等，因此不再对这部分理论基础进行赘述。不确定性区间优化理论基础主要在于数学知识的归纳，重点展开模型的推理和演绎等方法部分的内容。

2.2.2　技术方法框架

本章主要对本书所采用的主要理论及方法框架进行概述，并形成一个比较完整的技术方法框架体系，以期为后文的应用研究提供支持。3 个部分的技术方法分别自成体系，但是又互为条件，相辅相成作用于滇池流域的营养物质综合减排框架与风险决策分析。其中，流域综合管理的技术方法主要包括流域综合评价方法、公众参与方法、动态反馈与调控方法。富营养化控制的技术方法主要从"控源""减排""截污""治污""生态修复"等不同的环节，识别全部可能的减排方法，包括调整产业结构的源头减排、点源治理和非点源管理减排，以及生态修复减排等。基于以上途径的减排技术，综合成结构—工程—管理—生态四位一体的减排框架体系。不确定性区间优化的方法主要从区间优化方法的建模、求解展开，分别从区间线性规划模型、风险显性区间线性规划模型、精炼风险显性区间规划模型的构建、求解过程及其解译等方面展开。

2.2.3　理论与技术方法相互关系

本书所述理论基础主要建立在如下几个部分之上。首先是流域综合管理理论。流域综合管理理论的提出和实践已经经历了数十年的发展，同时也在实践与应用中得到了较好的检验和验证，积累了不少成功的经验和失败的教训，这使得中国这种环境问题比西方发达国家出现得晚，而且在环境污染防治的过程中有一种后发优势，从而避免走西方国家的错误老路。

其次，本书所依托的主要理论基础之一就是富营养化的控制与治理理论。富营养化本来是自然界最为普遍的过程，主要表现为每一个湖泊都会经历一个从贫营养到中营养最后到富营养直至成为沼泽地而消失的过程。在自然界中，这种过程一般都是以数百万年甚至上千万年来计，但是人类生活和生产活动的重度干预，打破了这种自然的缓慢的由贫营养转变为富营养的过程和速度，从而大大加速了湖泊的消亡过程。如何控制这种过程的发生，就是研究湖泊富营养化理论的主要目的。

最后，本书依托的第 3 项主要理论基础就是风险决策理论。风险决策是个人、组织或者系统每天都会面临的事务。如何根据掌握的有限信息，快速而有效地作出最优的决策，是风险决策理论和方法研究者孜孜以求的目标。在风险决策领域中，由于应用的需求极强，因此研究发展很快，各种方法层出不穷。本书不会对所有的决策方法和理论进行阐述，仅对案例研究中使用的区间优化决策理论和方法进行详细的论述。

本书的理论基础与技术方法之间具有一个相互关联的整体逻辑性。理论与方法的逻辑框架共同支持本书所提出的实践问题的解决，从而验证本书最初的定位：以解决具体的问题为首要宗旨。

2.3　流域综合管理理论与方法

2.3.1　流域综合管理理论基础

流域作为地球表面一个相对独立的自然综合体，是以水为纽带，将不同层级的河流、湖泊组合起来，从而形成一个具有物质循环和能量流动功能的复杂系统（杨桂山等，2004）。早期，研究者对流域的关注多着重于其自然属性，因此，地貌学中的流域被界定为分水线所限而有径流流入干流及其支流的汇水区面积。而在水文学里，流域的范围可涵盖地表水和地下水分水线所包围的区域，其既是一个水文单位，也是一个生态经济系统（National Research Council，1999）。根据不同时期和学科对流域的定义可以看出，流域既具有自然属性，也具有社会经济属性（Endter-Wada et al.，1998；Oglethorpe and Sanderson，1999；Jensen and Bourgeron，2001；Weber et al.，2001；Fohrer et al.，2002；Armitage，2004），是一个综合分水岭所包围的集水区域内所有社会经济环境活动的复合"社会-经济-生态"系统（图 2-1）。

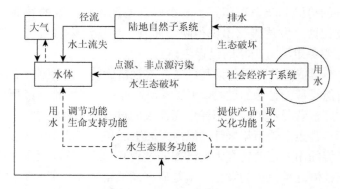

图 2-1　水体、陆地自然子系统和社会经济子系统的关系（周丰等，2007）

在上述流域复合系统所涉及的众多自然和社会经济属性中，主要有地质、地形、气候（包括温度、降水、蒸发）、土壤、径流、地表水、地下水、水质、动植物群落、土地利用及人类社会经济活动等。随着人类活动频率和强度的加大，土地利用对流域过程的影响日益显著，尤其对污染排放的影响则更为显著。这些影响又反作用于气候、水文、地形地貌等自然属性，形成了复杂的流域生态系统过程。表 2-1 列举了部分土地利用方式的典型单位污染负荷。

表 2-1　典型土地利用方式的单位面积污染物排放

土地利用方式	不透水面积 比例/%	固体悬浮物/ [kg/(hm²·a)]	TN/ [kg/(hm²·a)]	TP/ [kg/(hm²·a)]	大肠杆菌/ [10⁹ 个/(hm²·a)]
商业用地	50～70	825	10～15	0.2～2.1	550～650
工业用地	40～50	475～1100	10～15	0.1～1.6	450～500
城镇用地	35～45	370～450	8～9	1.2～1.5	300～500
独门别墅	25～35	280～320	3.5～4	1～1.2	250～400
农村住宅用地	10～15	110～150	3～4	0.42～0.45	100～200
农用地	<2	120～500	5.8～16	0.9～1	20～50
闲散林地	<2	40～120	5.15	0.1～0.25	10～15

资料来源：Waller and Novak，1981；Bingham，1993；Schueler and Caraco，2001。

　　正因为流域内的相互影响和管理，流域综合管理必须着眼于整个流域的自然、社会、经济各种活动，把所有的利益相关人都考虑进去，才有可能得到可行的流域综合管理方案。简单来说，流域综合管理的一般步骤包括：流域问题识别与目标确定；公众参与及咨询；流域综合评价；可选管理方案收集及选择；投资、立法与方案环境影响评价；方案实施与动态反馈。考虑上述步骤在研究区域的应用需要，流域综合评价方法、公众参与方法及动态反馈与调控均会专门在下文阐述。本节先对问题识别与目标确定及方案选择、环境影响评价做介绍。

　　每一个流域管理者首先面临的一个至关重要的问题就是理想中的流域应该是什么状态的？也就是流域综合管理要达成一个怎样的目标状态。只有识别出了"理想"的流域状态，才能根据识别出来的流域问题进行对照，寻找目标与现状之间的差距，从而制定相应的消除差距的管理方案。当然，流域千差万别，各个流域内生活的人也差别迥异，因此对流域理想状态的定位也各不相同。

　　对流域所存在的管理问题进行准确识别是流域综合管理的重要的先决条件。进行问题识别时，需要先对流域现有的水资源利用及损害情况进行准确描述。水资源利用类型分类见表 2-2，确定水资源用途后，进行流域人口规模与需水量预测，接下来是准确识别各用水户，也即利益相关人。一般而言，一个流域内的利益相关人包括政府部门、工业用水部门、商运和渔业部门、居民（私人）用水户，以及 NGOs 等。在某些特定的流域，还有土著部落用水户需要特定考虑。利益相关人确定之后,所有利益相关人共同协商未来的用水目标,其一般包括水质、水量、渔业、航运、娱乐,以及生态与保护等各个方面的目标。

表 2-2　水资源利用类型

水资源利用类型	典型用途
饮用水	城乡市政供水、私人打井用水
工业用水	生产线供水、冷却水、洗涤水
农业用水	灌溉用水、牲畜饮水、牛奶场冲洗水、养殖场冲洗水、渔场用水
洪水管理	洪峰调蓄,大坝、水库、沟渠等水利工程
热电用水	冷却水、沉淀池用水、管道冲刷及维护用水
水力发电	发电蓄水、大坝及水库建造、水位调节
航运	娱乐船、商业货运、商业客运(如旅游观光)
采矿	采石场、洗选矿
涉水娱乐	钓鱼、娱乐船、游泳、冲浪、野炊、野外活动(如观鸟)、美学欣赏
高尔夫球场	草地浇灌、维持球场亲水特性
鱼类和生境	维护和提升水边生境、维护和恢复自然流态、保护群落结构、保护濒危物种
水质管理	维持水质所需的最小流量、低水位状态的水库泄流、削减市政和工业排水、削减暴雨市政污水

资料来源:National Rivers Authority,1993;US Geological Survey,2005。

各利益相关人采用各种可行的公众参与方式(见 2.3.3 节)一起协商流域综合管理的用水目标、水资源保护方案,并依托专业机构对各个方案可能产生的环境影响进行评价,随后公之于众。这个过程可能是一个长期的不断反复、协商、冲突、再协商的过程。其目的就是让最终确定下来的方案具有最大的可操作性,把信息不对称和消极对抗的可能性降到最低程度。

2.3.2　流域综合管理评价方法

经过数十年的发展和实践应用,流域综合管理的评价方法已经取得了长足的进步。众多的研究者针对流域单一水质、污染物、营养负荷、最大日负荷量(total maximum daily load,TMDL)等提出了一系列或简单或复杂的评价方法(Ehrenberg and Rigler,1974;Vollenweider,1976;Chapra,1979;Thomann and Mueller,1987;Novotny and Olem,1994;Renard et al.,1997;Cooper,2004;Kinnell,2005)。读者可以根据上述参考文献获得相关的评价方法和应用。本书为了更好地识别滇池流域综合管理需求和最佳管理实践,提出了一种新的基于双向思维的流域综合评价方法——SSN 评价法。

　　可持续评价是一个涉及多人的复杂、交叉且多维的智力过程。根据群体智慧理论（theory of collective intelligence），如下几个基本的事实可以归结到一群人身上：①每个人都有自己的私密信息，即使这些信息可能只是对一个已知事实的曲解；②每个人的观点并不受他周边的人所左右；③人们能够吸收当地知识；④有某种机制存在于从私人判断转化成集体判断的过程中（Weschsler，1971；Surowiecki，2004）。此外，各个部门或组织在评价过程中往往倾向于与其他部门或组织进行比较：我所选择的与其他人相比较如何？我部门的选择与其他部门相比较如何？其他组织如何看待这些事项？正因为事实的存在，可持续评价方法和工具的发展才具有相当大的难度。然而，还是有系列的评价方法与应用频见报端（Gibson et al.，2005；Rotmans，2006；George and Kirkpatrick，2007）。而本书提出的 SSN 评价方法则与目前已有的评价方法不尽相同。它是基于一项广泛获奖的专利工具，对可持续发展领域的需求和最佳实践进行一个有组织、交叉且快速的评价过程。

　　评价过程的参与者是流域综合管理的所有利益相关人，一般包括政府部门、学术研究机构、企业，以及非政府组织 4 种类型。每个参与者在进行评价前都会填写自己所代表的组织类型，以便于在数据分析阶段进行跨组织比较。一个典型的 SSN 评价过程如图 2-2 所示。在确定了研究流域综合管理的愿景和目标后，评价参与者先用 SSN 工具对流域综合管理的需求进行评价，然后再对流域综合管理的最佳实践进行评价，最后根据识别出来的最迫切的管理需求和最优先的管理实践生成管理策略和行动方案。在评价过程中，所有参与者被打乱并分成 4～5 人一个小组，同时鼓励小组成员之间尽可能多地进行交流和讨论，从而最大限度地扩大共同利益。

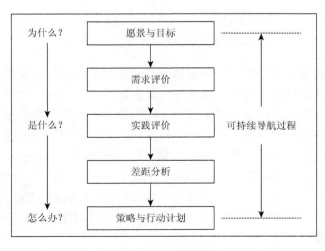

图 2-2　SSN 评价过程

在需求评价阶段，SSN评价板的主页面是一个5×5的坐标平面。横坐标代表某需求重要性的程度，从"一点也不重要"（即重要性为1）一直到"极其重要"（重要性为5）；纵坐标代表某需求的满意程度，如果某个需求让参与者感到"极其不满意"，则其满意程度被赋值为1，如果该需求让参与者感到"极其满意"，则满意程度被赋值为5。在SSN评价板的右边是一个预先准备好的流域综合管理的需求清单。每个需求都对应一个特定的编号并写在圆圈上，以便参与者将各个需求贴在坐标轴上的相应位置。当参与者决定将某个需求贴在特定的位置时，他需要问自己如下两个问题：这个需求对于我所在的组织来说有多重要？我所在的组织对这个需求的满意程度如何？例如，如果编号为3的需求被某个参与者认为是"极其重要"但"极其不满意"的状态，那么其将会把3号需求置于评价板的右下角，如图2-3（a）所示，即（重要性，满意程度）的值为（5，1）的区域。当所有的需求都按照上述方法评价完毕之后，所有参与者还会被要求根据自己的直觉对需求清单进行投票，以得到最为迫切的前10位的需求清单。不难看出，这个评价的前半部分充分调动了参与者的两个维度——重要性和满意程度；后半部分只是根据参与者的直觉，直接投出最迫切的需求。

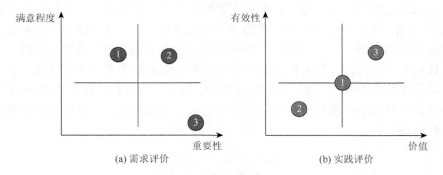

图 2-3　流域综合管理需求评价与实践评价

在最佳实践措施评价阶段所采用的方法和过程与需求评价非常类似。每一个对应唯一编号的流域综合管理实践被参与者放置到"价值-有效性"坐标当中时，需要回答如下两个问题：该管理实践对于我所在的组织是否有价值？该管理实践对于我所在的组织是否有效？每一个实践对应的回答都会决定该实践在评价坐标轴中的位置。例如，如果某个参与者认为2号管理实践对于自己所在的组织有一些价值，也有一点有效，那么2号实践将会被置于如图2-3（b）所示的左下区域，即该实践对应的（价值，有效性）值为（2，2）。完成实践的SSN评价与需求评价类似，参与者也会对所有的管理实践进行一个直观的投票，选择他们认为最重要的流域综合管理实践。

该区域的优先需求和最佳管理措施可以与全球数据库的基准数据进行对比，

从而找出该区域与全球基准的差距。图 2-4 是中国建筑领域可持续发展优先需求与全球基准之间的差距分析，中国与会者对大部分需求的重要性都给出比全球基准更高的得分，而对大部分需求的满意程度则远低于全球基准（Yang et al.，2013）。这也从侧面反映出一个流域或区域可持续发展问题的迫切程度和公众对改善环境的意愿水平。待所有的需求和实践都完成后，一种基于 SSN 评价结果的质量-功能安排（quality function deployment，QFD）方法被用于流域综合管理的行动计划确定。QFD 评价法是由 Chan 和 Wu（2002）提出来的一种基于 6-西格玛的统计方法。运用这种方法，可以使得给出的行动方案中的最佳管理实践恰好能满足 SSN 评价识别出来的最迫切的管理需求，这是一种有效的对应评价方法。

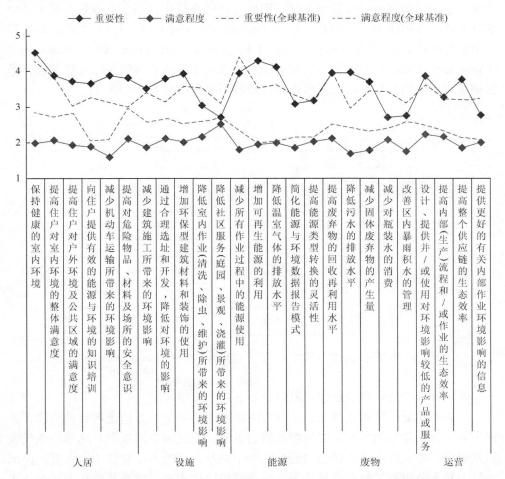

图 2-4　优先环境需求与全球基准之间的差距分析（Yang et al.，2013）（见书后彩图）

　　两轮评价结束后，组织者会将所有参与者的 SSN 评价结果和投票结果收集起来。所有收集起来的数据都被人工录入电脑用于结果分析。如果以前在其他国家或地区开展过相同主题的评价，则还需将收集到的数据送入全球数据库，以便作为未来评价的数据基准。大概两个小时后，数据结果能够分析完毕，届时可以获得一份综合的流域综合管理需求与最佳实践评价报告。同时，专业人员可以根据这些评价结果做出相应的流域综合管理方案，以解决最迫切的管理需求问题。

2.3.3 流域公众参与方法

在现代社会里，一个公共决策需要反映最广大的公众价值取向，而公共政策的改变也应该体现公众价值的变化。因此，共同决策应该基于大多数人而不是少部分人的观点而作出。早期 US Water Resources Council（1983）与美国陆军工程兵团水资源研究所（US Army Corps of Engineers' Institute for Water Resources）（Creighton et al.，1983）的报告对公众如何参与水资源管理的技巧进行了较详尽的描述。典型的公众参与流域水资源管理规划流程图如图 2-5 所示。

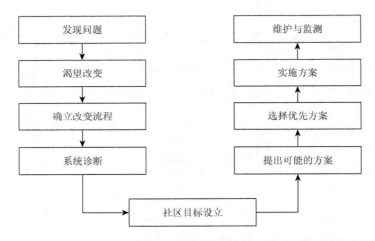

图 2-5　典型的公众参与流域水资源管理规划流程图（Heathcote，2009）

一个有效的公众参与过程一般包含如下几个关键因素。

（1）开始前：要相互尊重；要有可清晰表达的期望，如建议项目的范围、关键事项、公众参与的时间、咨询和沟通的机制、公民拥有的权利、选择公众代表的方案等；要包括全体感兴趣的公众，如中央及各级地方政府的工作人员、民选官员、私人公司及其他产业界代表、公众利益团体代表，以及其他私人或专业团体代表等。

（2）进度管理：需要有清晰单一的组织者理顺汇报关系；工作人员需要收到

足够的有关项目和社区的信息，富有公众参与技巧并乐于听取社区代表的意见；需要有冲突解决和化解的专门专家；需要有足够的经费支持。

（3）数据收集与分析：需要收集和分析的数据主要有社区价值、系统及利益；建议的工程或方案对社区价值或者生活方式可能的影响；类似项目的经验；措施的成本及成本的资金来源；提议的措施所产生的社会经济与环境影响。

（4）沟通：沟通前需要准备清晰的文档及图表；平白、朴实的语言，以便参与者能有效理解；所有的资料和数据，不管是文本形式还是电子版，都应该不受限制地公之于众；有经验丰富的组织者和咨询团体；对参与者的意见给予迅速、敏感而尊重的回复。

除了上述的关键因素之外，还有一些公众参与的技巧与程序事项需要特别提出。首先，需要明确公众参与的目的。目的明确之后才能确定哪些人应该参加、多少人参加，以及会议地址和所采用的公众参与技巧。公众参与技巧一般可以分为信息发布技巧、信息接收技巧、双向沟通技巧、小型讨论技巧、部门考量及冲突化解技巧等。具体可以参见文献 Heathcote（2009）第 117～138 页。

2.3.4　实施反馈及动态调控

Goodman 和 Edwards（1992）对发达国家与发展中国家的诸多流域综合管理计划进行综述后发现，不少流域综合管理计划的实施最后以失败告终。他们总结了失败的原因主要有如下几类：

（1）目标过于雄心勃勃，但是财力物力却极其有限，这种情况多发生在发展中国家；

（2）所开展的项目没有满足管理目标；

（3）没有成功地引导发展；

（4）忽略或低估了计划或项目的环境影响；

（5）忽略或低估了计划的社会影响，如移民、社区关键活动的开展等；

（6）高估了现有执行机构的效率和可达性，或没有创立新的足以实施计划的机构；

（7）缺乏有效领导；

（8）缺乏足够的员工培训；

（9）忽略或低估计划的法律意义；

（10）缺乏足够的基础设施，如道路、市场组织等；

（11）没有正确计算国家、区域、地方及个人在计划实施中的成本与收益。

基于以上各种可能造成流域综合管理失败的因素，在实施过程中对流域综合管理计划实施反馈及动态调控就显得非常必要。反馈可以分为事前反馈和事后反馈。事前反馈可以在计划实施前发现问题而作出调整，从而避免进行错误的实施；事后反馈是指计划在实施到某个阶段时，进行阶段性反馈，确认管理计划是否达到预期的阶段目标，如果没有达到预期阶段目标，则需要各利益相关者进行协商，对计划进行动态调整。每一个反馈和调整的过程都需要遵循公众参与的原则，这样才能使得流域综合管理计划的实施切实达到预定的管理目标。

2.4　流域营养物质集成减排技术

根据本书第 1 章的分析，控制湖泊富营养化的关键在于削减流域的营养物质负荷，尤其是富营养化的限制性因子（如 N、P 等）的入湖量。为实现有效的入湖营养物质负荷削减，由流域综合管理的理论体系可知，需要构建一个全流域尺度上综合和系统的减排框架体系。流域营养物质负荷的削减需遵循物质在流域和水体输移的基本规律，构建"控源—减排—截污—治污—生态修复"污染物多级削减技术，其涵盖营养物质产生的源头、途径及末端等各个环节。具体而言：①"控源"环节主要通过产业结构调整、城市规划、人口规模控制等途径实现；②"减排"可分为点源和非点源减排技术；③"截污"和"治污"主要通过工程措施和管理手段实现；④"生态修复"主要通过生态途径实现。

上述 4 个步骤的多级削减技术又可根据其过程和途径集成"四位一体"的综合减排框架体系，即"结构减排—工程减排—管理减排—生态减排"，这 4 项减排手段相辅相成、互为条件，实现对流域主要污染物的分级、分区控制。本书在后面的研究中，将首先根据本章提出的集成减排框架体系设计滇池流域的营养物质负荷削减方案，并在科学定量和丰富的监测数据及试验的基础上，对不同减排途径的减排潜力进行定量化和半定量化的描述；然后，据此构建营养物质负荷削减的优化决策模型，实现基于不确定性的滇池流域营养物质控制的风险决策。

2.4.1　污染物多级削减技术

本书提出"控源—减排—截污—治污—生态修复"污染物多级削减技术有两个方面的理由：①为了将前文提及的流域综合管理理论与方法落到实处，其在实际流域管理中得到检验和确证；②从流域系统本身来说，在处理复杂的环境问题时，从全过程出发和用多种技术综合处理要比单一的技术有效。而通过流域综合管理评价方法对受污染水体修复技术的评价，能认清各类技术的费用和适用范围，让各个单元技术能合理地结合在一起，实现真正意义上的技术集成，从而更有效地修复受污染的水体。对滇池这种重度富营养化的湖泊而言，单一的修复技术难以实现水体的恢复目标,必须在对该湖泊使用多种修复技术的情况下,对生态修复技术进行筛选并对这些技术的组合进行优化,使之发挥更大的作用。这就要求首先要从技术的特点、使用范围、成本、效率等方面出发,优化组合不同的技术,达到技术集成的目的。

　　本书提出的"控源—减排—截污—治污—生态修复"多级削减技术应用就是这样一种技术集成的概念。"控源减排""截污治污""生态修复"针对的是污染物产生、迁移过程中的不同环节。"控源减排"强调的是从污染物的产生源头加强控制,如通过调整产业结构、迁出重污染产业、控制人口规模、改变城市规划功能布局等方式,实现污染的源头治理,从根本上削减流入环境的污染物;"截污治污"侧重于对已经进入环境的污染物,通过统一收集、集中处理等工程手段和管理手段减少污染物质,有效降低其进入水体的负荷,减小对水体的破坏;"生态修复"是在前两个环节的基础上,从根本上恢复湖区生态系统,实现环境可持续发展。三个环节各有侧重,但分别针对污染物在环境中迁移转化的不同过程,因此三者在本质上同属一个全防全控的过程,是不能间断的。只有综合各个环节的技术手段,对不同的技术组合进行优化,才能在多个层次、多个环节逐步削减污染,同时达到每个环节减排效果的最大化。

2.4.2　控源减排主要技术

　　"控源减排"针对的是污染物进入环境过程中的源头——污染源治理,其中,"控源"侧重于削减污染来源,而"减排"是在污染迁移途中或污染末端进行循环利用和处理。"控源减排"就是在污染源治理的过程中有效结合污染源头控制和迁移途径与末端控制两种途径。"控源"是指对流入湖泊的污染物及其来源进行控制,以达到改善湖泊水质的目的。污染源治理是流域水污染综合整治中的基础性规划,在对流域内的点源和面源污染负荷现状调研和预测分析的基础上,从社会-经济-环境系统的复杂性和整体性入手,制定出宏观对策和微观控制措施相结合的污染源治理工程方案,并通过系统协调分析,遵循"源→途径→汇"的分级、分层次控制思路,实行"控源减排"结合的削减技术,最终得到点、面结合的综合规划方案。控源措施根据不同的污染源类型会各有侧重。首先优先考虑的应该是产业结构调整和人口规模控制;其次是区域发展规划与社会服务功能调整。这两者也有效地从源头削减污染物进入环境。

1. 结构减排潜力评估

　　结构减排,即通过调整和优化流域产业结构,进一步降低传统农业比例和高污染、高能耗、高水耗的三高产业比例,控制农业面源污染和工业点源污染,大力发展以旅游业为主导的现代服务业，积极发展高新技术产业和节能减排产业，达到减少流域污染排放的目标。因此，应着力引导流域的产业朝着技术密集型和资本密集型产业方向升级，一方面利用现有的产业基础，努力发展产业链的高端部分；另一方面，大力吸引高新技术产业在流域内迅速成长。本书认为，一个区域或城市的产业结构主要受制于两个因素：①城市或区域职能定位；②制约该区域或城市发展的主导因子。

　　结构减排潜力评估主要包括如下几个步骤：流域职能定位、主导约束因子识别、产业结构分析、产业选择及优化、产业结构减排潜力估算。用于流域职能定位的方法主要有聚类分析法、标准方差法和经济基础法。主导约束因子识别可以采用层次分析法及专家打分法。在产业结构分析中，首先主要根据德国经济学家霍夫曼（1931）提出工业化发展阶段的经验分类标准和美国发展经济学家钱纳里（1995）的工业化阶段理论确定流域的产业发展阶段，而后对现有产业的比例及各产业的内部结构，以及产业的空间布局进行分析。在产业选择及优化阶段，利用各种定量和定性方法确定研究区域的主导产业，再结合流域现有的产业基础和特点，充分考虑流域主导约束因子，确定流域的主导产业。可选用因子分析法、韦弗-托马斯（Weaver-Thomas，WT）模型、数据包络分析（data envelopment analysis，DEA）模型、区位商、偏离份额法等定量方法，确定区域备选的主导产业。产业结构减排潜力的估算主要包括两个方面：产业迁移减少的污染负荷、产业迁移带动的人口迁移而减少的污染负荷。其中，人口迁移减少的生活污染排放量的计算如下：

$$P_{\mathrm{T}} = P_{\mathrm{w}} \times (1 + R_{\mathrm{f}}) \tag{2-1}$$

$$R_{\mathrm{DP}} = P_{\mathrm{T}} \times E_{\mathrm{ave}} \tag{2-2}$$

式中，P_{T} 为总迁移人口数；P_{w} 为迁移从业人员数；R_{f} 为带眷系数，一般为 1 或 2；R_{DP} 为减少的生活污染排放量；E_{ave} 为人均排污量。

2. 点源、非点源控制技术

　　常用的点源污染的"控源"与"减排"治理措施见表 2-3。污染源搬迁可以从源头减少污染负荷，但需要通过政府干预实施；清洁生产是《中华人民共和国清洁生产促进法》的要求，可以实现工业污染的全过程控制；生态工业园区是高新技术开发区的升级和发展趋势，体现了新型工业化特征及实现可持续发展战略的要求。中水回用技术处理对象主要是生活污水，水中的悬浮物、有机物及营养盐浓度较高，经过中水回用后可达到我国城镇建设生活杂用水水质标准，而污染物削减的程度要根据中水处理设施条件、中水回用的用途及中水处理厂的处理规模，最终确定处理后的污染物浓度。点源控制的相关技术及不同技术间的比较分析研究均较为成熟，在此不再赘述。

表 2-3　常用点源、非点源治理措施

污染类型		治理措施
点源污染	控源	污染源搬迁、企业清洁生产、生态工业园区建设
	减排	生活污水中水回用技术、生活污水深度处理技术等
农业非点源污染		保护性耕作、等高耕作、条状种植、植被覆盖、保护性作物轮作、营养物管理、植草水道和综合有害物质管理等
城市非点源污染		管网系统的完善、雨水资源化技术及最佳流域管理措施等

农业非点源污染的"控源"和"减排"措施主要体现在管理手段与生态方法的结合运用上，其中营养物质管理的应用较为广泛，因其可最大限度地增加作物的生长量，并将营养物流失对水体造成的危害减小到最低程度；在实践中，需要实施测土施肥、深层施肥、避免雨前施肥，尤其是在敏感水体上游的流域。对农村污染控制而言，主要可采取的措施有：农村沼气设施、分散式污水处理设施、人工/天然湿地处理系统、多水塘系统及生态厕所等。

城市非点源污染的控制是流域负荷削减的重要内容，目前主要通过管网系统的完善、雨水资源化技术及最佳流域管理措施等来实现。统计表明，雨水在城市的公共污水排放中的比例可以达到 30%甚至更高，这不仅造成了水资源的浪费，同时也无形中加大了排水管网的建设成本和污水处理的成本（丁鸾和王雪梅，2008）。国内外的实践经验表明，只要措施得当，雨水完全应该而且可以经过雨污分流轻而易举地实现回用。分流制使污水处理厂入水水质得到保障，城区水体也不再因乱排乱放而被污染，但分流制投资较高，埋设管道需要拓宽狭窄的道路，其适合与旧城区改造同步进行。

2.4.3　截污治污主要技术

"控源减排"的污染物治理阶段可以有效地在源头上阻断污染物入湖，而"截污治污"后续环节是针对目前滇池污染严重、只依靠污染物治理不能达到治理目标的现状而提出的，"截污治污"强调的是对已经流入环境的污染物的统一收集和集中治理。"截污治污"是在"控源减排"的基础上，进一步削减进入水体的污染负荷。

1. 截污措施

目前应用较多的截污措施主要包括滨岸缓冲带、泥沙滞留工程和前置库等。

1）滨岸缓冲带

滨岸缓冲带（riparian buffer strips）是指介于河溪和陆域之间的生态过渡带，

是陆地生态系统与水生生态系统交错带的一种类型。过去的研究和实际应用表明，滨岸缓冲带是一种十分有效的截留污染物和改善水质的措施。目前滨岸缓冲带的研究中能有效控制污染物的最小宽度存在较大争议，有些学者建议为 10m（Castelle et al.，1994），而另外一些学者的试验结果表明 3～5m 宽的缓冲带能够拦截 50%～80% 的污染物（Dillaha et al.，1989）。Schmitt 等（1999）的研究则发现，很窄的滨岸缓冲带就能移除大部分的污染物，60%～80% 的沉淀物及与沉淀物吸附在一起的营养物质在缓冲带开始的 7.7m 就被拦截，但可溶性化合物的吸收比例则与宽度成正比（曾立雄等，2010）。同时有研究者提出，在河道或湖泊建设滨岸缓冲带时，最好能利用现有的地形、地貌条件，通过适当改造原有自然河堤或湖滨带，降低缓冲坡度，从而最大限度地提高其截留污染物的能力。此外，在选择滨岸缓冲带的植被时，最好选择已经对当地气候有较好适应能力的本土植物，并考虑冷暖二季的交替，冷型植被和暖型植被混合栽种，使由季节交替、气温变化而导致的植被截留净化污染物的效果发生较大变化（黄沈发等，2008）。

2）泥沙滞留工程

泥沙滞留工程归类为水土流失治理技术。其具体措施主要以工程措施、植物措施相结合，同时加强临时防护、施工时序安排及管理措施等，有效布设水土保持综合防治措施，对项目区进行综合整治。其主要改善原有的开发和耕作方式，建成高标准水平梯田；拓宽和合理规划修缮道路，便于施工和管理，提高劳动生产率；完善排水系统，根据现状具体情况，对部分山体小滑坡或易滑坡处进行削坡处理，并采用"人"形骨架，结合铺草皮的方法护坡修建排水沟及沉沙池，集中蓄排径流，减轻暴雨和径流的冲刷，最大限度地减少水土流失（杨东明，2009）。泥沙滞留工程通过对泥沙迁移的阻挠来实现对泥沙的拦截和收集，但它也会产生一些不利影响，如基建和维护费用太高；属于末端处理；工程会占用一定的土地，影响周围居民的生活。

3）前置库

前置库是指在受保护的湖泊和水库水体上游支流，利用天然或人工库（塘）拦截入湖径流，通过人工强化的物理、化学和生物过程，使径流中的污染物得到净化的工程措施。目前，前置库系统结构包括地表径流收集系统与调节子系统（河道）、拦截与沉降子系统、生态透水坝砾石床子系统、强化净化子系统和回用与调节子系统（张永春等，2006）。降雨径流连同农田、村镇地表径流及未经处理的生活污水等汇入河道，经由生态河道子系统及拦截与沉降子系统，进行污染物质的初步拦截、沉降，同时调蓄水量，再经透水坝即砾石床，以渗流方式过水，以保持坝前后水位差，进行污染物的初步去除，然后进入生态库塘，对水体进行强化净化，使处理后的水质得到明显改善，基本解决区域内河道淤积、污水横流、水体发黑发臭等现象（高月香等，2010）。

2. 治污措施

治污主要从水动力措施、营养盐治理、蓝藻控制与资源化 3 个方面治理水体污染。

1）水动力措施

水动力措施主要指通过一些措施对水体的流动性、循环程度进行改善，进而改善水生生物生存的环境，为水生群落的构建创造条件。具体包括引水稀释、深层水抽取技术、水动力学循环技术和深水曝气技术等。常用的水动力措施技术原理、优缺点及应用总结见表 2-4。

表 2-4　常用水动力措施

技术名称	技术原理	优点	缺点	应用
引水稀释	引水稀释受污染水体，减少污染物的浓度和负荷，改善水环境，提高湖体的自净能力	水量充足时成本较低；能马上见效	充足的低浓度水是限制因素；引水稀释导致交换水体的生态体系发生变化	有充足的干净水源地
深层水抽取技术	深层水停留时间缩短，不易厌氧；减小底泥中高营养元素和重金属离子释放的速率，不易向表层水扩散传输	成本低廉；促进水体健康循环；减少水体分层	抽取出的水必须进行妥善处理	富营养化程度较轻的湖泊
水动力学循环技术	底部曝气，气泡上升，在被充氧的同时，水流被提升至表面，水体形成循环	加快水体循环，改善水生生物生境	重新释放自由 P；透明度下降；成本较高	各类湖泊
深水曝气技术	机械搅拌；注入纯氧；注入空气	有效地增加深层水的溶解氧；降低 NH_3-N 和 H_2S 的浓度	内源性 P 负荷的降低不理想；内源性 P 的控制效果不稳定	

2）营养盐治理

控制水体营养盐的量可以通过在湖泊入水口直接添加化学药品或向湖水中直接投撒混凝剂，以钝化、沉淀湖水中的营养盐（主要是 P），使其不能被藻类利用。该技术在美国和澳大利亚运用较多，常用的混凝剂有铁、铝盐。铝元素形成的络合物或者聚合物能高效地捕捉颗粒状和无机性的 P，而且在一般的用量范围内对水体生命没有毒性。铝形成的络合物和聚合物在氧化条件变化时呈现惰性，使得被结合的 P 也呈现惰性。比较而言，铁的络合物在氧化还原条件变化时会将 P 重新释放。

目前有两种确定投药量的方式：一种是以去除水体中 P 的比例来确定，如向湖水表面投加药品，直到水中 P 的去除达到要求为止，几乎所有的早期湖水处理都是采用这种方法。其具体是逐步加大投药量，直到达到满意的 P 去除效果时所达到的投药量。这种方法类似废水处理中确定投药量的方法。根据烧杯实验结果，进而计算出这个湖泊水体处理所需要的投药量。另一种是投加尽可能多的药量与底泥 P 的去除相匹配，从而达到长期控制 P 或者内源性 P 的目的。此时，为了水体中生物的安全，一般将所需要的药品直接投加在深层水中，避免药品与浅层水生物接触。最佳投药量的确定涉及氢离子浓度（pH）的变化、碳酸盐碱度和铝离子的毒理学效应等。因为，随着投药量的逐步加大，水体的 pH 和碱度可能逐步降低，而游离的铝离子浓度逐步升高。有人建议溶解性铝离子的浓度控制在 50μg/L 以下，因为有研究表明，这个浓度水平对鱼类没有明显的短期或长期毒理学效应。这种方法可以在短期内削减水体的含 P 量，但使用化学药品可能会对生态系统造成长期不良的影响，所以最好只将其作为临时性措施。该方法操作简单，但费用较高，最大的缺点则是容易受 pH 变化的影响。特别是对于酸雨或酸沉降地区，降水导致水体的 pH 降低，由此带入的酸性水会使得沉淀态的铝转化为溶解态的铝，此时，本已沉淀的 P 就可能被再溶解或悬浮至水体中。

3）蓝藻控制与资源化

蓝藻控制与资源化是有效去除蓝藻的技术。蓝藻控制通常分为化学除藻、机械除藻和生物除藻 3 类。蓝藻资源化则是指通过各种技术有效利用蓝藻细胞中的营养成分。蓝藻控制与资源化的技术原理及优缺点见表 2-5。

表 2-5　常用蓝藻控制与资源化技术

技术名称		技术原理	优点	缺点	应用
蓝藻控制	化学除藻	投加混凝剂、氧化剂除藻，投放粉末活性炭、泥土、秸秆等化学方法除藻	方法操作简单；效果显著	费用高；易受 pH 影响；铝离子有毒	大面积突然性暴发时应急处理
	机械除藻	用机械方法可收获湖水中大量的藻类	易于实施；效果显著	费用高；操作过程复杂	蓝藻相对集中在沿岸带、分布密度大
	生物除藻	投放软体动物、滤食性鱼类等；利用水生生物之间的生态关系，控制湖泊富营养化	无副作用；成本低；有长期持久的效果	见效较慢，易引起生态系统的变化	
蓝藻资源化		充分利用蓝藻中氨基酸、植物蛋白、多糖等丰富营养成分	浓度较高时打捞，从而高效资源化	目前仅停留于实验室阶段	

2.4.4　生态修复技术

前文所述的各种控源、减排、截污、治污措施其实已经在很大程度上包含了大量的生态修复技术。从实际应用的角度来讲，许多技术的应用本来就是一个综合与交叉的过程，不能清晰明确地把某种技术冠为生态或非生态技术。本节"生态修复"是在污染源负荷分析的基础上，从污染防治、生态修复两个技术层面，对湖区生态环境修复工程进行规划。以恢复湖区生态系统良性循环、减少非点源污染、防治富营养化为目的，结合湖泊流域的变化规律和现状，针对湖泊面临的生态问题和环境污染问题，制定湖区生态环境修复工程规划方案，有效控制和削减不利影响，使湖泊生态系统逐渐向良性方向发展。

　　湖区生态环境修复、整治与景观设计技术由两个组成部分：①污染控制技术，就是削减污染负荷，主要是针对末端治理。这部分在污染源治理部分已经涉及，这里不再赘述。②生态修复技术，是指在对生态系统进行系统分析的基础上采取对应的技术手段，达到对污染物的去除和生态系统功能的提高，并设计适配性的景观建设技术。生态修复，包括湖滨带生态修复、湖区景观生态建设、山体植被恢复等，其中湖滨带生态修复技术有湖滨湿地工程技术（并到天然/人工湿地中考虑）、水生植被恢复工程技术、环保底泥疏浚技术、防护林或草林复合系统工程技术、人工浮岛工程技术、人工介质岸边生态净化工程技术、林基鱼塘系统工程技术、仿自然堤坝工程技术等。现对各项工程技术作简要说明（表 2-6）。

表 2-6　常用生态修复技术

技术名称		技术原理	优点	缺点	应用
湖滨湿地工程技术	表面流型人工湿地技术	水面在固体介质表面以上，污水水平流出		存在自由水面，易滋生蚊蝇	适用于各种类型污水
	水平潜流型人工湿地技术	水面在填料表面以下，污水水平流出	水力负荷和污染负荷大；处理效果好且受气候的影响小；很少有恶臭和滋生蚊蝇现象	成本高	
	垂直流型人工湿地技术	污水从池体顶部通过填料垂直流向池体底部，间歇进水	水力负荷较高；N、P去除效果较好	对悬浮物（SS）的去除效果较差	
	复合垂直流型人工湿地技术	由两个底部相连的池体组成，污水从一个池体垂直向下流入另一个池体中后垂直向上流出	具有较高的污染负荷	目前仍处于试验研究阶段	
	组合式人工湿地系统技术	将潜流湿地系统和表面流湿地系统有机结合	保温效果好，负荷高，处理效果受气候的影响小；繁殖蚊虫和产生臭味的可能性很小	成本高	
	半人工湿地系统技术	根据污染物性质，直接利用天然湿地进行强化改造	处理效果好，维护成本低；融合景观与污染物处理于一身	需要大面积天然湿地为依托；有负面影响	

技术名称		技术原理	优点	缺点	应用
水生植被恢复工程技术	水生-陆生植物搭配与群落组建技术	依据生态学理论，在现有植被调查的基础上，设计和建设新的植被类型、面积和空间布局			水土流失严重，河网水系密集的地带
	水生植被恢复工程技术	水生植物可以提高水体透明度，抑制藻类暴发	无负面影响；花费少；管理方便	种植周期较长，效果较差	
环保底泥疏浚技术		通过底泥的疏挖去除底泥所含的污染物，清除污染水体的内源，减少底泥污染物向水体的释放	时间短；彻底清除污染物；消耗大量溶解氧	导致底泥悬浮，使水体透明度下降；造成部分行业经济损失；破坏生态链；成本高	底泥内源污染较严重的湖泊
防护林或草林复合系统工程技术		尽可能建造森林和草地有机结合形成的多层次人工植被	有效降低风速；减少湖面蒸发；截留污染物；减少径流量；涵养水源		湖滨带的陆向辐射带
人工浮岛工程技术		在离岸不远的水体中，浮于水中的植物床，作用类似于植物带，具有净化水质、创造生物的生息空间、改善景观、消波等功能	富集 N、P 的同时可收获经济作物；促进水中悬浮颗粒物的沉积；防止湖浪直接冲击湖岸	成本高；治理周期较长	适用于受风浪侵蚀比较严重的湖泊
人工介质岸边生态净化工程技术		把人工介质随意堆放在岸边，减少湖浪冲刷，在人工介质内和体间营造适于微生物和底栖生物生存的小环境，以达到净水和护岸的目的		山体裸露的湖滨岸地区施工困难	在湖岸比较陡峭，侵蚀比较严重，基质贫瘠，植被难以恢复的湖滨带；不宜采用其他恢复技术的特殊用途地带
林基鱼塘系统工程技术		鱼塘与防护林营建结合，从鱼塘取水供防护林用水，或被林木吸收；塘泥用来护堤、植树或作为肥料回林	平衡湖泊水生生态		
仿自然堤坝工程技术		依托于现有的大堤或湖堤公路，对其进行改造，减缓面湖坡的坡度，恢复植被，防止湖浪对湖岸的直接冲刷	有利于减少湖岸侵蚀，促进湖滨带内植物恢复，保护鱼类繁衍场所		

2.4.5 结构–工程–管理–生态集成减排框架

综合以上控源—减排—截污—治污—生态修复的入湖污染物控制方法与技术，可以将其归纳为以下几种类型，即结构减排、工程减排、管理减排和生态减排。各种减排技术和方法均可以划归为 4 类减排中的某一类。4 类减排在不同的规划期内，受制于不同水质目标下的总量控制目标，基于多种社会经济发展情景，对入湖营养物质从源头到途径再到末端进行全防全控，最后实现入湖污染物控制目标。结构-工程-管理-生态集成减排体系如图 2-6 所示。

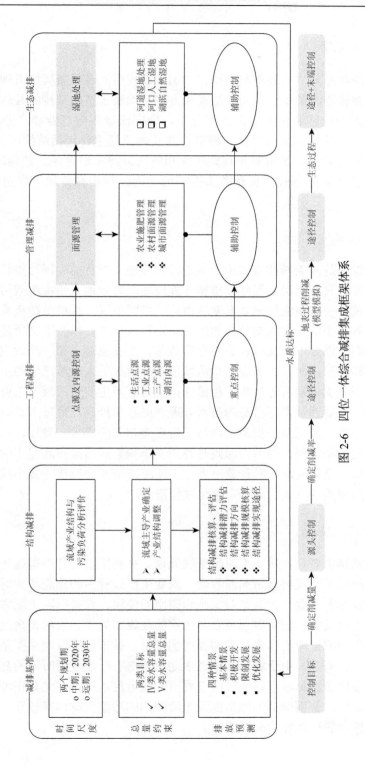

图 2-6 四位一体综合减排集成框架体系

1. 结构减排

对于控源环节，调整产业结构、控制人口规模、合理布局城市规划和人口分布、关停并转重污染中小企业等措施和方法，均属于结构减排的具体应用。首先对流域的产业结构和污染负荷进行分析，确定流域主导产业和产业结构的调整方向，再进行结构减排的评估和核算。其具体步骤主要包括结构减排潜力评估、结构减排方向确定、结构减排规模核算和结构减排实现途径。结构减排是 4 类减排中的优先减排方式，也是源头控制的主力。结构减排属于半定量性质的减排措施。

2. 工程减排

工程减排是 4 类减排方式中的重点控制措施。对目前中国污染状况极为严重的流域而言，只有利用工程减排措施才能快速、有效地大幅度削减污染物。本书的研究区域——滇池流域地处高度城市化的昆明市区，污染负荷极高，因此工程减排是有效减少营养物入湖负荷的重点。工程减排主要涉及上文所述的点源控制和内源控制，细分下去又可以分为生活点源、工业点源、第三产业点源（简称三产点源）和湖泊内源。生活点源指流域内高度密集的人口所产生的生活污水，主要利用城市污水处理厂等市政工程措施；工业点源主要是流域的工业生产所产生的污染物，主要通过工厂自身的污水处理设施做前处理，再排入市政污水管网统一处理；三产点源主要是指流域内与旅游观光相关的宾馆、餐厅，以及其他服务业所产生的污染排放；湖泊内源则是经历多年积累后蕴藏在底泥中的污染物，其往往在水体污染浓度降低时释放出来。工程减排是 4 类减排方式中减排量最大和最容易看到成效的方式，属于定量化减排措施。

3. 管理减排

管理减排主要是针对非点源污染的处理。主要采取的管理措施包括农业施肥管理、农村面源管理和城市面源管理。农业生产过程中的施肥管理对削减直接入湖的污染物非常重要，尤其是对氮肥和磷肥的使用，宜采用测土配方等高效的施肥方式。农村面源管理主要包括农业污水的收集和处理、农村畜禽散养管理等，特别是对于河流两岸的畜禽散养需要严加控制。城市面源管理主要是城市暴雨径流的管理。在雨季，由于城市的不透水地面无法有效吸收短时间的高强度降水，因此雨水会挟带大量城市路面的污染物进入城市污水管网。尤其在没有进行雨污分流的老城区，暴雨季节的城市面源带给湖泊的污染负荷比率较高。管理减排属于半定量性质的辅助性控制措施。

4. 生态减排

生态减排是结构减排、工程减排和管理减排之后的有效补充。其主要包括河道湿地处理、河口湿地处理和湖滨带湿地处理。生态减排不仅是源头—途径—末端处理过程中的一个重要的组成部分，而且对于重建流域水生态系统、恢复生态系统健康和生物多样性都具有非常重要的作用。在产业结构调整达到一定要求时，工程减排获得良好效果，管理措施也依次到位后，生态减排成为四位一体综合减排体系中的最后一道屏障，为最终实现入湖污染物的削减和恢复湖泊生态系统健康发挥重要作用。

2.5　不确定性风险决策方法

2.5.1　流域不确定性优化模型

概率分布、可能性分布和区间数分布是流域不确定性优化模型的 3 种分布形式。对应地，流域模型系数的各类不确定性可以用随机、模糊和区间方法来处理（Inuiguchi and Sakawa，1997），由此发展起来随机线性规划模型、模糊线性规划模型和区间线性规划模型，以及一些复合模型（Huang et al.，1993，1996；Chang and Chen 1997；Wu et al.，1997；Huang and Loucks，2000；Li and Huang，2006；Qin et al.，2007）。其中，随机线性规划模型和模糊线性规划模型因需要实际中难以获得的模型参数的概率分布信息，其应用范围受到限制（Huang et al.，1995）。与之不同的是，区间线性规划模型只需要对参数的上界和下界作出估计即可，使其成为在数据有效性受限时随机线性规划模型和模糊线性规划模型的替代方法（Ozdemir and Saaty，2006；Zhou et al.，2009）。

区间线性规划模型的参数可以部分或全部以区间数来表示（Ben-Israel and Robers，1970；Rommelfanger et al.，1989；Huang and Moore，1993；Tong，1994；Huang，1996；Rommelfanger，1996；Hansen and Walster，2004）。区间分析和区间数学被认为是区间线性规划模型的理论基础和方法论。该理论及相关方法于 20 世纪 50 年代提出，Moore（1966）出版了区间分析集大成著作，从此该理论获得蓬勃发展。区间数在区间线性规划模型中表征模型的误差和不确定性的方法众多（Jaulin et al.，2001；Hansen and Walster，2004；Fiedler et al.，2006）。区间线性规划模型问题的处理方式也形式多样，其中最早由 Huang 和 Moore（1993）提出的灰色线性规划及由 Tong（1994）提出的最好最坏方法分别代表了两类能够有效计算出区间解的算法（Zhou et al.，2009），之后由 Chinneck 和 Ramadan（2000）进行了拓展，并探讨了区间数的约束性和消极决策变量等问题。

由前文综述可知，在用灰色线性规划算法求解区间线性规划模型问题的过程中，作者发现区间线性规划模型解虽然可得到有效的优化目标，但可能会给出不可行或非最优的实施方案。而且，基于区间的区间线性规划模型解不能反映出决策风险和优化目标之间的联系和平衡，因而在实际决策支持方面存在不足。为了克服区间线性规划模型的上述局限，同时维持其在处理不确定情况中的优势，本书提出了风险显性区间线性规划模型，它能为决策变量计算出更充分有效的最优解集合，同时考虑了决策风险和系统目标之间的权衡，在区间不确定性条件下为决策制定提供更有力的支持。

2.5.2 区间线性规划模型

ILP 公式及其算法如下：

定义一：假设 x 是实数域 R 上的一个有界闭集，即 $x^-, x^+ \in R, x^- \leqslant x^+$，定义区间数集合 $x^\pm$ 为 x 的区间，其包含明确的上下界，但缺乏 x 的分布信息（Huang et al.，1992）：

$$x^\pm = [x^-, x^+] = \{t \in R \mid x^- \leqslant t \leqslant x^+\} \tag{2-3}$$

式中，x^-、x^+ 分别为 $x^\pm$ 的下界和上界。当 $x^- = x^+$ 时，$x^\pm$ 为一个确定的数，即 $x^\pm = x^+ = x^-$。实数域 R 上的区间数的全体记为 $I(R)$。

定义二：定义 $x^{\pm(w)}$ 为区间里一个具体的数，其值介于 $x^\pm$ 上下界之间（Huang and Moore，1993），即

$$x^- \leqslant x^{\pm(w)} \leqslant x^+ \tag{2-4}$$

式中，$x^{\pm(w)}$ 为 $x^\pm$ 的一个具体的数。

定义三：由区间数 $x_{ij}^\pm$ 组成的矩阵称为区间矩阵，记作 $X^\pm$，即

$$X^\pm = \{x_{ij}^\pm \mid x_{ij}^\pm \in I(R), i = 1, 2, \cdots, m, j = 1, 2, \cdots, n\} \tag{2-5}$$

区间向量的全体记为 $I(R^{m \times n})$。

定义四：$\forall x^\pm, y^\pm \in I(R)$，有下列关系成立：

$$x^\pm \leqslant y^\pm \text{ 当且仅当 } x^- \leqslant y^- \text{ 且 } x^+ \leqslant y^+ \tag{2-6}$$

假设 $* \in \{+, -, \times, \div\}$ 是一个二元运算符，定义为

$$x^\pm * y^\pm = [\min(x * y), \max(x * y)], x^- \leqslant x \leqslant x^+, y^- \leqslant y \leqslant y^+ \tag{2-7}$$

当 $*$ 为除法时，$0 \notin y^\pm$，则以下关系成立：

$$
\begin{aligned}
x^\pm + y^\pm &= [x^- + y^-, x^+ + y^+] \\
x^\pm - y^\pm &= [x^- - y^+, x^+ - y^-] \\
x^\pm \times y^\pm &= [\min\{x \times y\}, \max\{x \times y\}] \\
x^\pm \div y^\pm &= [\min\{x \div y\}, \max\{x \div y\}]
\end{aligned} \tag{2-8}
$$

定义五：ILP 模型可以定义如下（Huang and Moore，1993）：

$$\min(\max) f^{\pm} = C^{\pm} X^{\pm} \tag{2-9}$$

$$\text{s.t.} \quad A^{\pm} X^{\pm} - B^{\pm} (\geqslant)(=,\leqslant)0 \tag{2-10}$$

$$X^{\pm} \geqslant 0 \tag{2-11}$$

式中，

$$C^{\pm} = [c_1^{\pm}, c_2^{\pm}, \cdots, c_n^{\pm}]$$
$$X^{\pm} = [x_1^{\pm}, x_2^{\pm}, \cdots, x_n^{\pm}]^{\mathrm{T}}$$
$$B^{\pm} = [b_1^{\pm}, b_2^{\pm}, \cdots, b_m^{\pm}]^{\mathrm{T}}$$
$$A^{\pm} = \{a_{ij}^{\pm}\}, \quad i = 1, \cdots, m, \quad j = 1, 2, \cdots, n$$

由于区间数存在于目标函数及反映不确定性的约束条件中，ILP 模型的最优解为

$$f_{\mathrm{opt}}^{\pm} = [f_{\mathrm{opt}}^{-}, f_{\mathrm{opt}}^{+}] \tag{2-12}$$

$$X_{\mathrm{opt}}^{\pm} = [x_{1\mathrm{opt}}^{\pm}, x_{2\mathrm{opt}}^{\pm}, \cdots, x_{n\mathrm{opt}}^{\pm}] \tag{2-13}$$

需要注意的是，式（2-13）与是否使用 GLP 算法相关。当采用 BWC 算法时，模型的定义中不包括式（2-13）。以式（2-9）中的最大值形式为例，式（2-9）～式（2-11）定义的 ILP 模型可以采用 GLP 或 BWC 算法进行求解（Huang and Moore，1993；Tong，1994）。下面将基于 BWC 算法求解模型。

对于最大值形式，第一步求解对应于目标函数上界的子模型：

$$\max f^{+} = \sum_{j=1}^{n} c_j^{+} x_j \tag{2-14}$$

$$\text{s.t.} \quad \sum_{j=1}^{n} a_{ij}^{-} x_j - b_i^{+} \leqslant 0, \forall i \tag{2-15}$$

$$x_j \geqslant 0, \forall j \tag{2-16}$$

第二步求解下界模型：

$$\max f^{-} = \sum_{j=1}^{n} c_j^{-} x_j \tag{2-17}$$

$$\text{s.t.} \quad \sum_{j=1}^{n} a_{ij}^{+} x_j - b_i^{-} \leqslant 0, \forall i \tag{2-18}$$

$$x_j \geqslant 0, \forall j \tag{2-19}$$

注释一：式（2-14）～式（2-16）所表示的子模型对应于目标函数的上界，反映了最乐观的情况，即约束条件所允许的最大解空间。类似地，对应于式（2-17）～式（2-19）表示的下界的子模型则反映了最悲观的情况，即约束条件可能限制的最小解空间。如果决策者根据最乐观的情况制定策略，则意味着决策者愿意为了

获得高的系统收益而承担违背系统约束条件的高风险。另外，如果根据最悲观的情况制定策略，则意味着决策者愿意牺牲系统收益而降低违背约束条件的风险。但是在实际决策时，决策者一般都会选择介于二者之间的折中方案。

注释二：折中的决策结果建立在两个极值之间的区间上。为了获取这个决策结果，决策者需在制定决策时以某种形式解译区间解，并依次确定一组具体的区间数。但是，如果采用随机或者其他类似的简单方式来确定这一组区间数，则有违背约束条件或者偏离系统最优结果的风险，也就意味着很可能得不到可行或者最优方案。

注释三：ILP 模型及其区间解在实际的决策制定应用中有两个主要的局限：①关于决策变量的区间解（用 GLP 算法求解模型的情况），分析者依赖 GLP 算法获得决策变量的区间解，然而这个解集并不总能囊括所有的支持实际决策制定的解；此外，其中的某些解也可能完全不切实际（Zou et al.，2010）。因此，通过解译 ILP 的解是否真的能如之前的一些研究（Huang et al.，1993；Chang and Chen，1997；Zou et al.，2000；Fiedler et al.，2006）所认为的那样获得有效的决策方案，尚值得怀疑。②对于决策风险和系统收益之间关系进行描述的缺乏。在现有的 ILP 框架中，还没有一个定量的方法来阐述系统收益（对目标函数的实现程度）和决策风险（对系统约束条件的违背）之间的关系。因此，在已有的 ILP 解及其计算过程的基础上难以获得满意的决策方案。为了解决 ILP 现存的问题及满足决策制定的实际需要，亟须一个包含了决策风险在内的新的 ILP 模型。

2.5.3　风险显性区间线性规划模型

为了克服 ILP 模型的上述局限，同时维持其在处理不确定性方面的优势，研究者提出了风险显性区间线性规划模型（risk explicit interval linear programming，REILP），它能为决策变量计算出更充分有效的最优解集合，同时考虑决策风险和系统目标之间的权衡，在区间不确定性条件下为决策制定提供更有力的支持（Zou et al.，2010），同时，还以一个 TMDL 背景下的土地利用规划为数值案例对方法加以阐释。TMDL 是关于水体在达到其质量标准前提下所能容纳的最大排污量的一种计算方法，在《清洁水法》（Clean Water Act）第 303 章里被规定为标准方法（National Research Council，2001）。数值案例的结果显示，REILP 显著增强了 ILP 方法在实际决策制定中的支撑作用。Liu 等（2011a）进一步将其应用于流域管理决策中，构建了邛海流域最优 TP 负荷削减的 REILP 模型，从而探索了其适用于解决实际的流域尺度的负荷削减最优问题，为在其他领域中的应用提供指导。下面对 REILP 模型的推导过程和求解进行详细展开。

1. REILP 模型推导

定义六：将 ILP 的一个事件模型定义为，当 $A^{\pm}$、$B^{\pm}$ 和 $C^{\pm}$ 中的参数分别获得了各自上下界范围内的具体数值时的典型 ILP 模型。

事件模型可以用式（2-20）～式（2-25）表示：

$$\max f = \sum_{j=1}^{n}[c_j^- + \lambda_0(c_j^+ - c_j^-)]x_j \tag{2-20}$$

$$\text{s.t.} \quad \sum_{j=1}^{n}[a_{ij}^+ - \lambda_{ij}(a_{ij}^+ - a_{ij}^-)]x_j - [b_i^- + \eta_i(b_i^+ - b_i^-)] \leq 0, \forall i \tag{2-21}$$

$$x_j \geq 0, \forall j \tag{2-22}$$

$$0 \leq \lambda_0 \leq 1 \tag{2-23}$$

$$0 \leq \lambda_{ij} \leq 1, \forall i,j \tag{2-24}$$

$$0 \leq \eta_i \leq 1, \forall i \tag{2-25}$$

式（2-20）～式（2-25）表示的模型是一个典型的 ILP 模型，对应于一组特定的系数值 λ_0、λ_{ij} 和 η_i，通过变换可以得到

$$\max f = \sum_{j=1}^{n}c_j^- x_j + \lambda_0(c_j^+ - c_j^-)x_j \tag{2-26}$$

$$\text{s.t.} \quad \sum_{j=1}^{n}a_{ij}^+ x_j - b_i^- \leq \sum_{j=1}^{n}\lambda_{ij}(a_{ij}^+ - a_{ij}^-)x_j + \eta_i(b_i^+ - b_i^-), \forall i \tag{2-27}$$

$$x_j \geq 0, \forall j \tag{2-28}$$

$$0 \leq \lambda_0 \leq 1 \tag{2-29}$$

$$0 \leq \lambda_{ij} \leq 1, \forall i,j \tag{2-30}$$

$$0 \leq \eta_i \leq 1, \forall i \tag{2-31}$$

令 $\mu = \lambda_0(c_j^+ - c_j^-)x_j$，$\xi_i = \sum_{j=1}^{n}\lambda_{ij}(a_{ij}^+ - a_{ij}^-)x_j + \eta_i(b_i^+ - b_i^-)$，其中 $i=1,2,\cdots,m$，可以得到

$$\max f = \sum_{j=1}^{n}c_j^- x_j + \mu \tag{2-32}$$

$$\text{s.t.} \quad \sum_{j=1}^{n}a_{ij}^+ x_j - b_i^- \leq \xi_i, \forall i \tag{2-33}$$

$$x_j \geq 0, \forall j \tag{2-34}$$

当 μ 和 ξ_i 等于 0 时，式（2-32）～式（2-34）等价于最悲观情况所对应的子模型。

　　在具体的区间决策应用中，因为能保证满足最严格的约束条件，因此以最悲观情况所对应的子模型得到的决策方案不会有违背约束条件的风险。当 ξ_i 的值放松至某一大于 0 的值时，意味着约束条件被放宽，系统收益将更大，同时也意味着需要承担一定的风险。显然，ξ_i 取值越大，决策方案所要承受的风险也就越大，当 $\lambda_{ij} = 1(\forall i, j)$ 和 $\eta_i = 1(\forall i)$ 时，ξ_i 达到最大值，此时系统的收益也最大，风险也最高。由此看来，可以考虑利用 ξ_i（$\forall i$）对 ILP 框架中的决策风险进行定量描述。

　　定义七：函数 $\xi_i = \sum_{i=1}^{n} \lambda_{ij}(a_{ij}^+ - a_{ij}^-)x_i + \eta_i(b_i^+ - b_i^-)$ 定义为一个 ILP 问题中约束条件 i 对应的风险函数。

　　从式（2-32）～式（2-34）可以得出：①当 $\xi_i = 0$ 时，最优解对应的方案不具有违背对应约束条件的风险；②当 $\xi_i > 0$ 时，最优解对应的方案具有一定风险，其大小与 ξ_i 的值成正比例。

　　由此可见，决策风险与系统收益是实际决策中两个相互制约的因素。显然，决策者此时追求的决策应该是这样的，即同时满足风险最小化和系统收益最大化。不难看出，这是一个典型的多目标最优化的决策问题。

$$\max f = \sum_{j=1}^{n} c_j^- x_j + \mu \tag{2-35}$$

$$\min \quad \xi_i = \oplus_i [\sum_{j=1}^{n} \lambda_{ij}(a_{ij}^+ - a_{ij}^-)x_j + \eta_i(b_i^+ - b_i^-)] \tag{2-36}$$

$$\text{s.t.} \quad \sum_{j=1}^{n} a_{ij}^+ x_j - b_i^- \leqslant \xi_i, \forall i \tag{2-37}$$

$$x_j \geqslant 0, \forall j \tag{2-38}$$

式中，$\oplus$ 为一个算子，可以是简单加和、加权加和、简单算术平均值、加权算术平均值或者最大值算符，需具体问题具体讨论。$\oplus_i$ 的下标表明，它的约束条件可以有多种形式，从而为优化问题的风险函数的统一描述创造了便利。为了解决这一多目标最优化的问题，模型可以表述为

$$\min \quad \xi_i = \oplus_i [\sum_{j=1}^{n} \lambda_{ij}(a_{ij}^+ - a_{ij}^-)x_j + \eta_i(b_i^+ - b_i^-)] \tag{2-39}$$

$$\text{s.t.} \quad \sum_{j=1}^{n} c_j^- x_j + \mu \geqslant f_{\text{opt}}^- + \lambda_0(f_{\text{opt}}^+ - f_{\text{opt}}^-) \tag{2-40}$$

$$\sum_{j=1}^{n} a_{ij}^+ x_j - b_i^- \leqslant \xi_i, \forall i \tag{2-41}$$

$$\lambda_0 = \lambda_{\text{pre}} \tag{2-42}$$

$$0 \leqslant \lambda_{ij} \leqslant 1 \tag{2-43}$$

$$x_j \geqslant 0, \forall j \tag{2-44}$$

定义八：由初始 ILP 的最优化过程与式（2-39）～式（2-44）所表示的风险最优化过程共同组成 REILP 模型。

注释四：式（2-37）～式（2-42）所表示的风险最优化模型是一个非线性规划模型，其非线性主要来自于未知数（如 λ_0 和 λ_{ij}）的引入，它们用来表示约束条件中各不同变量的不确定性之间复杂的非线性交互作用。对于某特定约束条件，如果一个较大的 λ_{ij} 与一个较小的 x_j 相关联，那么 λ_{ij} 对决策风险的影响就较小；相反，在一个较小的 λ_{ij} 与一个较大的 x_j 关联的情形下，λ_{ij} 对整个决策风险的贡献将非常显著。

注释五：对于每一个特定的约束条件，由于 b_i 的类型及函数中 λ_{ij}、a_{ij}^+、a_{ij}^-、x_j、η_i、b_i^+ 和 b_i^- 的作用关系大相径庭，所对应的风险函数的量级也各不相同，因此风险函数中的风险值还不具备可比性。为了克服这个障碍，将所有的风险情形都与最悲观的情况相比较，也就是说，所有的风险函数都乘以 $1/b_i^-$，从而实现风险量级可比形式的统一。在实际决策中，还可以采用其他方法来满足特定情形的需求。

注释六：λ_0 表示决策的风险意愿水平，或者说决策者在优化决策中能够接受的风险程度。当意愿水平取值为 0 时（$\lambda_0 = 0$），模型对应于最保守的决策情形，即获得最悲观而风险最小的结果；当 $\lambda_0 = 1$ 时，模型对应于最激进的情形，即获得最乐观而风险最大的结果。在实际决策中，决策者一般会选择中间的方案而非最激进或最保守的情形，此时 $0 < \lambda_0 < 1$。风险函数的决策目标即为在满足初始意愿水平的前提下获取风险最小的决策方案。

2. REILP 的计算过程

基于式（2-39）～式（2-44）求解 REILP 方法的完整步骤如下。

第一步：利用 BWC 算法，将初始的 ILP 模型分解为两个子模型，分别解出目标函数的上下界（Tong，1994；Oliveira and Antunes，2007）。

第二步：根据式（2-39）～式（2-44）和第一步中得到的解建立风险最优化模型。

第三步：在一系列指定的离散的决策意愿水平下求解模型，从而得出不同意愿水平所对应的最优解，使其在满足预期目标的前提下达到风险最小。

第四步：归一化风险程度，使最悲观方案的归一化风险值（normalized risk level，NRL）为 0，而最乐观方案为 1。

第五步：绘制基于不同风险意愿水平下的最小归一化风险值，并将各风险值所对应的系统收益置于同一个坐标轴上，可以得到一条决策风险和系统收益的曲线。利用该风险-收益曲线，决策者可以根据自己对风险和收益的偏好，在更充分的决策信息的支持下作出合适的决策。

需要注意的是，不同于传统的 ILP 方法，REILP 方法能够在不同的意愿水平（或风险接受水平）下分别求解，从而为具体实施方案的形成奠定基础，也即 REILP 模型的解对决策者而言更加直观明了，使他们能够根据自己的意愿水平获取清晰的风险-收益关系等决策信息。这一点明显优于最初的 ILP 方法，因此 REILP 在实际的决策制定中将会有更广阔的应用范围。

2.5.4　精炼风险显性区间规划模型

尽管 REILP 在决策过程中解决了系统收益与风险水平无法相互关联的难题，决策者能够根据自己的风险意愿水平在系统的风险-收益之间进行权衡，但是其依然具备精炼的空间。由上文可知，在 REILP 模型中，系统的收益被默认为可以通过不同的风险-收益偏好而取 $f_{\mathrm{opt}}^- \sim f_{\mathrm{opt}}^+$ 的任意一个值（Liu et al., 2011a）。一个特定系统收益值（即目标函数值）f_{opt}^* 的获取可通过以下两种途径：①通过目标函数的参数取值小于 c_j^+ 获得；②通过从最小可行域起释放部分或全部约束条件获得（Yang et al., 2016）。当目标函数值 f_{opt}^* 的获取是通过第一种途径，即目标函数参数取值小于 c_j^+ 很多获得，该结果将会有较高的违背目标函数的风险，因为实际系统中的目标函数系数很可能取不到那么小的值。与此同时，通过取值小的目标函数系数值来获取特定目标函数值有可能会使约束条件被释放到一个更宽松的程度，从而使得违背约束条件的风险降低。另外，在一个较大的目标函数系数条件下，f_{opt}^* 违背目标函数本身的风险就会减小，而此时约束条件无法释放到比较宽松的程度，从而造成违背约束条件的风险增加。显然，在这样的一个决策过程里，决策者面临一个在目标函数风险（简称目标风险）和约束条件风险（简称约束风险）之间进行权衡的问题。

在 REILP 模型中，意愿水平 λ_0 是系统风险的一个度量，因为意愿水平系数取值越大，意味着系统风险越高；在一定的意愿水平 λ_0 下，目标函数的系数既可以通过上下限线性插值获得，也可以通过其他的取大/小值的方式获得。在前一种情形中，目标风险和相应的约束风险是相称的，我们称为"风险相称"（risk-commensurate，RC）状态。与此同时，如果目标函数的系数取值不是基于一定意愿水平 λ_0 计算获得，那么目标风险和约束风险就会从相反的方向偏离 RC 状态。例如，当约束风险降低时目标风险就会增加；反之亦然。系统的总体风险就由这两部分风险构成。

在式（2-40）中，REILP 直接使用意愿水平 λ_0 来衡量目标系数，与此相对应的是 RC 情形。尽管 RC 情形已经为决策提供了很好的基础，但是实际决策中如果有机会让决策者在目标风险和约束风险中进行权衡，则不失为决策者提供了更强大的决策工具。考虑这个实际需求，精炼风险显性区间规划模型（Refined REILP）就此提出。Refined REILP 的基本思想是把式（2-40）左侧的意愿水平系数 λ_0 用一个目标系数计量因子（objective coefficients scaling factors，OCSF）集来取代，这样就可以把目标系数的不确定性效应也纳入优化过程中来。将 $\mu = \lambda_0(c_j^+ - c_j^-)x_j$ 代入式（2-40），并用 γ 取代 λ_0，那么式（2-40）就变为

$$\sum_{j=1}^{n} c_j^- x_j + \gamma(c_j^+ - c_j^-)x_j \geqslant f_{\text{opt}}^- + \lambda_0(f_{\text{opt}}^+ - f_{\text{opt}}^-) \qquad (2\text{-}45)$$

式中，γ 为 OCSF 因子，用于计量目标函数的风险水平。较大的 γ 代表了较高的目标风险，反之亦然。显然，最初的 REILP 模型是 Refined REILP 模型当 $\gamma = \lambda_0$ 时的特例，此时，目标风险和约束风险被固定为平衡相称而不被优化。当 γ 被定义为一个决策变量后，新的公式为权衡目标风险与约束风险提供了可能，从而为决策提供信息量更高的决策方法。在新的模型中，决策者有可能基于最低的目标和约束风险作出决策。

根据目标系数之间的相互关系，本书拟提出累积目标系数（aggregated objective coefficient，AOC）法与非累积目标系数（dis-aggregated objective coefficient，DOC）法两种处理目标函数的不确定性的方法，并基于这两种方法分别推导 Refined REILP 模型。DOC 法假设各目标系数的不确定性之间相互独立、互不影响，因此将目标系数的不确定性以不可累积的方式处理；AOC 法假设各目标系数的不确定性之间彼此依赖、相互影响，因此将目标函数的不确定性以累积的方式处理。

1. Refined REILP 模型一：AOC 法

$$\min\ \xi = \oplus_i \left[\sum_{j=1}^{n} \lambda_{ij}(a_{ij}^+ - a_{ij}^-)x_j + \eta_i(b_i^+ - b_i^-) \right] + \alpha\gamma \qquad (2\text{-}46)$$

$$\text{s.t.}\quad \sum_{j=1}^{n} c_j^- x_j + \gamma(c_j^+ - c_j^-)x_j \geqslant f_{\text{opt}}^- + \lambda_0(f_{\text{opt}}^+ - f_{\text{opt}}^-) \qquad (2\text{-}47)$$

$$\sum_{j=1}^{n} a_{ij}^+ x_j - b_i^- \leqslant \xi_i, \forall i \qquad (2\text{-}48)$$

$$\lambda_0 = \lambda_{\text{pre}} \qquad (2\text{-}49)$$

$$0 \leqslant \gamma \leqslant \lambda_0 \tag{2-50}$$

$$0 \leqslant \lambda_{ij} \leqslant 1 \tag{2-51}$$

$$\alpha > 0 \tag{2-52}$$

注释七：由 AOC 法的推导过程可以看出，我们假设了目标函数的各个系数之间的不确定性是彼此依赖、相互影响的，也就意味着所有系数的取值可以从下界到上界之间以相同的方向和速率滑移。式（2-44）的物理意义在于，在一定意愿水平下的系统收益可以通过取与 REILP 中不一样的目标函数系数值来获得。当 OCSF 因子 γ 等于 λ_0 时，Refined REILP 就退化为标准 REILP；如果 $\gamma < \lambda_0$，则意味着在意愿水平 λ_0 下，该系统收益面临较小的目标风险和相应较大的约束风险；反之亦然。

注释八：系统的整体风险由两部分组成，源自目标函数不确定性的风险和源自约束条件不确定性的风险。约束风险通过标准的 REILP 来描述，而目标风险则通过不同的 γ 值来表征。为了实现目标风险与约束风险之间的不同权衡，风险权衡因子 α 被引入 Refined REILP 的总风险函数中。通过选择不同的 α 值，可以实现目标风险与约束风险之间的折中。较小的 α 意味着决策者偏好增加目标风险而减小约束风险；当然较大的 α 值也就意味着相反的偏好。

注释九：AOC 法是基于所有目标函数系数的不确定性是相互关联并以同一种方式变动这一假设，因此实际决策中可能并不成立。在模型的数值测试中，也发现 AOC 法在相当情形下能解出一些合理的结果，但在某些 α 情形下也可产生不可行的解。更符合实际情况的解决方法是假设各个目标系数之间相互独立，即下文阐述的 DOC 法。

2. Refined REILP 模型二：DOC 法

$$\min \ \xi = \oplus_i \left[\sum_{j=1}^{n} \lambda_{ij}(a_{ij}^+ - a_{ij}^-)x_j + \eta_i(b_i^+ - b_i^-) \right] + \alpha \left(\sum_{j=1}^{n} \gamma_j \right) \bigg/ n \tag{2-53}$$

$$\text{s.t.} \quad \sum_{j=1}^{n} c_j^- x_j + \gamma(c_j^+ - c_j^-)x_j \geqslant f_{\text{opt}}^- + \lambda_0(f_{\text{opt}}^+ - f_{\text{opt}}^-) \tag{2-54}$$

$$\sum_{j=1}^{n} a_{ij}^+ x_j - b_i^- \leqslant \xi_i, \forall i \tag{2-55}$$

$$\lambda_0 = \lambda_{\text{pre}} \tag{2-56}$$

$$0 \leqslant \gamma \leqslant \lambda_0 \tag{2-57}$$

$$0 \leqslant \lambda_{ij} \leqslant 1 \tag{2-58}$$

$$\alpha > 0 \tag{2-59}$$

注释十：DOC 解决了目标函数的各个系数相互依赖的假设，因此可以产生更鲁棒和更现实的系统描述能力。基于此，DOC 法也可能是比 AOC 法更为适合的权衡目标风险和约束风险的 Refined REILP 模型。

注释十一：以上 REILP 和 Refined REILP 模型的推导过程是求取最大值（max）的形式。事实上，其也可以是求取最小值（min）的形式。此时，REILP 和 Refined REILP 模型的表达形式就应该做相应的变换。

最小值情形的 REILP：

$$\min \ \xi = \oplus_i \left[\sum_{j=1}^{n} \lambda_{ij}(a_{ij}^+ - a_{ij}^-)x_j + \eta_i(b_i^+ - b_i^-) \right] \qquad (2\text{-}60)$$

$$\text{s.t.} \quad \sum_{j=1}^{n}(c_j^+ x_j - \mu) \leqslant f_{\text{opt}}^+ - \lambda_0(f_{\text{opt}}^+ - f_{\text{opt}}^-) \qquad (2\text{-}61)$$

$$b_i^+ - \sum_{j=1}^{n} a_{ij}^- x_j \leqslant \xi_i, \forall i \qquad (2\text{-}62)$$

$$\lambda_0 = \lambda_{\text{pre}} \qquad (2\text{-}63)$$

$$0 \leqslant \lambda_{ij} \leqslant 1 \qquad (2\text{-}64)$$

$$x_j \geqslant 0, \forall j \qquad (2\text{-}65)$$

最小值情形的 Refined REILP（AOC 法）：

$$\min \ \xi = \oplus_i \left[\sum_{j=1}^{n} \lambda_{ij}(a_{ij}^+ - a_{ij}^-)x_j + \eta_i(b_i^+ - b_i^-) \right] + \alpha\gamma \qquad (2\text{-}66)$$

$$\text{s.t.} \quad \sum_{j=1}^{n}[c_j^+ x_j - \gamma(c_j^+ - c_j^-)x_j] \leqslant f_{\text{opt}}^+ - \lambda_0(f_{\text{opt}}^+ - f_{\text{opt}}^-) \qquad (2\text{-}67)$$

$$b_i^+ - \sum_{j=1}^{n} a_{ij}^- x_j \leqslant \xi_i, \forall i \qquad (2\text{-}68)$$

$$\lambda_0 = \lambda_{\text{pre}} \qquad (2\text{-}69)$$

$$0 \leqslant \gamma \leqslant \lambda_0 \qquad (2\text{-}70)$$

$$0 \leqslant \lambda_{ij} \leqslant 1 \qquad (2\text{-}71)$$

$$\alpha > 0 \qquad (2\text{-}72)$$

最小值情形的 Refined REILP（DOC 法）：

$$\min \ \xi = \oplus_i \left[\sum_{j=1}^{n} \lambda_{ij}(a_{ij}^+ - a_{ij}^-)x_j + \eta_i(b_i^+ - b_i^-) \right] + \alpha \left(\sum_{j=1}^{n} \gamma_j \right) \Big/ n \qquad （2-73）$$

$$\text{s.t.} \quad \sum_{j=1}^{n}[c_j^+ x_j - \gamma_j(c_j^+ - c_j^-)x_j] \leqslant f_{\text{opt}}^+ - \lambda_0(f_{\text{opt}}^+ - f_{\text{opt}}^-) \qquad （2-74）$$

$$b_i^+ - \sum_{j=1}^{n} a_{ij}^- x_j \leqslant \xi_i, \forall i \qquad （2-75）$$

$$\lambda_0 = \lambda_{\text{pre}} \qquad （2-76）$$

$$0 \leqslant \gamma \leqslant \lambda_0 \qquad （2-77）$$

$$0 \leqslant \lambda_{ij} \leqslant 1 \qquad （2-78）$$

$$\alpha > 0 \qquad （2-79）$$

3. Refined REILP 求解

基于式（2-46）～式（2-52）或式（2-53）～式（2-59）的 Refined REILP 模型的求解过程如下。

第一步：运用 BWC 算法，将初始 ILP 模型分解为两个子模型，分别解出目标函数的上下界（Tong，1994；Oliveira and Antunes，2007）。

第二步：根据式（2-46）～式（2-52）或式（2-53）～式（2-59）和第一步中得到的解建立风险最优化模型。

第三步：在一系列指定的离散的决策意愿水平和权衡因子下求解模型，从而得出不同意愿水平和权衡因子所对应的最优解，使其在满足预期目标的前提下达到风险最小（Zou et al.，2010）。

第四步：归一化所得到的约束风险程度，使最悲观方案的归一化约束风险值（normalized constraint risk level，NCRL）为 0，而最乐观方案为 1。

第五步：标绘不同意愿水平下对应于目标风险的 NCRL，形成一个可以用于权衡目标风险和约束风险的决策面，即某个决策问题的目标-约束风险关系曲线。基于该曲线，决策者可以在更充分的决策风险信息和一定的风险意愿水平下，根据自己对目标风险和约束风险的倾向性而制定决策。

如果模型是求最小值，则优化方程如式（2-60）～式（2-65）所示。其中，AOC 法风险模型如式（2-66）～式（2-72）所示，DOC 法模型如式（2-73）～式（2-79）所示。

2.5.5　交互式风险决策方法

在一个充满不确定性的系统中，决策者的背景经验与偏好对一个正确决策的作出会起到非常重要的作用（Young，2001）。不同于标准 REILP 模型，精炼后的 Refined REILP 不仅可以使决策者在作出决策时基于不同的风险意愿水平（或者说风险容忍水平），而且可以基于自己对目标风险和约束风险的权衡。因为有了这些特性，新的模型可以使决策者作出更显灵活性和现实性的决策，同时还产生了一个意想不到的效果，即形成了目标-约束风险权衡对照图，建立了互动决策平台，实现了决策者（水管理者）与建模者（科学研究人员）之间的交互式风险决策过程。

交互式决策的过程如下。首先将 Refined REILP 求解获得的目标-约束风险曲线提交给决策者，通过讨论，确定可选的风险期望水平（风险可接受水平），然后寻找比较妥当的目标-约束风险权衡点（详见下文具体案例说明）。很可能决策者最后决定的点并不在求解所选择出现在绘制曲线的点上，而是在中间。风险决策点选择结束后，重新启动 REILP 计算，通过试错法选定合适的 α 值得到与决策者选定的点相近的解，然后就这个解给出详细的决策变量、投资、污染控制等详细信息。科学家将这些结果及分析提供给决策者，进一步听取他们的意见。如果决策者觉得对目标风险太偏重或者反之，然后就会提出其他修正方案，即通过改变最初的风险期望水平和目标-约束风险权衡系数 α 得到修正方案后，再次启动 REILP 重复上述过程，直至得到一个或几个备选方案为准。显然，有了 Refined REILP 才有可能进行这项交互式决策，这就明显优于原来的 REILP 方法。

本书先引用一个文献报道的实际案例对这种交互式决策方法进行说明，更具体的交互式决策过程可以参见本书第 4 章内容。Yang 等（2016）在对邛海流域的营养物质削减做优化决策时，形成图 2-7 的目标-约束风险关系图。该图的横坐标代表了通过 Refined REILP 模型优化邛海流域污染物减排系统得到的目标风险，纵坐标代表了系统的约束风险。与之前的 REILP 模型一样，Refined REILP 的风险意愿水平也从极端悲观（最保守情形）的 0.1 取值到极端乐观（最激进情形）的 1.0。在 10 种意愿水平下，再通过取值不同的目标-约束风险权衡因子 α（0.001～100），α 取值 0.01 甚至更小时（通过模型求解结果发现，α 取值小于 0.01 时逐渐收敛，结果趋于稳定），代表决策者偏好于利用较高的目标风险换取较低的约束风险；α 取值 100 甚至更大时（通过模型求解结果发现，α 取值大于 100 时，其结果基本趋于稳定），代表决策者倾向于降低目标风险而增加违背约束条件的风险。由 11 种不同意愿水平($\lambda_0 = 0, 0.1, 0.2, \cdots, 0.9, 1.0$)和 7 种不同的目标-约束风险权衡因子($\alpha = 0.01, 0.1, 1, 2, 5, 10, 100$)得到图 2-7 所示的风险关系曲线。

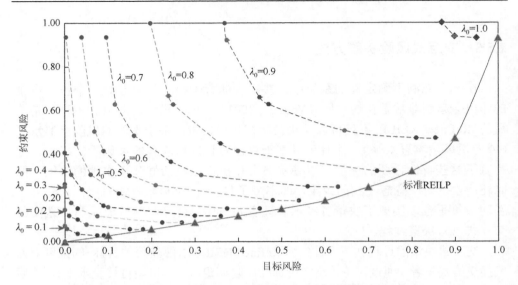

图 2-7　目标−约束风险关系图（Yang et al.，2013）（见书后彩图）

从图 2-7 可以看出，系统的目标风险和约束风险处于此消彼长、相互影响的关系之中。如果取比较保守的意愿水平 $\lambda_0 = 0.3$，举例说明决策者是如何利用目标−约束风险关系曲线进行决策的。在风险关系曲线中，$\lambda_0 = 0.3$ 是从左下起往右上数的第 3 条。这条曲线上的 7 个点分别代表了 7 种不同的风险权衡因子（即 $\alpha = 0.01, 0.1, 1, 2, 5, 10, 100$）。当 $\alpha = 0.01$ 时，曲线上的点与标准 REILP 在 $\lambda_0 = 0.3$ 时的点非常接近。试看决策者如果首先选择 $\lambda_0 = 0.3$ 曲线上最靠右的点（即 $\alpha = 0.01$，与标准 REILP 最接近的点），其（目标风险，约束风险）坐标值为（0.27，0.141），即该决策点的目标风险为 0.27，约束风险为 0.141，总风险为 0.411。当沿着 $\lambda_0 = 0.3$ 曲线往左边看，发现 $\alpha = 0.1$ 时的风险似乎更令人满意，因为其风险取值是（0.22，0.143），即目标风险为 0.22，约束风险为 0.143，总风险为 0.365，显然目标风险降低了 0.05，而约束风险却只上升了 0.002，总风险水平也有所降低。因此，在同等条件下，该决策点的结果更令人满意。继续往左边，发现 $\lambda_0 = 0.3$ 曲线上的第 3 个点，即 $\alpha = 1$ 时的风险坐标值为（0.075，0.18），此时目标风险突降为 0.075，而约束风险仅上升为 0.18，总风险为 0.255，相比第 1 个点已经大大降低。通过考察目标−约束风险关系曲线我们发现，从第 1 个决策点到第 3 个决策点，系统的目标风险从 0.27 降低到了 0.075，下降约 72.2%；而约束风险仅从 0.141 上升至 0.18，上升约 27.7%。同等条件下，显然第 3 个点是比第 1 个点更受欢迎的决策点。继续考察，可以得出其他不同的点目标风险和约束风险的消长情况，从而让决策者作出更好的决策。

目标-约束风险关系曲线可以真正实现决策者的最佳专业知识（best professional knowledge）在模型结果应用中的作用。从上面的分析我们知道，选择第 3 点而不是第 1 点作为决策点，仅仅只是基于科学计算的优化结果，并没有把决策者（管理者）对流域系统的了解、背景知识、过去的管理经验融入决策过程中来。如果管理者根据自己过去的专业经验（professional experiences）知道模型中的某个约束，如投资规模或者畜禽散养管理等一直处于紧约束状况，即很难按照约束条件规定的实现，那么此时他在考虑通过牺牲约束风险来降低目标风险时就需要特别谨慎了。由于知道约束条件特别容易被违背，约束风险比目标风险更为敏感，所以决策者此时可能就不会轻易地选择通过增加约束风险而降低目标风险。相反，如果决策者根据自己的管理经验，知道目标函数的某个系数在过去一直很难得到满足，那么相比约束风险而言，目标风险更为敏感。此时，决策者在考虑通过增加目标风险而降低约束风险时，也就会变得更为谨慎。可以说，目标-约束风险关系曲线的提出给了决策者和科学家一个相互交流的平台，让他们彼此了解，相互融合自己的专业知识和背景信息，实现了良好的交互式决策过程。

2.6　小　　结

本章主要对全书所基于的理论和采用的主要方法进行总结和归纳，并对各种理论和方法之间的内涵和外延进行阐述，同时各项理论和方法之间有着千丝万缕的关联，对这些关联关系进行整理和分析，使得其构成一个清晰的逻辑框架。

具体而言，2.1 节首先对流域综合管理、水环境承载力、营养物质、风险决策和交互式决策等几个关键概念，以及"流域综合管理中的综合是什么方面的综合""为什么要综合""如何综合""为何要把流域水环境承载力引入流域综合管理的框架中来""富营养化控制理论与技术方法众多，为何只提营养物质削减""为什么要将风险决策方法引入流域污染物减排的不确定性优化"等关键问题进行辨析和界定。接下来，简单地对本章所涉及的理论、方法、技术等进行归纳并阐明它们之间的相互关系。本章的重点在于 2.3～2.5 节构建的流域综合管理、污染物多级削减体系和不确定性区间优化方法等内容组成的理论基础和方法体系。流域综合管理部分主要概述了流域综合管理理论基础、流域综合管理评价方法、流域公众参与方法，以及实施反馈和动态调控。污染物多级削减体系主要从"控源减排"环节、"截污治污"环节及"生态修复"环节，分别阐述常见的污染物控制与削减技术方法，最后基于这些环节的各类污染削减方法，构建结构减排—工程减排—管理减排—生态减排污染物集成减排体系。不确定性区间优化方法部分主要梳理了不确定性区间优化方法的区间线性规划模型、风险显性区间线性规划模型和精炼风险显性区间规划模型，并分别对 3 类模型的构建、求解和解译做出阐述。

　　以上提出的理论基础与方法框架将在第 3 章滇池流域营养物综合减排方案中得到具体的应用。部分理论方法的应用隐含于文字之中，属于约定俗成的范畴，则不再赘述；部分方法的应用是综合性运用，具体的过程会有所省略，只是直接给出结果。总之，本章可为本书的案例研究提供直接或间接的支持。

第3章 滇池流域营养物综合减排方案

3.1 研究区域概况

3.1.1 自然环境

滇池流域地处我国西南高原边陲之地云南省，地理坐标为 102°29′E～103°01′E，24°29′N～25°28′N，是长江、红河与珠江三大水系的分水岭；整个流域面积为 2920km²，全部位于云南省会城市昆明市内（图 3-1）。滇池是受古近纪喜马拉雅山地壳运动的影响而构成的石灰岩断层断陷湖，距今已有数百万年历史，是我国第六大内陆淡水湖。湖泊北面有一道人工湖堤将其分割成南北两部分水域，

图 3-1 滇池流域区位图

北部俗称草海，南部称外海，外海是滇池的主体部分。草海和外海的湖面面积分别为 10.8km² 和 298.2km²（1887.4m 高程时）。滇池整个湖岸线长 163km，最大水深为 11.3m，平均水深约为 5.3m，湖体容积为 9.92 亿 m³。湖泊多年平均水资源量为 9.7 亿 m³，其中草海 0.9 亿 m³、外海 8.8 亿 m³，扣除多年平均蒸发量 4.4 亿 m³，实际水资源量为 5.3 亿 m³。草海和外海各有一个人工出口，分别为西北端的西园隧道和西南端的海口中滩闸。在地貌上，滇池流域主要为南北长、东西窄的湖盆地；在地形上，其可分为山地丘陵、淤积平原和湖体水域三大部分。其中，山地丘陵所占比例最大，高达 69.5%，平原占 20.2%，湖体水域占 10.3%。

　　土地利用方式的变化是环境污染的重要原因。图 3-2 直观地展示了滇池流域 1990～2009 年中 1994 年和 2008 年的土地利用格局变化。由图 3-2 可以看出，随着社会、经济发展水平的不断提高，流域内城镇建设用地急剧增加，耕地面积显著减少。尤其在滇池北岸主城区范围内，快速扩张的建成区伴随着大量人口和生产活动的聚集，所产生的污染物对北部湖体造成巨大压力。此外，滇池流域的主要土壤类型为红壤，腐殖质含量较低，水稳性差，土体易崩解，再加上许多耕地地处坡度较大的山区，因此很容易产生水土流失现象。

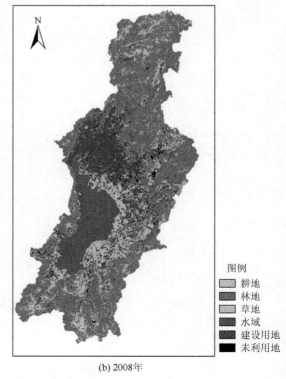

图例
　耕地
　林地
　草地
　水域
　建设用地
　未利用地

(a) 1994年　　　　　　　　　　　　　(b) 2008年

图 3-2　滇池流域土地利用（见书后彩图）

3.1.2　社会经济系统

根据昆明市及下辖各区县多年社会经济统计年鉴（昆明市统计局，1990，1991，1992，1993，1994，1995，1996，1997，1998，1999，2000，2001，2002，2003，2004，2005，2006，2007，2008，2009），对滇池流域的社会经济系统特征简单归纳如下：①流域内经济保持强劲增长，各大产业发展迅速；②流域经济对烟草行业依赖程度高，三产发展水平和层次较低；③流域内产业空间分布特征显著；④流域常住人口和城镇人口迅速增长，但增速逐渐放缓。

3.1.3　水环境系统

滇池流域入湖河流总数近 100 条，而主要出滇河流仅有螳螂川 1 条。由于没有河流之外的大额水源补给，因而入滇河流水质情况将在极大程度上影响着滇池水生态安全和水质状况。众多入滇河流中，比较大的有 29 条（图 3-3），包括进入草海的 7 条河流，自北向南依次为乌龙河、大观河、新河、运粮河、王家堆渠、船房河和西坝河；进入外海的 22 条河流，自北向南依次为采莲河、金家河、盘龙江、大清河、海河、六甲宝象河、小清河、五甲宝象河、虾坝河、老宝象河、新宝象河、马料河、洛龙河、胜利河、南冲河、淤泥河、柴河、大河（白鱼河）、茨巷河（原柴河）、古城河、东大河、城河（中河）。上述河流由于属于不同的区县，流经地的地表景观也各不相同，受到的主要污染类型迥异，因此其水质及特征污染物也存在差异。

各条河流在水质指标统计方面，平均温度为 18.0℃，除王家堆渠温度高达 26.4℃外，绝大多数河流的温度分布在 16～20℃。在化学性指标中，各河流 pH 均值为 7.59，多数分布在 7.0～8.0，但老宝象河水质稍偏碱性，pH 高达 8.93。29 条主要入滇河流的 TN 浓度大都在 1.1～36.4mg/L，均高于地表水环境质量Ⅲ类水标准；TP 浓度为 0.1～3.5mg/L，绝大多数也高于Ⅲ类标准；NH_3-N 浓度为 0.3～26.2mg/L，多数高于Ⅲ类标准；COD_{Mn} 浓度主要为 2.8～29.7mg/L，多数也高于Ⅲ类标准；COD 浓度分布于 9.2～311.1mg/L，多数高于Ⅲ类标准。总体而言，滇池流域的河流污染都很严重，北部河流又远远比南部河流严重。

3.1.4　流域污染控制分区

为了有效落实基于流域尺度的滇池流域营养物综合减排策略，根据滇池流域的水陆域特征对整个流域进行污染控制分区。分区的原则如下：①发生统一性原则，依据子流域的土地利用、河流水系、污染负荷、预期发展等特征，探讨分异性产生的原因与过程；②空间连续性原则，在遵循相似性的基础上，还需遵循空

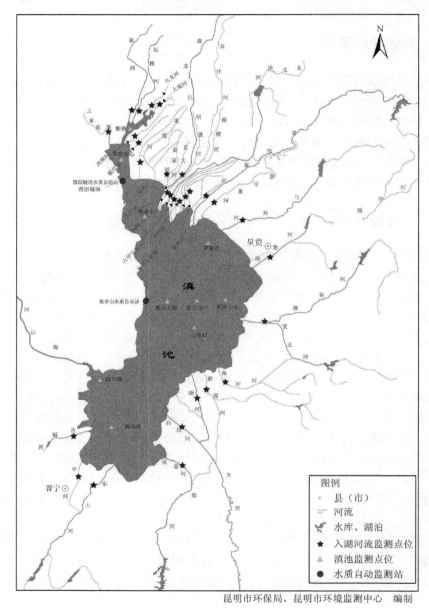

昆明市环保局、昆明市环境监测中心　编制

图 3-3　滇池流域主要入湖河流及监测点位分布示意图

间连续性原则，也即任何的一级与二级分区必然是完整的个体，不可能存在彼此分离的部分；③相对一致性原则，在分区时，需注意其内部特征的一致性，但这种一致性是相对的；④综合性原则和主导因素原则，进行污染控制分区必须综合分析流域自然属性和社会属性之间的相互作用及其表现程度和结果，并寻求形成各污染控制区域特征的诸要素中的主导因素；⑤重点突出与可操作性原则，以湖泊为核心，以湖泊水质保护与改善为目的，以陆域污染控制为主线，进行流域污染控制区划，并突出重点，明确污染排放的主导因子和减污控污的主要对策。

　　依据上述分区原则，考虑流域综合管理对流域及子流域的生态系统完整性的要求，将整个流域划分为湖泊生态修复区、草海陆域控制区和外海陆域控制区 3 个一级污染控制分区。根据滇池流域水文及污染物迁移过程，以子流域为基本单元，在子流域调查和分析的基础上，按照子流域的内部差异性，综合考虑子流域的土地利用、河流水系、污染负荷、预期发展等特征，将相似的子流域合并，将不相似的部分划为不同的污染控制区，并确定其边界，建立二级分区体系。全流域 10 个污染控制二级分区如图 3-4 所示。以 C 代表草海陆域控制区，W 代表外海陆域控制区，则编号分别为：

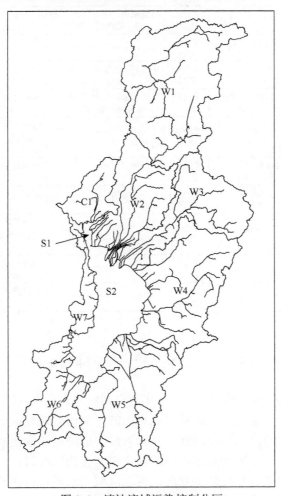

图 3-4　滇池流域污染控制分区

C1 城西草海汇水区、W1 松华坝水源保护区、W2 外海北岸重污染排水区、W3 外海东北岸城市-城郊-农村复合污染区（又称宝象河子流域控制区）、W4 外海东岸新城控制区、W5 外海东南岸农业面源污染控制区、W6 外海西南岸高富磷区、W7 外海西岸湖滨散流区。另加外海和草海湖体两个子区分别为 S1 草海生态修复区和 S2 外海生态修复区。各个二级分区又根据该区的自然环境、社会经济、产业特征及污染状况，分门别类进行区分，见表 3-1。例如，草海生态修复区被归为重点恢复区，松华坝水源保护区被列为生态管育区，不同的类别在污染控制和生态恢复上有所差别。

表 3-1　滇池流域污染控制分区

一级区	二级区	分区类别	主要水系分布	主要对策
草海陆域控制区（C）	城西草海汇水区（C1）	优先控制区	新运粮河、老运粮河、乌龙河、船房河、西坝河	管网覆盖及雨污分流、中水回用与资源化、入湖河道整治
外海陆域控制区（W）	松华坝水源保护区（W1）	生态管育区	冷水河、牧羊河	污染防治、陆地生态修复、生态补偿机制
	外海北岸重污染排水区（W2）	优先控制区	采莲河、金家河、盘龙江、大清河、海河	管网覆盖及雨污分流、入湖河道整治、中水回用与资源化
	外海东北岸城市-城郊-农村复合污染区（W3）	重点控制区	五甲宝象河、虾坝河、老宝象河、新宝象河	污染防治（上、中、下游污染特征不同）、河道整治
	外海东岸新城控制区（W4）	重点预防区	马料河、瑶冲河、洛龙河、捞鱼河、梁王河、南冲河	污染控制与预防、中水回用和控源截流、湖滨和入湖河口生态修复
	外海东南岸农业面源污染控制区（W5）	重点控制区	淤泥河、柴河、白鱼河、茨巷河	农业及农村面源污染控制、清水产流
	外海西南岸高富磷区（W6）	重点控制区	古城河、东大河	农业及农村面源污染控制、清水产流、富磷区控制
	外海西岸湖滨散流区（W7）	生态管育区	—	农业生产方式改变，污水的集中收集和处理、湿地、陆地生态恢复
湖泊生态修复区（S）	草海生态修复区（S1）	重点恢复区	湖体	内源控制，逐渐实现浊水藻型湖泊向清水草型湖泊转变
	外海生态修复区（S2）	分步恢复区	湖体	逐步进行湖滨带修复，实现湖体生态系统恢复

3.2　综合评价与减排目标

对滇池流域进行污染控制时，必须先对流域内的水环境现状与趋势有所了解，并识别出关键问题。因此，有必要对流域内的污染治理进行综合评价，并基于评价结果识别出关键的流域污染问题，再针对最关键的问题制定相应目标，作为下文减排策略的基础。在展开阐述流域的污染综合评价状况时，有必要进行说明的是，经过数十年快速的社会经济发展，滇池流域的水环境问题已经积累到了刻不容缓的程度。而本书作为解决滇池水环境污染应用研究的一部分，不可能面面俱到，一次性顾及和解决所有问题。因此，不管是在评价过程中，还是在后文的具体规划方案设计中，本书所秉持的一个原则就是抓住关键和最为迫切的问题。当然不同的人对关键和迫切的问题都有自己的理解，本书的理解一方面源自笔者及研究团队的主观判断，另一方面也源自定量化评价方法的结果。

综合评价的技术路线如图 3-5 所示。首先，对滇池历史上的污染防治规划及

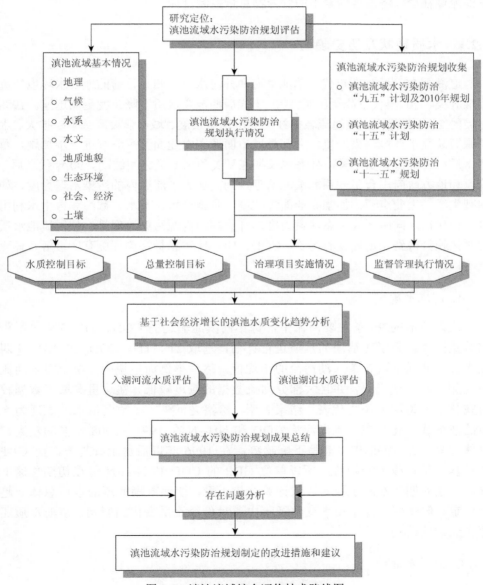

图 3-5　滇池流域综合评价技术路线图

其执行情况进行简单回顾，由于这部分内容与本书研究主旨关系不大，所以不再赘述。然后，将评价的重点放在入湖河流和湖体水质指标及其历史变化的趋势分析上。继而运用流域综合管理评价方法识别出流域关键污染问题，即滇池蓝藻水华的控制。根据前文理论基础，控制蓝藻水华的必经途径是削减入湖营养物 TN 和 TP 的负荷。因此，本节还将结合前人的研究成果（刘慧，2011），给出不同的滇池流域社会经济发展情景下的营养物总量控制目标。

3.2.1　水质现状及历史趋势

追溯至 20 世纪 60 年代，滇池草海和外海水质可归为目前的地表水环境质量标准Ⅱ类，70 年代下降至Ⅲ类，70 年代后期至今水质下降速度更加迅速。1988 年后的 20 年时间里，滇池流域内社会经济迅猛发展、城市建设区域不断扩大、水资源短缺及水环境污染严重，尤其是城市面源和农业面源污染等进一步加剧，草海水质已经降低至劣Ⅴ类，外海也长期在Ⅴ类和劣Ⅴ类之间波动。90 年代之后，国家和地方政府出台了一系列滇池治理规划，加大了流域内的污染治理力度，如削减生活、工业点源，加强农业面源控制，实施调水、节水、截污和再生水利用等工程建设，同时加大生态建设力度，开展湖泊内源污染治理等，使得滇池水质的恶化趋势得到一定程度的遏制，COD、NH_3-N 等指标污染程度有所缓解（郁亚娟等，2012）。

1. 河流水质

流入滇池的 29 条主要河流中，每年向滇池输送的 COD、TP、TN 等污染物数量巨大。为了对滇池的水质进行评估，选取 TP、TN、COD_{Cr} 和 NH_3-N 四项指标，分别求取各条入湖河流的年均值，然后举例简单说明。由于很多河流的监测指标出现空缺，并且大部分河流数据的频度较低，在这里选取了数据较为完整的典型河流作为代表。结果表明，除洛龙河外，多数河流水质表现为水质的波动或恶化状态。入湖河流 COD 和 NH_3-N 在 1991～2008 年波动较大，总体而言，在 1996 年以前呈下降趋势，在 1996 年以后呈上升趋势，而 GDP 逐年基本呈直线上升趋势，所以单位 GDP 的 COD 和 NH_3-N 值在初期急速下降，并在后期逐渐趋于稳定。从计算结果上看，滇池入湖河流的水质总体上趋于稳定，但受到年际丰枯水变化及年内各月份径流量变化的影响，滇池水质还存在一定的波动。

2. 湖体水质

对滇池湖体而言，湖体水质又是滇池蓝藻水华暴发的直接原因之一，因此湖体水质的控制是滇池流域污染控制的重点。湖体水质指标的空间分布、季节变化、年度变化分别简单描述如下。

1）空间分布特征

从图 3-6 可看出，外海测值总体变幅不大，在北、中、南部分布较为均匀，表明外海接纳沿岸各处污染物负荷较为平衡。滇池湖体溶解氧（DO）从北向南逐渐升高，外海含量明显高于草海；TP、TN、NH$_3$-N、BOD 浓度变化趋势相似，总体上从北向南逐渐降低，并呈现明显的浓度梯变，草海监测值比外海监测值高很多；COD 含量自北向南略有上升，说明与草海相比，外海中不易降解的有机物含量较高。

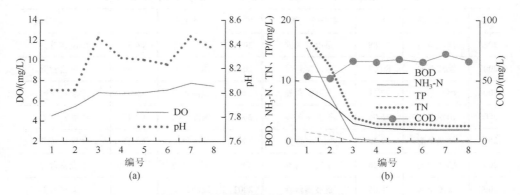

图 3-6　滇池湖体不同指标空间分布图

将监测点从北向南排列，即分布从草海到外海，作主要指标年均值的空间变化图。编号 1、2 分别表示草海监测点位：断桥、草海中心。编号 3~8 分别表示外海监测点位：灰湾中、罗家营、观音山西/中/东三点平均、白鱼口、海口西、滇池南

2）季节变化特征

滇池湖体水质指标季节变化方面，草海、外海 TN 和 TP 浓度月变化趋势基本相同，草海 TN 峰值出现在 2 月、5 月、12 月，TP 峰值出现在 2 月、4 月、12 月，均集中于非汛期；外海非汛期、汛期均有峰值，TN 峰值出现在 4 月、8 月、12 月，TP 峰值出现在 2 月和 9 月。COD 和 BOD 月度分布趋势也很相近，在汛期、非汛期均有峰值，草海 COD 峰值出现在 2 月、6 月、10 月，BOD 峰值出现在 2 月、7 月、9 月；外海 COD 峰值出现在 1 月、3 月、8 月，BOD 峰值出现在 3 月、7 月、12 月。

3）年度变化趋势

根据 1987~2008 年滇池草海、外海各指标的平均浓度与水质标准比较结果，从超标倍数来看，虽然草海 TN、TP 浓度均呈恶化趋势，但 1998 年以后 TN 超标倍数逐渐超越 TP；外海的主要污染物变化则更为显著，TP 浓度持续下降，而 TN 浓度持续上升。因此，TN 成为近年来湖体水质最主要的特征污染物。

3. 富营养化变化趋势

采用王明翠等（2002）推荐的湖泊（水库）富营养化评价方法评价滇池富营养化状态，以综合营养状态指数（trophic level index，TLI）表征。由表 3-2 和图 3-7 可知，草海与外海在富营养化程度上有明显差异，1999 年至今，外海一直维持中营养状态，草海富营养化日益严重，甚至出现异常营养征兆。

表 3-2　滇池草海和外海的综合营养状态指数及富营养化程度

年份	水体名称	TLI	富营养化等级	年份	水体名称	TLI	富营养化等级
2008	滇池草海	77.88	重度富营养	2008	滇池外海	64.57	中度富营养
2007	滇池草海	80.03	重度富营养	2007	滇池外海	67.58	中度富营养
2006	滇池草海	77.21	重度富营养	2006	滇池外海	65.42	中度富营养
2005	滇池草海	76.06	重度富营养	2005	滇池外海	62.45	中度富营养
2004	滇池草海	79.42	重度富营养	2004	滇池外海	63.26	中度富营养
2003	滇池草海	76.28	重度富营养	2003	滇池外海	62.35	中度富营养
2002	滇池草海	78.65	重度富营养	2002	滇池外海	60.77	中度富营养
2001	滇池草海	78.65	重度富营养	2001	滇池外海	66.06	中度富营养
2000	滇池草海	77.58	重度富营养	2000	滇池外海	66.45	中度富营养
1999	滇池草海	74.53	重度富营养	1999	滇池外海	68.31	中度富营养

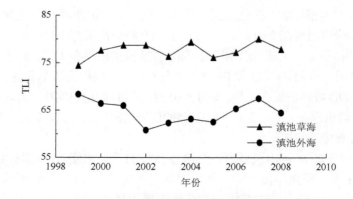

图 3-7　滇池草海和外海综合营养状态指数随时间变化

3.2.2　问题识别与诊断

1. 流域污染负荷分析

1）城镇生活污染是滇池流域最主要的污染源

表 3-3 展示了 2009 年滇池流域 COD、TN 和 TP 排放总量，以及各个污染源所占的比例。对于本书的研究重点 TN 和 TP，2009 年的排放总量分别高达 18397.92t 和 2055.62t。其中，TN 排名前 3 位的污染源是城镇居民生活、农业面源和城市非点源，分别占 67.78%、15.47%和 7.99%；TP 排名前 3 位的污染源是城镇居民生活、农业面源和畜禽养殖，分别占 51.46%、30.55%和 8.38%。

表 3-3　滇池流域污染物排放量（2009 年）

污染源类型	COD 排放量/t	COD 比例/%	TN 排放量/t	TN 比例/%	TP 排放量/t	TP 比例/%
工业	3349.42	3.95	200.28	1.09	23.13	1.13
三产	8985.52	10.61	395.48	2.15	52.83	2.57
畜禽养殖	7782.29	9.19	956.96	5.20	172.35	8.38
城镇居民生活	61680.53	72.82	12469.86	67.78	1057.84	51.46
农村居民生活	2899.69	3.42	58.94	0.32	32.42	1.58
农业面源	0.00	0.00	2845.90	15.47	628.05	30.55
城市非点源	0.00	0.00	1470.50	7.99	89.00	4.33
总计	84697.45	100.00	18397.92	100.00	2055.62	100.00

2）流域污染负荷主要集中在滇池北岸主城区

图 3-8 展示了不同子流域 TN 和 TP 污染源排放状况。根据云南大学滇池农业面源的调查报告，外海北岸重污染排水区、城西草海汇水区、宝象河子流域控制区 3 个子流域与昆明市主城区西山区、官渡区、五华区和盘龙区范围基本吻合，其国民生产总值约占流域 GDP 的 92.66%，同时 COD、TN 和 TP 排放量比例也分别达 87.19%、76.55%和 63.58%。

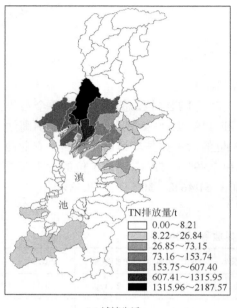

(a) 城镇生活

(b) 种植业

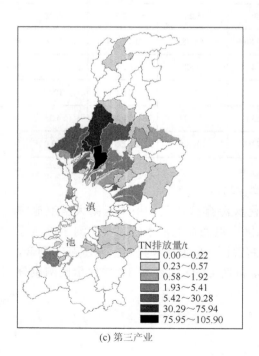

(c) 第三产业

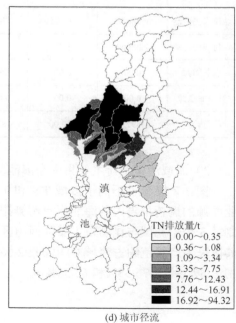

(d) 城市径流

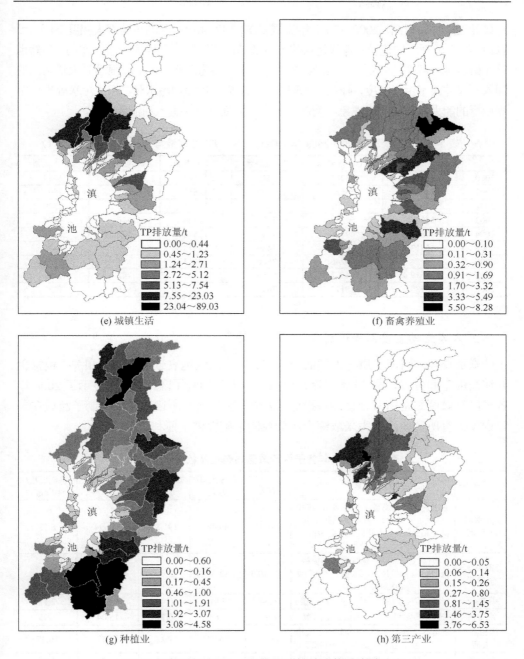

图 3-8　滇池流域 TN、TP 的不同排放源的子流域分布

3）城市污水处理厂建设对遏制水质恶化作用显著

表 3-4 显示了流域内污染物处理总量和入湖负荷的变化情况。由表 3-4 可见，随着

污染处理能力的提高，2000～2008 年流域 COD、TN 和 TP 入湖负荷都大幅度下降。可以说，污水处理厂的建设对流域污染物入湖负荷的下降起到了较为显著的作用，当然也存在诸多难以解决的问题。例如，老城区污水干管多为雨污合流制，雨季时大量雨水的涌入不仅冲淡了污水浓度，降低了处理效率，还会大幅增加污水量，超出污水处理厂常规运行的能力，出现溢流现象，使部分污水未经处理直接进入河流和湖体。

表 3-4　滇池流域 2000～2008 年 COD、TN、TP 处理量与入湖负荷　（单位：t）

年份	COD 处理量	COD 入湖量	TN 处理量	TN 入湖量	TP 处理量	TP 入湖量
2000	18489	63281	3215	13147	166	1659
2001	21465	59686	3860	12650	282	1596
2002	24441	56501	4505	12135	398	1529
2003	27322	54872	5232	11769	446	1494
2004	33804	49746	4989	12578	472	1516
2005	35813	49281	4446	13573	558	1426
2006	47924	36246	7560	10903	645	1351
2007	51619	34971	6589	11405	742	1292
2008	56580	28117	7072	11326	819	1237

2. 人类活动主要影响识别

众所周知，河流水质与人类活动强度、河流流经地表景观等密切相关。根据主要河流的空间位置，将 29 条河流划分为 7 个人类影响子区。表 3-5 显示了 2008 年各子区行政区划范围及社会经济指标。7 个子区与前文所述的污染控制子流域在一定程度上有所重叠，这为采取综合污染控制措施提供了便利。

表 3-5　2008 年各子区行政区划范围及社会经济指标

子区	行政区划	总人口/万人	农村人口/万人	城镇人口/万人	GDP/亿元	耕地面积/$10^3 hm^2$
新运粮河-大清河	盘龙区（8 个街道＋松华乡）、官渡区（4 个街道）、嵩明县（阿子营乡＋滇源镇）、五华区（9 个街道）、西山区（6 个街道）	241.35	49.48	191.87	852.94	6.53
海河-宝象河	官渡区（六甲乡、官渡镇、小板桥、金马街道、阿拉乡、大板桥镇）、盘龙区（双龙乡）	17.01	13.32	3.69	102.24	5.04
马料河	官渡区（矣六乡）、呈贡县（洛阳镇）	6.34	5.91	0.42	14.52	2.11
洛龙河	呈贡县龙城镇、斗南镇、洛阳镇	6.40	5.63	0.77	15.04	1.35
捞鱼河-大河	呈贡县（吴家营乡、马金铺乡、大渔乡）、晋宁县（新街乡、晋城镇）	16.17	14.94	1.22	17.57	10.47
茨巷河	晋宁县上蒜乡、六街乡	4.76	4.33	0.43	13.22	5.81
东大河-古城河	晋宁县昆阳镇、宝峰镇	10.23	6.24	3.99	7.46	7.55

资料来源：《昆明市统计年鉴 2008》《嵩明年鉴 2008》《呈贡年鉴 2008》《晋宁年鉴 2008》《盘龙年鉴 2008》《西山年鉴 2008》《官渡年鉴 2008》。

利用灰色关联评价（grey correlation assessment）方法（邓聚龙，2002）计算不同样本或指标间的灰色关联度来判断不同社会经济指标与水质指标的关联程度，进而判断对水质影响最显著的因子。评价结果表明（刘慧，2011），对水体营养指数贡献最大的总人口数，其与水体营养盐主要来自生活污水有关；对有机污染指数贡献最大的是农村人口数，对综合得分贡献最大的仍然是农村人口数，表明生活污水排放和农业面源排放目前是影响滇池入湖河流水质最重要的因素。将人类活动影响落实为 TN、TP 污染源，则可以得到如图 3-9 所示的滇池流域重点污染源在各个子流域的分布图。图 3-9 为滇池流域的营养物减排提供了最直观的源解析示意图。

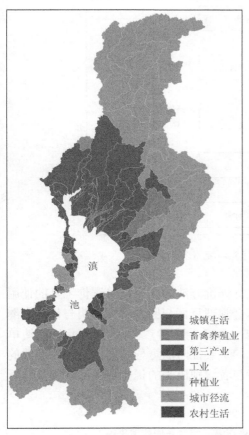
(a) TN重点污染源

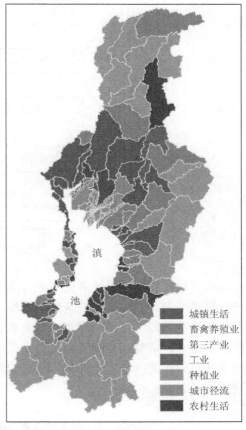
(b) TP重点污染源

图 3-9　滇池流域各子流域 TN、TP 重点污染源

3. 流域优先环境需求识别

运用本书第 2 章提出的流域 SSN 综合评价方法，对滇池流域的优先环境问题进行识别。为了最大限度地考虑全流域各个利益相关人的需求，政府部门（包括生态环境部、云南省人民政府、云南省环境保护厅、昆明市人民政府、昆明市环境保护局及各区县政府机构）代表、流域内企业代表（主要排污企业和用水大户）、科研机构代表（包括参与滇池流域水污染治理的国家、省、市科研机构），以及NGOs、公众代表，分别使用该评价方法对自己所代表的机构认为的目前滇池流域最紧急、优先的环境问题进行了评价和识别。其评价过程如图 3-10 所示。

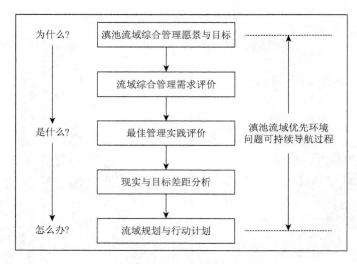

图 3-10　滇池流域优先环境需求评价

在评价过程中，设计者先对参与者进行评价方法的介绍，对评价工具的使用进行简单培训，同时就滇池流域的流域综合管理目标与愿景进行说明与传达。继而将事先准备好的滇池流域综合管理需求（needs）和管理实践（practices）清单发给参与者，请他们分别根据自己对需求的重要性与满意程度的判断及对实践的价值和有效性的判断作出评价。最后由参与者识别出来的优先环境问题和最佳管理措施见表 3-6。

表 3-6　滇池流域综合管理优先环境问题与最佳管理措施

序号	优先环境问题（需求）	最佳管理措施
1	控制蓝藻水华周年性暴发	削减污染物 P 的入湖负荷
2	恢复湖泊生态系统，尤其是水陆交错带生态系统健康	削减污染物 N 的入湖负荷

续表

序号	优先环境问题（需求）	最佳管理措施
3	控制河流、湖泊水体散发恶臭	加强污水管网建设，加大污水收集处理力度
4	控制雨季城市面源污染	实施三退三还，恢复湖滨带生态系统
5	管理农业生产中的农药化肥污染	实施严格测土配方和农业使用管理，控制农业面源

从以上的评价结果可以看出，滇池流域亟待解决的最紧要的环境问题是控制湖泊的富营养化，减少湖体蓝藻水华的暴发频率，继而恢复水生生态系统健康。而全体利益相关人识别出来的最佳管理措施则是削减营养物 TP 和 TN 的入湖负荷。评价结果与滇池流域实践管理者的判断，以及本书前面章节文献综述所论述的结果相一致。因此，本章下文将主要针对如何削减入湖营养物 TP 和 TN 展开，主要包括削减目标的确定、削减框架体系的构建，以及富营养化控制战略政策建议等。

3.2.3　流域社会经济发展情景

1. 情景设计

滇池流域社会经济发展战略实际上要处理两个最重要的问题：①昆明市中心城区（北城）和与其临近的区县级行政单元的关系；②滇池流域内部如何布局。因此，刘慧（2011）对滇池流域设计了以下 4 种不同情景：基准发展情景、积极发展情景、限制发展情景和优化发展情景，见表 3-7。

表 3-7　昆明市中心城区与次中心城市发展情景

城市	基准发展		积极发展		限制发展		优化发展	
	城市等级	城镇人口/万人	城市等级	城镇人口/万人	城市等级	城镇人口/万人	城市等级	城镇人口/万人
北城	特大城市1级	350	特大城市1级	350	特大城市1级	280	特大城市1级	280
呈贡新城	中等城市2级	10～20	大城市	50～100	小城市	5～10	大城市	50～100
空港经济区	中等城市2级	10～20	中等城市1级	20～50	中等城市1级	20～50	中等城市1级	20～50
海口新城	中等城市2级	10～20	中等城市1级	20～50	中等城市2级	10～20	中等城市1级	20～50
晋宁新城	小城市	5～10	中等城市1级	20～50	小城市	5～10	中等城市2级	10～20

城市	基准发展		积极发展		限制发展		优化发展	
	城市等级	城镇人口/万人	城市等级	城镇人口/万人	城市等级	城镇人口/万人	城市等级	城镇人口/万人
安宁市	中等城市1级	20～50	中等城市1级	20～50	大城市	50～100	中等城市1级	20～50
嵩明县城	中等城市2级	10～20	中等城市2级	10～20	中等城市1级	20～50	中等城市1级	20～50
富民县城	小城市	5～10	小城市	5～10	中等城市1级	20～50	中等城市1级	20～50

2. 情景描述

根据刘慧（2011）等的研究成果，分别对滇池流域未来的社会经济发展的 4 种发展情景简述如下。

1）情景一：基准发展情景（DA）

此情景是根据昆明市 1990～2009 年的经济发展规律进行预测，称为基准发展情景。

2）情景二：积极发展情景（DC）

此情景是参照《昆明城市总体规划（2008～2020）》《昆明市加快构筑城镇体系调研报告》《昆明市工业产业布局规划纲要（2008～2020）》中关于城镇体系的空间布局和工业振兴计划的布局所预设的一种情景。上述几个规划总体透露出的发展思路是积极发展滇池流域，因此此情景被称为积极发展情景。

3）情景三：限制发展情景（DAU）

为了缓解滇池流域的水污染防治形势，促进社会经济发展与水环境保护协调发展，特提出限制发展情景。此情景限制滇池流域的过度发展，主要把发展的重点放在滇池流域外的地区。

4）情景四：优化发展情景（DB）

此情景是基于上述几种情景的综合考虑，称为优化发展情景。在此情景下，积极发展昆明市现有中心城区的同时，兼顾滇池流域的水污染防治工作。此情景与积极发展情景的不同之处就在于提升嵩明和富民两个外围县城的地位，运用产业布局调整、人口规模控制、财税政策引导等手段，对滇池北岸城区、东岸呈贡新城和晋宁新城的社会经济活动进行调节。

3. 营养物排放预测

在 4 种不同的发展情景下，运用系统动力学（system dynamics，SD）模型对流域的社会经济、资源消耗、污染排放等进行模拟预测。比较 4 种发展情景，2020 年的 TN 排放量为 DC＞DB＞DA＞DAU，2030 年也有同样的关系，即积极发展情景下的 TN 排放量大于优化发展情景，优化发展情景大于基准发展情景，而基准发展情景则又大于限制发展情景。TP 的排放量也呈现出相似的结果。各情景下 2020 年和 2030 年 TN 与 TP 的预测排放量见表 3-8 和表 3-9。需要说明的是，这里的预测量是指营养物的产生量，并不是指进入地表或者进入湖泊的量。许多产生量会在源头或者途径中得到削减。

表 3-8　4 种发展情景下 TN 的预测排放量　　　　（单位：t/a）

情景	草海 2020 年	外海 2020 年	草海 2030 年	外海 2030 年	滇池 2020 年	滇池 2030 年
情景一	5817.36	14566.8	6137.3	16485.3	20384.16	22622.6
情景二	6161.06	16785.3	6816.69	20846.9	22946.36	27663.59
情景三	5461.2	13775.4	5637.23	14657	19236.6	20294.23
情景四	5570.25	15136.2	5824.74	18068	20706.45	23892.74

表 3-9　4 种发展情景下 TP 的预测排放量　　　　（单位：t/a）

情景	草海 2020 年	外海 2020 年	草海 2030 年	外海 2030 年	滇池 2020 年	滇池 2030 年
情景一	527.432	1601.1	574.996	1765.97	2128.532	2340.966
情景二	558.376	1737.4	639.164	2042.41	2295.776	2681.574
情景三	494.918	1531.78	529.87	1620.96	2026.698	2150.83
情景四	504.227	1633.86	539.814	1884.93	2138.087	2424.744

3.2.4　规划目标与指标

规划目标与指标的确定在滇池流域水污染防治中长期战略规划研究中起到非常重要的约束性和导向性作用。自"九五"计划以来，我国的流域水污染防治规划目标的设定一直处于不停的反馈、评估与调整之中，规划目标要确保切实可行性、动态调整性等基本原则，其也得到了迄今为止最为广泛的认可。但规划目标的确定是一个复杂的过程，既涉及问题的诊断与预测，又与以往规划目标的实现程度相关；规划目标的确定不仅需要基于定量的流域污染负荷模型和水质模型，同时也需要综合考虑流域相关利益方的决策和参与意愿。同时，规划目标的确定还将直接影响规划方案的制定与规划的评估、反馈与修正。

　　滇池流域水污染防治中长期战略规划目标与指标的确定包括以下基本步骤（图 3-11）："问题诊断→目标评估→趋势预测→情景分析→目标与指标识别"。依据滇池水质与富营养化状况的历史变化调查分析结果，以及对滇池流域社会经济发展及污染源特征的初步预测，滇池流域水污染防治规划的指标和目标体系分为 4 个层次——水质和生态指标、水质目标、总量目标、管理目标，其中水质和生态指标确定为 COD、TN、TP 和 Chla。如前所述，为反映不同情景下的滇池水质与生态修复，全面了解不同水质恢复目标下的流域污染负荷削减目标，并为滇池流域水污染防治与富营养化控制中长期战略规划提供决策依据，在此以Ⅲ类、Ⅳ类和Ⅴ类作为水质恢复的基本情景，对应的 Chla 结果由 EFDC 模拟得到。由于本书重点在于探索流域尺度下营养物质的综合削减方案，因此在指标的选择上拟舍弃 COD 这个惯常必不可少的污染控制指标。此外，本书给出的所有方案并没有在任何一个规划期内预设目标，而只是提供给决策者一种基于科学分析和模型模拟结果的可能性。例如，在 2020 年规划期内，所提供的达到Ⅲ类水质目标的所有综合减排方案和措施在现实操作中一般认为是不可能达到的。在某种程度上，要在 2020 年达到Ⅳ类水质目标甚至都非常困难，但是本书并没有拘泥于这些现实性，而是按照预先的技术路线全部给出方案设计，提供给决策者供其选择和参考。

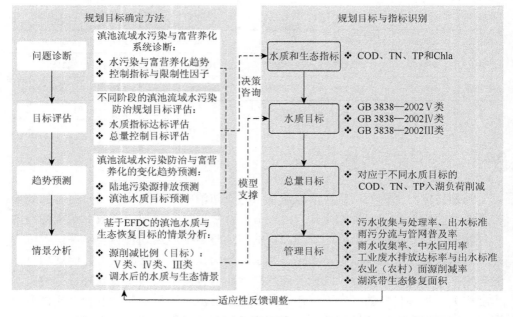

图 3-11　滇池流域水污染防治中长期战略规划目标与指标确定的基本框架

3.2.5　营养物容量核算

1. 控制目标、指标与基准年

从滇池富营养化系统诊断来看，滇池水污染防治的控制方向已经实现从"有机污染型"向"植物营养型"转变，控制目标应该定位于从"浊水藻型"向"清水草型"转变，不仅 TN、TP 水质指标要实现水功能要求，而且要确保 Chla 水平显著性降低，从而向相对健康的以大型水生植物为主导的浅水湖泊生态系统转变。在确定滇池流域营养盐容量总量分配方案时选择 2009 年为基准年，以此确定不同控制情景下相应的陆域外源污染负荷削减比例。具体来说，滇池流域营养盐容量总量控制约束性指标为 TN、TP，预期性指标为 Chla。同时，设定 3 类控制目标，具体控制目标及约束性指标值见表 3-10。

表 3-10　3 种水质控制目标下的约束性指标

指标	III类	IV类	V类
TN/(mg/L)	1	1.5	2
TP/(mg/L)	0.05	0.1	0.2
Chla/(μg/L)	40	60	80

注：Chla 在 GB 3838—2002 中并没有水质标准，其值是根据 EFDC 在III、IV、V类水平下的模拟值而定的。本书的营养物减排也不涉及该指标。

2. 入湖污染负荷

通过污染源调查和模型核算，确定了滇池流域 TN、TP 的排放总量和入湖负荷。对于 2009 年，滇池流域 TN、TP 排放总量分别为 10736t 和 1542t；对于 TN，城镇生活点源占 72.7%，农业面源占 15.6%；对于 TP，城镇生活点源占 42.8%，农业面源占 26%。基于实测和数值模拟结果，TN、TP 入湖总量分别为 7321t 和 648t，其中，城镇生活点源的 TN 贡献占 51%，农业面源占 24%；城镇生活点源的 TP 贡献占 32%，农业面源占 55%。因此，在 9 亿 m³ 的入湖流量中，大部分河流 TN、TP 为 V 类甚至劣 V 类，几乎无清洁水循环。

3. 容量计算条件

容量计算需要考虑两方面的设计条件：其一是底泥响应，即底泥营养源与外部营养负荷减少的动态响应。根据对底质中的生物地球化学过程的科学认识，养分由底质输送到水体是一个与外部营养负荷水平明显相关的高度活跃的因素。因此，对于不同的负荷水平，底质内部营养源会相应地变化。然而，底质的响应时间一般比水体浓度要慢很多。因此，评估外部流域营养物质负荷减少时的水质响应，有必要让模型运行足够长的时间，以便把底质和内部营养源的反应考虑在内。同时，由模型的敏感性分析可知，通过 10～20 年的模拟之后，水质基本可以达到稳态，因此本书选择采用连续 20 年的系统模拟实现稳态，并用稳态水质作为负荷削减评估的基础。其二是特征水文负荷条件。在考虑水环境容量计算的水文条件时，河流一般采用 90%的保证率、枯水期连续 7 天最小流量（简称 7Q10 流量）；湖泊一般采用近 10 年最低月平均水位相应的蓄水量和死库容的蓄水量确定设计库容，这样的设计保障了水环境容量的安全性。通过计算，滇池流域 2009 年的水文保证率为 95%，属于特枯年，以 2009 年作为滇池水环境容量计算的水文条件，安全性较高；此外，2009 年的观测数据最为完整，以观测数据为基础获取的水文、负荷为水质模型提高了可靠的边界条件，可靠性较高。因此，本书以 2009 年作为水环境容量的基准年，安全性、可靠性均可保障。

4. 容量计算结果

基于校准好的滇池三维水质水动力模型，采用试错法正向计算湖泊水环境容量。其具体步骤如下：污染负荷削减情景以前文所述的 20 年连续模拟的基准为起点，渐进地实施一个迭代过程，逐渐减少流域负荷水平，直至湖水水质浓度达到水质目标。根据入湖负荷核算结果，滇池在Ⅲ、Ⅳ、Ⅴ类水质目标下的各营养物指标 TN 和 TP 的水环境容量计算结果见表 3-11。

表 3-11　不同水质目标下滇池水环境容量　　　　　（单位：t/a）

水体	污染物	基准年入湖负荷	水环境容量		
			Ⅲ类水质	Ⅳ类水质	Ⅴ类水质
滇池	TN	7031	2054	2171	2335
	TP	208	80	88.7	96.6
外海	TN	5642	1507	1622	1783.7
	TP	169	61.6	69.3	76.6
草海	TN	1389	547	549	552
	TP	39	18.4	19.4	20

以 2009 年为基准年，其水文负荷条件计算得到的水环境容量较为安全、

可靠，但水环境容量是一个随着水文条件、生态条件、水质保护目标等基准条件变化而有所不同的变量。笔者所在课题组 2011 年关于非点源污染负荷模拟的结果表明，丰水年非点源污染负荷是枯水年的 3 倍，如果以特征水文负荷年为基础计算得到的水环境容量为指导，固然安全性能够得到保障，但可能会导致削减量明显偏大。对于以非点源污染为主的流域，污染负荷具有很大的不确定性，真正具有工程、规划指导意义的是负荷削减率。这意味着在做工程设计时，尤其是非点源污染治理工程，要以流域总体负荷削减率为污染控制工程的设计目标，工程设计目标要充分考虑水文条件，要满足流域总体负荷削减率。

3.3　营养物总量控制方案

3.3.1　总量分配原则

对于"流域-子流域"尺度，滇池营养盐容量总量分配规则选择子流域 TN、TP 负荷总削减规模最小化。而对于"子流域-污染源"尺度，滇池营养盐容量总量分配规则需要综合考虑点源、城市非点源和农业面源的削减难度和可行性，具体考虑原则如下：①点源依旧是滇池流域的主要污染源，首先考虑点源（城镇生活点源、企业点源）实现 90%的收集率和一级 A 排放标准，且实现 50%以上的再生水利用（或外调安宁市）；②依据滇池流域"十一五"规划补充材料，实现城市非点源 50%的 TN、TP 负荷削减；③在上述点源、城市非点源的基础上，实现 8 个子流域农业面源 TN、TP 负荷总削减规模最小化。分"流域-子流域"和"重点污染源"两种方式确定滇池流域Ⅲ、Ⅳ、Ⅴ类水质目标下 8 个控制单元（草海和外海两个生态恢复区除外）的最大允许入湖量、最小削减量和削减率。

流域-子流域总量控制方案以基准年现状 TN、TP 的入湖量与各水质目标下滇池的环境容量之间的差值为对象，将现状入湖量和容量分配到各个子流域。每个子流域的基准入湖量与容量之间的差值就是该子流域的最小入湖削减量。流域-子流域的总量分配方案能为规划年的子流域营养盐削减方案直接提供借鉴。子流域-污染源总量分配方案是更为细化的容量控制手段。根据基准年的污染物排放现状，通过污染源普查数据和容量，得出各个子流域中城市生活点源、工业点源、三产点源、畜禽养殖、农业施肥和城市面源的基准年产生量和最大允许排放量之间的差值，则是各个污染源的最小削减量。以上两种分配方式，第一种侧重于湖体水质控制，以入湖断面的水质达标为控制目标；第二种基于全流域最大程度的污染源减排，以流域营养物综合削减策略为基础和关键。

3.3.2 流域-子流域总量控制方案

1. 水质达标Ⅲ类水质目标下的各子流域总量分配优化方案

通过不确定性容量总量控制"模拟-优化"耦合技术（周丰和郭怀成，2010）计算，为了实现约束性指标达到Ⅲ类水平，滇池流域 TN、TP 入湖负荷在 2009 年的基础上至少需要分别削减 4976.9t/a 和 128.0t/a，削减率分别为 70.8%和61.4%。其中，滇池外海的 TN、TP 最小入湖负荷削减量分别为 4135.5t/a 和 107.9t/a，削减率分别为 73.3%和 63.7%；滇池草海的 TN、TP 最小入湖负荷削减量分别为 841.9t/a 和 20.1t/a，削减率分别为 60.6%和 51.5%。从子流域削减率来看，8 个控制单元 TN 和 TP 的削减率分别达到 60.6%~82.8%和 51.5%~72.8%；特别是对于外海东岸新城控制区和外海东南岸农业面源控制区，TN、TP 的削减率分别达到了 82.8%、72.8%和 80.4%、70.7%；而外海北岸重污染排水区和城西草海汇水区虽然削减比例不是最高的，但是削减绝对量却都非常大。可见，为了实现Ⅲ类水质目标，各子流域入湖负荷削减压力非常大。对于滇池外海，营养盐削减量最大的子流域集中在外海北岸重污染排水区、外海东岸新城控制区及外海东南岸农业面源控制区，而该区域的营养盐容量总量控制对于实现滇池水质达标至关重要。

从表 3-12 和图 3-12 可以看出，在水质达标Ⅲ类水的情景下，TN 和 TP 的最大允许入湖总量分别只有 2054.5t/a 和 80.5t/a，因此对全流域来说，两种营养物的削减压力都非常大。对于 TN，外海最小入湖削减量为 4135.5t/a，占削减量的 3/4 左右。具体到各个子流域，TN 的最小入湖削减量最多的是外海北岸重污染排水区，达 1979.5t/a。这个区域是滇池流域城市化和人口、经济最为密集的区域，生活点源污染负荷极大。尤其是这个区域很多网管建设并不完善，雨污合流的现象比较严重，污水收集率不高，因此其是滇池流域污染控制较具挑战性的区域之一。城西草海汇水区的 TN 削减压力也非常大，高达 841.9t/a，城西草海汇水区与外海北岸重污染排水区情况类似。其他各个子流域中，TN 最小入湖削减量从高到低依次是外海东岸新城控制区、外海东南岸农业面源控制区、外海东北岸城市-城郊-农村复合污染区、松华坝水源保护区、外海西南岸高富磷区和外海西岸湖滨散流区，削减量分别达到 625.9t/a、567.0t/a、385.2t/a、346.7t/a、172.4t/a 和 58.8t/a。对于 TP，全流域基准年入湖量为 208.5t/a，外海为 169.5t/a，草海为 39.0t/a。具体到各个子流域，削减量最大的依然是外海北岸重污染排水区，最小入湖削减量达 45.4t/a；其次是城西草海汇水区，最小入湖削减量也达到 20.1t/a。其他各个子流域的 TP 最小入湖削减量从高到低依次为外海东岸新城控制区、外海东南岸农业面源控制区、外海东北岸城市-城郊-农村复合污染区、松华坝水源保护区、外海西南岸高富磷区和外海西岸湖滨散流区，最小入湖削减量分别为 19.8t/a、14.0t/a、12.2t/a、9.3t/a、5.5t/a 和 1.7t/a。

表 3-12　水质达标Ⅲ类水质目标下的各子流域削减状况

控制单元	基准年入湖量 TN/(t/a)	基准年入湖量 TP/(t/a)	最大允许入湖总量 TN/(t/a)	最大允许入湖总量 TP/(t/a)	最小入湖削减量 TN/(t/a)	最小入湖削减量 TP/(t/a)	削减率 TN/%	削减率 TP/%
滇池	7031.8	208.5	2054.5	80.5	4976.9	128.0	70.8	61.4
外海	5642.7	169.5	1507.2	61.6	4135.5	107.9	73.3	63.7
城西草海汇水区	1389.1	39.0	547.2	18.9	841.9	20.1	60.6	51.5
松华坝水源保护区	489.6	13.6	142.9	4.3	346.7	9.3	70.8	68.4
外海北岸重污染排水区	2887.5	80.4	908.0	35.0	1979.5	45.4	68.6	56.5
外海东北岸城市–城郊–农村复合污染区	498.4	18.2	113.2	6.0	385.2	12.2	77.3	67.0
外海东岸新城控制区	755.9	27.2	130.0	7.4	625.9	19.8	82.8	72.8
外海东南岸农业面源控制区	705.2	19.8	138.1	5.8	567.0	14.0	80.4	70.7
外海西南岸高富磷区	229.6	7.7	57.2	2.2	172.4	5.5	75.1	71.4
外海西岸湖滨散流区	76.5	2.6	17.8	0.9	58.8	1.7	76.9	65.4

由于对滇池流域设计的源头、途径、末端营养物减排体系是以入湖口的最大允许浓度反推到上一级排放区，因此表 3-12 中的最小入湖削减量看似不大，但是实际上却已经经历结构减排削减、工程减排削减、管理减排削减，最后需要削减使其不得通过河道进入湖泊的量。特别是对于松华坝水源保护区、外海东南岸农业面源控制区等农业施肥量较大的区域，面源污染源层面的削减压力远大于表 3-12 所得出的子流域层面的入湖削减量。这种状况将在下文滇池流域污染源削减状况的分析中得到验证。

2. 水质达标Ⅳ类水质目标下的各子流域总量分配优化方案

同样，从表 3-13 和图 3-13 可以看出，为了使约束性指标达到Ⅳ类水平，在水质达标Ⅳ类水平的情景下，TN 和 TP 的最大允许入湖总量分别只有 2070.8t/a 和 88.8t/a，滇池流域 TN、TP 入湖负荷在 2009 年的基础上至少需要削减 4861.0t/a 和 119.7t/a，削减率分别为 69.1%和 57.5%。其中，滇池外海的 TN、TP 最小入湖削减量分别为 4020.9t/a 和 100.1t/a，削减率分别为 71.3%和 59.1%；滇池草海的 TN、TP 最小入湖削减量分别为 840.1t/a 和 19.6t/a，削减率分别为 60.5%和 50.3%。从子流域削减率来看，8 个控制单元 TN 和 TP 的削减率分别达到 60.5%~82.8%和 46.0%~72.8%；其中，TN 削减率比较高的子流域有外海东岸新城控制区、外海西岸湖滨散流区、外海东南岸农业面源控制区和松华坝水源保护区，TN 削减率分别为

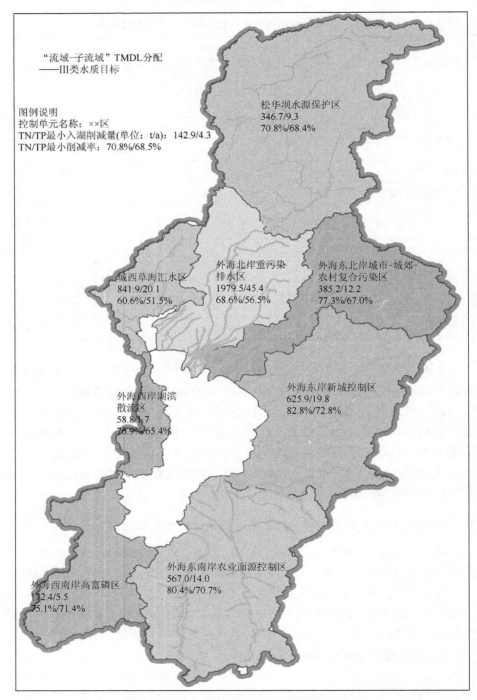

"流域-子流域"TMDL分配
——Ⅲ类水质目标

图例说明
控制单元名称：××区
TN/TP最小入湖削减量(单位：t/a)：142.9/4.3
TN/TP最小削减率：70.8%/68.5%

松华坝水源保护区
346.7/9.3
70.8%/68.4%

城西草海汇水区
841.9/20.1
60.6%/51.5%

外海北岸重污染
排水区
1979.5/45.4
68.6%/56.5%

外海东北岸城市-城郊-
农村复合污染区
385.2/12.2
77.3%/67.0%

外海西岸湖滨
散流区
58.8/1.7
76.9%/65.4%

外海东岸新城控制区
625.9/19.8
82.8%/72.8%

外海东南岸农业面源控制区
567.0/14.0
80.4%/70.7%

外海西南岸高富磷区
172.4/5.5
75.1%/71.4%

图 3-12　达标Ⅲ类水质目标各子流域削减分配

82.8%、76.7%、72.8%和70.8%；TP 削减率较高的子流域分别是外海东岸新城控制区、松华坝水源保护区、外海西岸湖滨散流区和外海西南岸高富磷区，各自达到72.8%、68.4%、65.4%和62.3%。对于 TN，外海削减量占总削减量的71.3%。具体到各个子流域，削减最多的是外海北岸重污染排水区，达 1979.5t/a。这个区域是滇池流域城市化和人口、经济最为密集的区域，生活点源污染负荷极大。尤其是这个区域很多管网建设并不完善，雨污合流的现象比较严重，污水收集率不高，因此其是滇池流域污染控制较具挑战性的区域之一。城西草海汇水区的 TN 削减压力也非常大，高达 840.1t/a。城西草海汇水区与外海北岸重污染排水区的情况类似。其他各个子流域中，TN 削减量从高到低依次是外海东岸新城控制区、外海东南岸农业面源控制区、松华坝水源保护区、外海东北岸城市-城郊-农村复合污染区、外海西南岸高富磷区和外海西岸湖滨散流区，削减量分别达到625.9t/a、513.2t/a、346.7t/a、337.3t/a、159.6t/a 和 58.7t/a。对于 TP，削减量具体到各个子流域，削减量最大的依然是外海北岸重污染排水区，最小入湖削减量达 45.4t/a；其次是外海东岸新城控制区，最小入湖削减量也达到 19.8t/a。其他各个子流域的 TP 削减量从高到低依次为城西草海汇水区、外海东北岸城市-城郊-农村复合污染区、松华坝水源保护区、外海东南岸农业面源控制区、外海西南岸高富磷区和外海西岸湖滨散流区，最小入湖削减量分别为 19.6t/a、10.0t/a、9.3t/a、9.1t/a、4.8t/a 和 1.7t/a。

表 3-13　水质达标Ⅳ类水质目标下的各子流域削减状况

控制单元	基准年入湖量 TN/(t/a)	基准年入湖量 TP/(t/a)	最大允许入湖总量 TN/(t/a)	最大允许入湖总量 TP/(t/a)	最小入湖削减量 TN/(t/a)	最小入湖削减量 TP/(t/a)	削减率 TN/%	削减率 TP/%
滇池	7031.8	208.5	2170.8	88.8	4861.0	119.7	69.1	57.5
外海	5642.7	169.5	1621.8	69.4	4020.9	100.1	71.3	59.1
城西草海汇水区	1389.1	39.0	549	19.4	840.1	19.6	60.5	50.3
松华坝水源保护区	489.6	13.6	142.9	4.3	346.7	9.3	70.8	68.4
外海北岸重污染排水区	2887.5	80.4	908.0	35.0	1979.5	45.4	68.6	56.5
外海东北岸城市-城郊-农村复合污染区	498.4	18.2	161.1	8.2	337.3	10.0	67.7	54.9
外海东岸新城控制区	755.9	27.2	130.0	7.4	625.9	19.8	82.8	72.8
外海东南岸农业面源控制区	705.2	19.8	192.0	10.7	513.2	9.1	72.8	46.0
外海西南岸高富磷区	229.6	7.7	70.0	2.9	159.6	4.8	69.5	62.3
外海西岸湖滨散流区	76.5	2.6	17.8	0.9	58.7	1.7	76.7	65.4

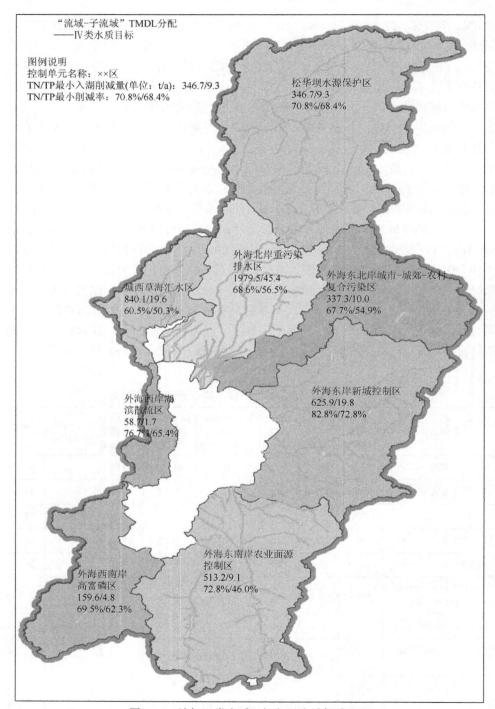

"流域-子流域"TMDL分配
——Ⅳ类水质目标

图例说明
控制单元名称：××区
TN/TP最小入湖削减量(单位：t/a)：346.7/9.3
TN/TP最小削减率：70.8%/68.4%

松华坝水源保护区
346.7/9.3
70.8%/68.4%

外海北岸重污染
排水区
1979.5/45.4
68.6%/56.5%

外海东北岸城市-城郊-农村
复合污染区
337.3/10.0
67.7%/54.9%

城西草海汇水区
840.1/19.6
60.5%/50.3%

外海西岸湖
滨散流区
58.7/1.7
76.7%/65.4%

外海东岸新城控制区
625.9/19.8
82.8%/72.8%

外海东南岸农业面源
控制区
513.2/9.1
72.8%/46.0%

外海西南岸
高富磷区
159.6/4.8
69.5%/62.3%

图 3-13　达标Ⅳ类水质目标各子流域削减分配

3. 水质达标 V 类水质目标下的各子流域总量分配优化方案

类似地，从表 3-14 和图 3-14 可以看出，为了使约束性指标达到 V 类水平，滇池流域 TN、TP 入湖负荷在 2009 年的基础上至少需要削减 4696.6t/a 和 111.9t/a，削减率分别为 66.8%和 53.7%。其中，滇池外海的 TN、TP 最小入湖削减量分别为 3859.0t/a 和 92.9t/a，削减率分别为 68.4%和 54.8%；滇池草海的 TN、TP 最小入湖削减量分别为 837.6t/a 和 19.0t/a，削减率分别为 60.3%和 48.7%。从子流域削减率来看，8 个控制单元 TN 和 TP 的削减率分别达到 53.7%~82.8%和 28.8%~72.8%。具体到各个子流域，TN 削减最多的是外海北岸重污染排水区，达 1979.5t/a。城西草海汇水区的 TN 削减压力也非常大，高达 837.6t/a。城西草海汇水区与外海北岸重污染排水区的情况类似。其他各个子流域中，TN 削减量从高到低依次是外海东岸新城控制区、外海东南岸农业面源控制区、松华坝水源保护区、外海东北岸城市-城郊-农村复合污染区、外海西南岸高富磷区和外海西岸湖滨散流区，削减量分别达到 625.9t/a、378.5t/a、346.7t/a、323.2t/a、146.5t/a 和 58.7t/a；削减率分别为 82.8%、53.7%、70.8%、64.8%、63.8%和 76.7%。对于 TP，全流域最大允许入湖总量为 96.6t/a，外海为 76.6t/a，草海为 20.0t/a。削减量具体到各个子流域，削减量最大的依然是外海北岸重污染排水区，最小入湖削减量达 45.4t/a；其次是外海东岸新城控制区，最小入湖削减量也达到 19.8t/a。其他各个子流域的 TP 削减量从高到低依次为城西草海汇水区、松华坝水源保护区、外海东北岸城市-城郊-农村复合污染区、外海东南岸农业面源控制区、外海西南岸高富磷区和外海西岸湖滨散流区，最小入湖削减量分别为 19.0t/a、9.3t/a、8.3t/a、5.7t/a、2.7t/a 和 1.7t/a，削减率分别为 47.8%、68.4%、45.6%、28.8%、35.1%、65.4%。

表 3-14　水质达标 V 类水质目标下的各子流域削减状况

控制单元	基准年入湖量 TN/(t/a)	基准年入湖量 TP/(t/a)	最大允许入湖总量 TN/(t/a)	最大允许入湖总量 TP/(t/a)	最小入湖削减量 TN/(t/a)	最小入湖削减量 TP/(t/a)	削减率 TN/%	削减率 TP/%
滇池	7031.8	208.5	2335.2	96.6	4696.6	111.9	66.8	53.7
外海	5642.7	169.5	1783.7	76.6	3859.0	92.9	68.4	54.8
城西草海汇水区	1389.1	39.0	551.5	20.0	837.6	19.0	60.3	48.7
松华坝水源保护区	489.6	13.6	142.9	4.3	346.7	9.3	70.8	68.4
外海北岸重污染排水区	2887.5	80.4	908.0	35.0	1979.5	45.4	68.6	56.5
外海东北岸城市-城郊-农村复合污染区	498.4	18.2	175.2	9.9	323.2	8.3	64.8	45.6
外海东岸新城控制区	755.9	27.2	130.0	7.4	625.9	19.8	82.8	72.8
外海东南岸农业面源控制区	705.2	19.8	326.7	14.1	378.5	5.7	53.7	28.8
外海西南岸高富磷区	229.6	7.7	83.1	5.0	146.5	2.7	63.8	35.1
外海西岸湖滨散流区	76.5	2.6	17.8	0.9	58.7	1.7	76.7	65.4

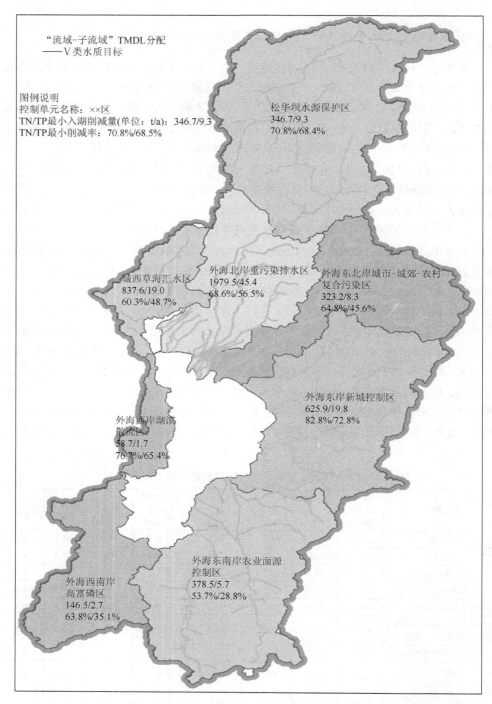

图 3-14 达标 V 类水质目标各子流域削减分配

相比Ⅲ、Ⅳ类水质目标，Ⅴ类水质目标下，外海东南岸农业面源控制区、外海东北岸城市-城郊-农村复合污染区、外海西南岸高富磷区的削减率减少最多；外海东岸新城控制区是新建成区，其采取源头控制，不管在几类水质目标下都实施最严格的削减措施，削减量都没有变化。在水质达标Ⅴ类水的情景下，TN 和 TP 的最小入湖削减量分别为 4696.6t/a 和 111.9t/a，因此对于全流域来说，尽管相对于Ⅲ类水、Ⅳ类水质目标，两种营养物的削减压力已经稍有减小，但还是非常大的。对于 TN，外海削减量占总削减量的 60%左右，压力很大。

3.3.3　子流域-污染源总量控制方案

为了进一步实现上述 3 类水质达标情景下 8 个控制单元最大允许入湖负荷水平，通过基于 HSPF 和 BRRT 的不确定容量总量控制"模拟-优化"耦合技术计算，在滇池营养盐容量总量分配规则的指导下，得到了"子流域-污染源"尺度容量总量分配优化方案，其中污染源归纳为城镇生活点源、企业点源（工业、三产、规模化畜禽养殖）、农业面源（种植业化肥施用量，不包括农村生活污水、散养型畜禽养殖、渔业养殖等极小规模污染源）。

1. Ⅲ、Ⅳ、Ⅴ类水质目标下城镇生活点源、企业点源和城市面源分配

滇池流域的点源控制相对容易，其也是作为优先控制领域来考虑。因此，在Ⅲ、Ⅳ、Ⅴ类各水质目标下，点源的控制均按照最大实现程度进行。按照"子流域-污染源"尺度滇池营养盐容量总量分配规则，对Ⅲ、Ⅳ、Ⅴ类水质目标 3 种情景而言，滇池流域城镇生活点源、企业点源、城市面源的 TN 最大允许产生量分别为2592.2t/a、0、622.5t/a，TP 最大允许产生量分别为 147.9t/a、0、37.4t/a。各控制单元的 TN、TP 最大允许产生量见表 3-15 和图 3-15。相应地，滇池流域城镇生活点源、企业点源、城市面源的 TN 产生量在 2009 年的基础上至少需要削减 9435.7t/a、979.8t/a 和 848.0t/a，削减率分别为 78.4%、100%和 57.7%；TP 产生量在 2009 年基础上至少需要削减 868.6t/a、150.7t/a 和 51.5t/a，削减率分别为 85.4%、100%和 57.9%。

表 3-15　Ⅲ、Ⅳ、Ⅴ类水质目标各子流域污染削减状况

子流域	污染源	基准年产生量 TN/(t/a)	基准年产生量 TP/(t/a)	最大允许产生量 TN/(t/a)	最大允许产生量 TP/(t/a)	最小削减量 TN/(t/a)	最小削减量 TP/(t/a)	削减率 TN/%	削减率 TP/%
松华坝水源保护区	城镇生活点源	8.6	0.8	1.9	0.1	6.8	0.7	78.4	85.4
	企业点源	8.1	2.2	0.0	0.0	8.1	2.2	100.0	100.0
	城市面源	69.6	4.2	24.8	1.9	44.8	2.3	64.4	54.6

续表

子流域	污染源	基准年产生量 TN/(t/a)	基准年产生量 TP/(t/a)	最大允许产生量 TN/(t/a)	最大允许产生量 TP/(t/a)	最小削减量 TN/(t/a)	最小削减量 TP/(t/a)	削减率 TN/%	削减率 TP/%
城西草海汇水区	城镇生活点源	3631.8	305.0	782.7	44.4	2849.1	260.6	78.4	85.4
	企业点源	152.6	20.6	0.0	0.0	152.6	20.6	100.0	100.0
	城市面源	224.7	13.6	112.4	6.8	112.4	6.8	50.0	50.0
外海北岸重污染排水区	城镇生活点源	7556.3	630.5	1628.5	91.8	5927.8	538.7	78.4	85.4
	企业点源	307.2	44.6	0.0	0.0	307.2	44.6	100.0	100.0
	城市面源	457.4	27.7	175.7	10.8	281.7	16.8	61.6	60.8
外海东北岸城市-城郊-农村复合污染区	城镇生活点源	379.9	36.7	81.9	5.3	298.0	31.4	78.4	85.4
	企业点源	121.1	21.5	0.0	0.0	121.1	21.5	100.0	100.0
	城市面源	199.6	12.1	63.1	3.2	136.5	8.8	68.4	73.2
外海东岸新城控制区	城镇生活点源	283.7	27.4	61.1	4.0	222.6	23.4	78.4	85.4
	企业点源	187.3	35.5	0.0	0.0	187.3	35.5	100.0	100.0
	城市面源	286.6	17.3	113.3	6.7	173.3	10.7	60.5	61.5
外海东南岸农业面源控制区	城镇生活点源	35.1	3.4	7.6	0.5	27.5	2.9	78.4	85.4
	企业点源	146.9	12.4	0.0	0.0	146.9	12.4	100.0	100.0
	城市面源	143.6	8.7	76.4	2.6	67.1	6.1	46.8	69.8
外海西南岸高富磷区	城镇生活点源	94.4	9.1	20.3	1.3	74.0	7.8	78.4	85.4
	企业点源	40.6	11.2	0.0	0.0	40.6	11.2	100.0	100.0
	城市面源	69.8	4.2	37.6	4.2	32.2	0.0	46.1	0.0
外海西岸湖滨散流区	城镇生活点源	38.1	3.7	8.2	0.5	29.9	3.1	78.4	85.4
	企业点源	16.0	2.7	0.0	0.0	16.0	2.7	100.0	100.0
	城市面源	19.2	1.2	19.2	1.2	0.0	0.0	0.0	0.0

2. Ⅲ类水质控制目标下的农业面源分配

滇池流域尚有较大面积的农业种植面积,由于农业生产中的施肥不可避免地会流失到环境中去,因此,为了使约束性指标达到Ⅲ类水平,必须削减农业施肥流失进入环境的营养盐。根据云南大学 2011 年对滇池流域的农业施肥入湖调查结果,此处以各个子流域氮肥和磷肥施肥量净折值代表该子流域的 TN 和 TP 产生量。实际进入环境当中的 N 和 P 一般为净施肥量的 8%左右。滇池流域农业面源的 TN、TP 最大允许产生量分别为 9694.4t/a 和 4283.1t/a,在 2009 年基础上至少需要削减 18764.6t/a 和 8278.0t/a,削减率均为 65.9%。从最小削减量来看,规模最大的依旧集

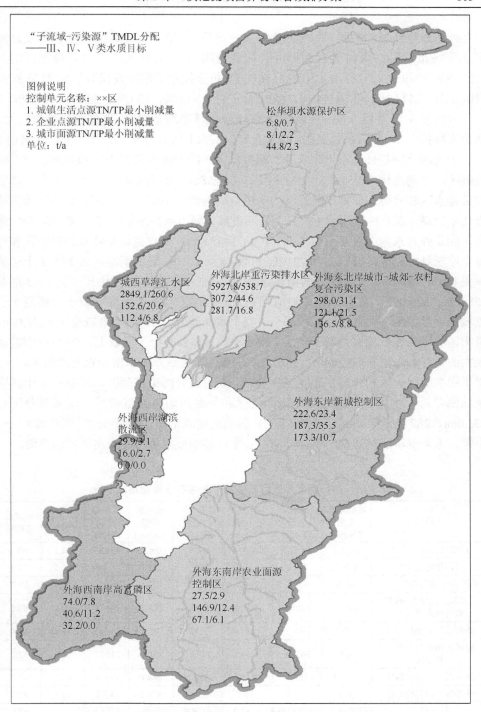

图 3-15　3 种水质目标下点源和城市面源最小削减量分区

中在外海东岸新城控制区、外海东南岸农业面源控制区、松华坝水源保护区及外海东北岸城市-城郊-农村复合污染区，化肥施用 TN 折合纯量的削减规模分别为 5223.0t/a、5049.3t/a、3287.3t/a 和 2635.0t/a，TP 折合纯量的削减规模分别为 2175.8t/a、2164.5t/a、1444.3t/a 和 1045.0t/a，削减率分别为 81.0%、63.0%、50.3%和 80.5%。

　　分析表 3-16 和图 3-16 可以看出，各个子流域基准年的 N、P 施肥量数额巨大，整个流域折合 TN 和 TP 分别达 28459.0t/a 和 12561.1t/a。TN 基准年产生量排名前 3 位的子流域分别是外海东南岸农业面源控制区、松华坝水源保护区和外海东岸新城控制区，分别高达 7993.4t/a、6538.3t/a 和 6449.8t/a。城西草海汇水区、外海北岸重污染排水区和外海西岸湖滨散流区的产生量则均低于 1000t/a，原因是这些区域的城市化率很高，农业种植面积不大，主要污染源为城市点源污染。TP 的基准年产生量最大的是外海东南岸农业面源控制区，达 3437.6t/a；其次是松华坝水源保护区和外海东岸新城控制区，分别为 2872.3t/a 和 2686.8t/a。TN 最小削减量最小的 3 个子流域是城西草海汇水区、外海西岸湖滨散流区和外海北岸重污染排水区，分别是 258.0t/a、576.0t/a、752.0t/a，主要原因是外海西岸湖滨散流区面积较小，后两个子流域主要是城区，农业种植面积较小。整个滇池流域的 TP 最小削减量达 8278.0t/a，说明该流域的施肥量大大高于全国平均水平。具体到 8 个子流域上，TP 最小削减量最大的是外海东岸新城控制区，高达 2175.8t/a。其次是外海东南岸农业面源控制区、松华坝水源保护区和外海东北岸城市-城郊-农村复合污染控制区；最小的 3 个区则是城西草海汇水区、外海西岸湖滨散流区和外海西南岸高富磷区，削减量分别是 173.0t/a、282.2t/a 和 408.9t/a；TN 和 TP 的施肥削减率都在最低 46.0%到最高 82.2%不等。未来退耕还林还草、实行清洁农业生产等削减措施将成为主要控制手段。

表 3-16　达标Ⅲ类水质目标下各子流域农业面源削减状况

子流域	基准年产生量 TN/(t/a)	基准年产生量 TP/(t/a)	最大允许产生量 TN/(t/a)	最大允许产生量 TP/(t/a)	最小削减量 TN/(t/a)	最小削减量 TP/(t/a)	削减率 TN/%	削减率 TP/%
松华坝水源保护区	6538.3	2872.3	3251	1428	3287.3	1444.3	50.3	50.3
城西草海汇水区	419.5	281.3	161.5	108.3	258.0	173.0	61.5	61.5
外海北岸重污染排水区	968.0	752.1	216.0	167.8	752.0	584.3	77.7	77.7
外海东北岸城市-城郊-农村复合污染区	3263.7	1298.3	628.7	253.3	2635.0	1045.0	80.7	80.5
外海东岸新城控制区	6449.8	2686.8	1226.8	511.0	5223.0	2175.8	81.0	81.0
外海东南岸农业面源控制区	7993.4	3437.6	2944.1	1273.1	5049.3	2164.5	63.2	63.0
外海西南岸高富磷区	2125.3	889.2	1141.3	480.3	984.0	408.9	46.3	46.0
外海西岸湖滨散流区	701.0	343.5	125.0	61.3	576.0	282.2	82.2	82.2
外海合计	28039.5	12279.8	9532.9	4174.8	18506.6	8105.0	66.0	66.0
滇池合计	28459.0	12561.1	9694.4	4283.1	18764.6	8278.0	65.9	65.9

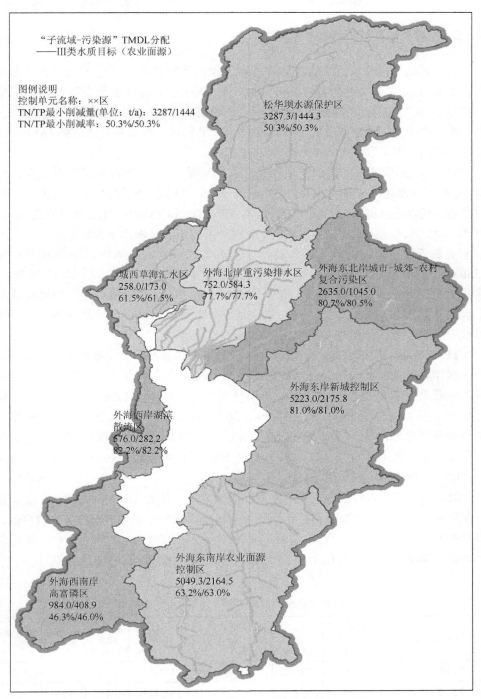

图 3-16　达标Ⅲ类水质目标下农业面源最小削减分区

3. Ⅳ类水质目标下的农业面源分配

为了使约束性指标达到Ⅳ类水质标准，滇池流域农业面源的 TN、TP 最大允许产生量分别为 10021.4t/a 和 7657.4t/a，在 2009 年的基础上至少需要分别削减 18437.6t/a 和 4903.7t/a，削减率分别为 64.8%和 39.0%。从最小削减量来看，外海占据了整个滇池流域绝大部分的削减量，TN 和 TP 的最小削减量分别达到 18179.6t/a 和 4791.7t/a，占总削减量的 98.6%和 97.7%。

TN 削减规模最大的依旧集中在外海东岸新城控制区、外海东南岸农业面源控制区、松华坝水源保护区及外海东北岸城市-城郊-农村复合污染区，化肥施用 TN 折纯量的削减规模分别为 5223t/a、5049.3t/a、2960.3t/a 和 2635t/a，削减率分别为 81%、63.2%、45.3%和 80.7%；TN 削减量最小的子流域依次是城西草海汇水区、外海西岸湖滨散流区、外海北岸重污染排水区和外海西南岸高富磷区，削减量分别为 258t/a、576t/a、752t/a 和 984t/a，削减率分别为 61.5%、82.2%、77.7%和 46.3%。这几个子流域要么是城市区域，农业种植面积小，面源产生量不大，如城西草海汇水区和外海北岸重污染排水区；要么是流域本身的面积小，施肥量不高，如外海西岸湖滨散流区，但削减率高达 82.2%。

TP 的最小削减量方面，规模最大的依旧集中在外海东南岸农业面源控制区、外海东岸新城控制区、松华坝水源保护区及外海东北岸城市-城郊-农村复合污染区，化肥施用 TP 折合纯量的削减规模分别为 1433.8t/a、1276.3t/a、765.5t/a 和 473.3t/a，削减率分别为 41.7%、47.5%、26.7%和 36.5%。削减量最小的子流域依次是城西草海汇水区、外海西岸湖滨散流区、外海西南岸高富磷区和外海北岸重污染排水区，削减量分别为 112.0t/a、165.5t/a、291.1t/a 和 386.2t/a，削减率分别为 39.8%、48.2%、32.7%和 51.3%。

对比Ⅲ类水质目标的各子流域农业面源削减量，从表 3-17 和图 3-17 中可以看到Ⅳ类水质目标下的削减量略小于Ⅲ类水质目标，部分子流域的削减率略有降低，但有些子流域的削减率没有变化。TP 削减率的下降趋势更为明显，但是从绝对量上来说，削减的压力依然存在，主要原因是滇池流域长期以来施肥量居高不下。

表 3-17　达标Ⅳ类水质目标下各子流域农业面源削减状况

子流域	基准年产生量 TN/(t/a)	基准年产生量 TP/(t/a)	最大允许产生量 TN/(t/a)	最大允许产生量 TP/(t/a)	最小削减量 TN/(t/a)	最小削减量 TP(t/a)	削减率 TN/%	削减率 TP/%
松华坝水源保护区	6538.3	2872.3	3578	2106.8	2960.3	765.5	45.3	26.7
城西草海汇水区	419.5	281.3	161.5	169.3	258	112.0	61.5	39.8
外海北岸重污染排水区	968.0	752.1	216.0	365.8	752	386.2	77.7	51.3

子流域	基准年产生量 TN/(t/a)	基准年产生量 TP/(t/a)	最大允许产生量 TN/(t/a)	最大允许产生量 TP/(t/a)	最小削减量 TN/(t/a)	最小削减量 TP/(t/a)	削减率 TN/%	削减率 TP/%
外海东北岸城市-城郊-农村复合污染区	3263.7	1298.3	628.7	825.0	2635	473.3	80.7	36.5
外海东岸新城控制区	6449.8	2686.8	1226.8	1410.5	5223	1276.3	81	47.5
外海东南岸农业面源控制区	7993.4	3437.6	2944.1	2003.9	5049.3	1433.8	63.2	41.7
外海西南岸高富磷区	2125.3	889.2	1141.3	598.0	984	291.1	46.3	32.7
外海西岸湖滨散流区	701.0	343.5	125.0	178.1	576	165.5	82.2	48.2
外海合计	28039.5	12279.8	9859.9	7488.1	18179.6	4791.7	64.8	39.0
滇池合计	28459	12561.1	10021.4	7657.4	18437.6	4903.7	64.8	39.0

4. Ⅴ类水质目标下农业面源总量分配

为了使约束性指标达到Ⅴ类水平,滇池流域农业面源的 TN、TP 最大允许产生量分别为 13979t/a 和 11616.6t/a,在 2009 年的基础上至少需要分别削减 14480t/a 和 944.5t/a,削减率分别为 50.9%和 7.5%(表 3-18)。从整个流域看,外海的削减量占据全流域的绝大部分,TN 为 14243t/a,TP 为 944.5t/a,比例分别为 98.4%和 100%。

表 3-18　达标Ⅴ类水质目标下各子流域农业面源削减状况

子流域	基准年产生量 TN/(t/a)	基准年产生量 TP/(t/a)	最大允许产生量 TN/(t/a)	最大允许产生量 TP/(t/a)	最小削减量 TN/(t/a)	最小削减量 TP/(t/a)	削减率 TN/%	削减率 TP/%
松华坝水源保护区	6538.3	2872.3	3884.3	2607.1	2654.0	265.2	40.6	9.2
城西草海汇水区	419.5	281.3	182.5	281.3	237.0	0.0	56.5	0.0
外海北岸重污染排水区	968.0	752.1	266.0	752.1	702.0	0.0	72.5	0.0
外海东北岸城市-城郊-农村复合污染区	3263.7	1298.3	1264.7	1171.1	1999.0	127.2	61.2	9.8
外海东岸新城控制区	6449.8	2686.8	2915.8	2399.2	3534.0	287.6	54.8	10.7
外海东南岸农业面源控制区	7993.4	3437.6	4004.4	3173.1	3989.0	264.5	49.9	7.7
外海西南岸高富磷区	2125.3	889.2	1181.3	889.2	944.0	0.0	44.4	0.0
外海西岸湖滨散流区	701.0	343.5	280.0	343.5	421.0	0.0	60.1	0.0
外海合计	28039.5	12279.8	13796.5	11335.3	14243	944.5	50.8	7.7
滇池合计	28459	12561.1	13979	11616.6	14480	944.5	50.9	7.5

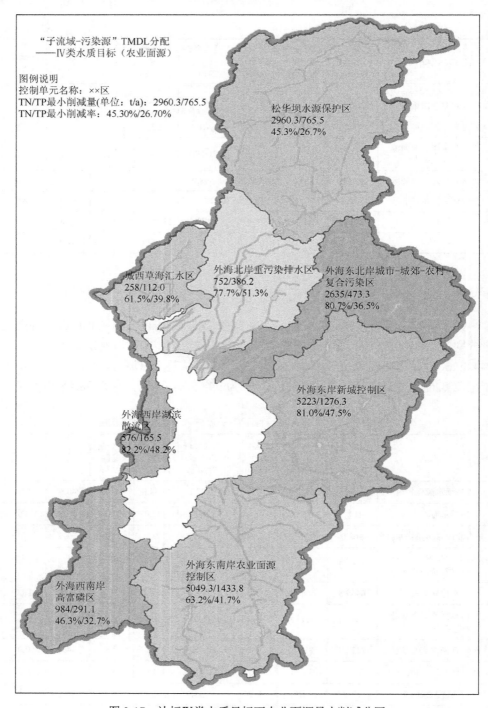

图 3-17　达标Ⅳ类水质目标下农业面源最小削减分区

从各个子流域的最小削减量来看,TN 削减规模最大的依旧集中在外海东南岸农业面源控制区、外海东岸新城控制区、松华坝水源保护区及外海东北岸城市-城郊-农村复合污染区,化肥施用 TN 折合纯量的削减规模分别为 3989.0t/a、3534.0t/a、2654.0t/a 和 1999.0t/a,削减率分别为 49.9%、54.8%、40.6%和 61.2%;削减量最小的依次是城西草海汇水区、外海西岸湖滨散流区、外海北岸重污染排水区和外海西南岸高富磷区,削减量依次为 237.0t/a、421.0t/a、702.0t/a 和 944.0t/a,对应的削减率分别为 56.5%、60.1%、72.5%和 44.4%(表 3-18 和图 3-18)。

TP 最小削减量最大的 4 个子流域依次是外海东岸新城控制区、松华坝水源保护区、外海东南岸农业面源控制区及外海东北岸城市-城郊-农村复合污染区,削减规模分别为 287.6t/a、265.2t/a、264.5t/a 和 127.2t/a,削减率分别为 10.7%、9.2%、7.7%和 9.8%(表 3-18)。其他 4 个子流域在Ⅴ类水质标准下,削减量均为 0。城西草海汇水区和外海北岸重污染排水区主要是城市面源,农业面源本身产生量不高;外海西南岸高富磷区和外海西岸湖滨散流区主要是流域面积小,且在流域的下游,TN 和 TP 产生量对滇池的影响相对较小。

对比Ⅲ类和Ⅳ类水质标准下的农业面源削减状况可以看出,在Ⅴ类水质标准下,TN 和 TP 的削减量和削减率均有较大幅度的下降。尤其是 TP,在Ⅴ类水质标准下,各个子流域的削减率几乎均小于 10%,更有一半的子流域无需削减即可达到最大允许产生量的要求。这种状况从侧面反映了目前滇池流域主要的污染源集中在城镇生活点源上。在Ⅴ类水质标准下,整个流域的城镇生活点源得到有效控制后,其他污染源的削减压力会大大降低。从以上的分析也可以看出,在不考虑内源影响的前提下,滇池 TN 的削减压力比 TP 更高。因此,前期营养物的削减需要加强对 TN 的控制。

3.3.4　规划年总量控制目标

基于何成杰(2011)的研究成果,确定了滇池流域水环境承载力。在Ⅲ类水质约束条件下,流域环境系统所能承载的人口总数为 127 万人,经济总量为 448 亿元;在Ⅳ类水质约束条件下,可承载的人口总数为 224 万人,经济总量为 786 亿元;在Ⅴ类水质约束条件下,可承载的人口总数为 294 万人,经济总量为 1033 亿元。与流域社会经济发展现状相比较,即使在Ⅴ类水质目标下,人口约超载 60 万人。

确定了"流域-控制单元-污染源"多尺度容量总量控制(TMDL)方案,根据近期水质目标,滇池 TN、TP 最大允许入湖负荷分别为 2335.3t/a、96.6t/a。主要污染物 TN、TP 的入湖负荷量分别为其最大允许入湖负荷的 3 倍、2.2 倍,远超滇池水环境容量。对"流域-控制单元"的 N、P 最小削减量和削减率而言,滇池流域 TN、TP 入湖负荷在 2009 年的基础上至少需要削减 4696.5t/a 和 111.9t/a,

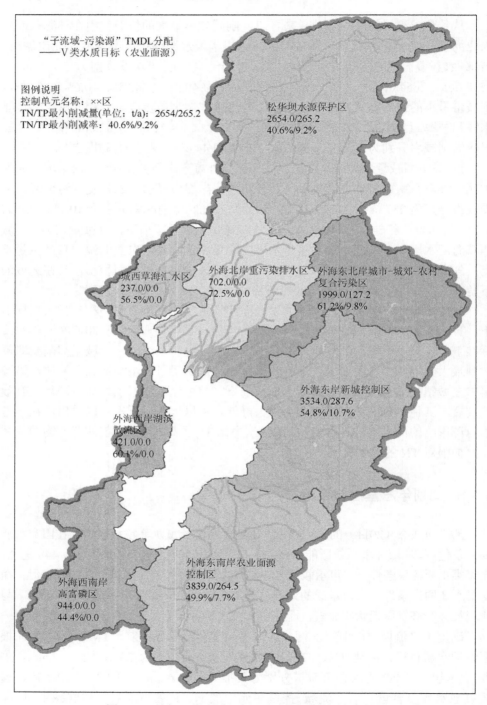

"子流域-污染源"TMDL分配
——V类水质目标（农业面源）

图例说明
控制单元名称：××区
TN/TP最小削减量(单位：t/a)：2654/265.2
TN/TP最小削减率：40.6%/9.2%

松华坝水源保护区
2654.0/265.2
40.6%/9.2%

城西草海汇水区
237.0/0.0
56.5%/0.0

外海北岸重污染排水区
702.0/0.0
72.5%/0.0

外海东北岸城市-城郊-农村
复合污染区
1999.0/127.2
61.2%/9.8%

外海东岸新城控制区
3534.0/287.6
54.8%/10.7%

外海西岸湖滨
散流区
421.0/0.0
60.1%/0.0

外海东南岸农业面源
控制区
3839.0/264.5
49.9%/7.7%

外海西南岸
高富磷区
944.0/0.0
44.4%/0.0

图 3-18　达标 V 类水质目标下农业面源最小削减分区

削减率分别为 66.8%和 53.7%；其中，滇池外海的 TN、TP 最小入湖削减量分别为 3859t/a 和 92.9t/a，削减率分别为 68.4%和 54.8%；滇池草海的 TN、TP 最小入湖削减量分别为 837.6t/a 和 19t/a，削减率分别为 60.3%和 48.7%。对"控制单元-污染源"的 N、P 最小削减量和削减率而言，滇池流域城镇生活点源、农业面源、城市非点源 TN 最大允许排放量分别为 2592t/a、9694t/a（为施肥量）、623t/a；城镇生活点源、农业面源、城市非点源 TP 最大允许排放量分别为 148t/a、4283t/a（为施肥量）、37t/a。

以上是在基准年营养物产生量的基础上，需要达成各类水质目标时所采取的总量控制分配方案。相应地，通过 4 种不同的社会经济发展情景，预测得到不同年度、不同水质目标下 TN 和 TP 需要达到的总量控制目标，分别见表 3-19～表 3-22。后续各子流域的削减方案都需要在该控制目标的约束下进行。例如，在Ⅲ类水质目标下，预测得到不同水情条件（丰、平、枯）下滇池的水质响应，即 2030 年滇池 TP 浓度为 0.045～0.048mg/L，TN 浓度为 0.87～0.93mg/L，滇池外海水质浓度均满足湖泊Ⅲ类水质目标，那么 2030 年 4 种情景下外海和草海的 TP 总量控制目标分别为 1704t/a 和 557t/a、1981t/a 和 621t/a、1559t/a 和 511t/a、1823t/a 和 521t/a。

表 3-19　情景一总量控制目标　　　　　　　（单位：t/a）

水质标准	TN				TP			
	外海		草海		外海		草海	
	2020 年	2030 年	2020 年	2030 年	2020 年	2030 年	2020 年	2030 年
Ⅲ	13060	14978	5270	5590	1540	1704	509	557
Ⅳ	12752	14670	5268	5588	1518	1682	508	556
Ⅴ	12305	14223	5265	5585	1504	1669	507	555

表 3-20　情景二总量控制目标　　　　　　　（单位：t/a）

水质标准	TN				TP			
	外海		草海		外海		草海	
	2020 年	2030 年	2020 年	2030 年	2020 年	2030 年	2020 年	2030 年
Ⅲ	15278	19340	5614	6270	1676	1981	540	621
Ⅳ	14970	19032	5612	6268	1654	1959	539	620
Ⅴ	14523	18585	5609	6265	1640	1945	538	619

表 3-21　情景三总量控制目标　　　　　（单位：t/a）

水质标准	TN				TP			
	外海		草海		外海		草海	
	2020 年	2030 年	2020 年	2030 年	2020 年	2030 年	2020 年	2030 年
III	12268	13150	4914	5090	1470	1559	477	511
IV	11960	12842	4912	5088	1448	1537	476	510
V	11513	12395	4909	5085	1435	1524	475	510

表 3-22　情景四总量控制目标　　　　　（单位：t/a）

水质标准	TN				TP			
	外海		草海		外海		草海	
	2020 年	2030 年	2020 年	2030 年	2020 年	2030 年	2020 年	2030 年
III	13629	16561	5023	5278	1572	1823	486	521
IV	13321	16253	5021	5276	1550	1801	485	520
V	12874	15806	5018	5273	1537	1778	484	520

3.4　营养物质综合减排方案设计

从上述的综合评价过程可以看出，滇池流域最为核心和关键的水环境问题在于富营养化控制和生态系统恢复。富营养化控制的理论、方法和技术已在第 2 章进行了比较深入和详尽的阐述，总体而言，削减营养物质的入湖量是控制富营养化的基础和前提条件（金相灿，2003）。而湖泊流域的营养物产生及排放都是一个极其复杂的系统过程，因此需要综合性地针对全流域的综合污染防治规划，把流域上下游、入湖河口、河道各处的产污、排污、削减纳入统一的综合防治中来；把整个流域的社会经济发展、产业结构布局、人口规划及分布、污染削减工程、生态系统处理等综合起来，形成具备前瞻性与引导性的总体思路。这种为湖泊的富营养化控制提供综合、整体的全流域控制方案也体现了众多研究者长期以来一贯提倡的"规划先行"的控污理念（吴舜泽，2009；郭怀成等，2010；宋国君等，2010；刘永等，2012）。以 2020 年和 2030 年为两个规划期，设定III、IV和V类 3 种水质目标，对滇池流域的营养物减排进行方案设计。需要特别指出的是，虽然 2020 年达到III类甚至IV类水质目标的可能性非常小，但是本书还是对其进行方案设计，其目的是为了给决策者一个全面的营养物削减框架，让其了解这种情景下的削减难度，从而作出更符合实际情形的管理决策。

3.4.1　减排框架体系

综合运用第 2 章概述的营养物削减技术，总体而言，滇池流域的营养物质减排系统可以简化为"四位一体"综合减排框架体系。所谓四位一体，指的是结构减排、工程减排、管理减排、生态减排 4 种基本的减排方式相互补充、相辅相成，形成一个严密、周全的一体化流域综合减排体系。在 4 种减排方式中，正如第 2 章所阐述的，结构减排是基础，工程减排是主力，管理减排是常态，生态减排是补充。其中，结构减排以本书前期的研究成果滇池流域水环境承载力为基础（何成杰，2011），基于滇池流域"社会经济-水土资源-排放负荷"系统动力学模型及优化模型，分析流域人口、产业的合理承载力，评价流域经济发展过程中产业结构的减排方向和潜力，最大限度地优化产业的空间结构布局，实现产业的源头减排。工程减排是目前污染形势严峻、入湖污染物大大超过湖泊容量的条件下最为重要和关键的减排方式，是滇池流域水污染防治的核心。具体而言，工程减排是在各个子流域空间分异性特征的基础上，对整个流域进行子流域分区污染减排控制，根据各分区的污染源类型、污染负荷贡献比例、营养物削减的潜力等因素，在流域内构建源头削减、途径拦截与综合治理的污染物削减工程体系，减少入湖污染负荷。管理减排是指为了维护流域内水环境的管理治理，强化流域内陆地与湖体管理，把畜禽养殖、农业施肥、旅游污染、市政垃圾污染等人类活动纳入长效的管理中来，以管理手段促进污染减排。管理减排的潜力可以进行估计，但是具体的减排量却难以进行量化，因此其在减排框架体系中没有作为重点。生态减排，在某种意义上也可以称为工程减排，或者可以称作工程减排与生态减排相互结合，主要是指通过构建河口与湖滨带的近岸水域自然与人工湿地生态系统，以达到实现湖滨带水生生态系统恢复与营养物质协同削减的目标。

在流域尺度上，构建"结构减排→工程减排→管理减排→生态减排"的集成减排体系，各种减排方式的侧重点不同（图 3-19）。结构减排以流域水环境承载力为指导，分析流域人口、产业的合理承载力，评估结构减排的方向和可能性；优化产业的空间结构布局，实现产业源头减排。工程减排是滇池流域水污染防治的核心，在流域推行基于空间分异性特征的分区污染减排规划；根据污染源类型、污染负荷贡献率、污染物削减的可能性，在滇池流域的 8 个分区构建源头削减、途径拦截与综合治理的污染物削减体系，大规模削减入湖污染负荷。生态减排在滇池流域具有很好的实施条件，但也面临较大的挑战，基于湖滨"四退三还"现状及湖滨生态与工程、管理绩效，实施湖滨生态修复与生态闭合，实现良性湖滨带与污染物协同削减的目标。管理减排是维护良好水环境的长效手段，使水污染治理措施落到实处，起到实效的重要保障作用，采取法律、行政、经济、技术等手段，强化流域与湖体管理，流域治理与湖泊改善相结合，工程措施与非工程措施并举，以管理促进污染物减排。

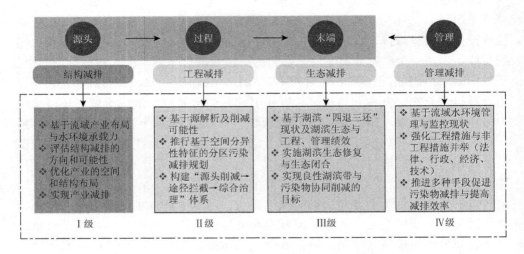

图 3-19　滇池流域"四位一体"污染集成减排体系

3.4.2　典型子流域综合减排方案设计

8 个子流域的综合减排方案设计的原则、方法和方案出台过程是一致的，只是根据不同子流域的特征在各种减排措施方面各有侧重。因此，本书拟选择一个典型的子流域进行营养物综合减排方案设计的说明。现选择 C1 城西草海汇水区进行减排方案设计的详细阐述。①结构减排以流域水环境承载力为指导，分析流域人口、产业的合理承载力，评估结构减排的方向和可能性；优化产业的空间结构布局，实现产业源头减排。②工程减排是滇池流域水污染防治的核心，在流域推行基于空间分异性特征的分区污染减排规划；根据污染源类型、污染负荷贡献率、污染物削减的可能性，在子流域内构建源头削减、途径拦截与综合治理的污染物削减体系，削减入湖污染负荷。③生态减排与工程减排相结合，通过湖滨带和河口的自然与人工湿地恢复来达到实现良性湖滨带与污染物协同削减的目标。④管理减排是维护良好水环境的长效手段，强化流域与湖体管理，以管理促进污染物减排。

1. 问题识别与诊断

城西草海汇水区存在的问题主要是：草海 TN、TP 含量超标，片区入湖河流的 TN、TP 含量超标。2009 年，草海中心 TN、TP 含量均超出 V 类标准（分别为 2.0mg/L 和 0.2mg/L），年内草海的 TN 含量为 10～16mg/L，TP 含量为 0.5～1.8mg/L。城西草海汇水区内有 5 条河流最终流入草海，分别为新运粮河、老运粮河、乌龙河、大观河及王家堆渠。5 条河的 TN 含量都远远超过 V 类水（＞2.0mg/L）；新运粮河 TN 含量为 5～43mg/L；老运粮河、大观河及王家堆渠为 10～23mg/L；而乌龙河波动最大，为 5～90mg/L。5 条河流 TP 水质也均为劣 V 类（＞0.4mg/L）；新运粮河 TP 含量为 0.4～3.5mg/L；老运粮河为 0.5～3.0mg/L；乌龙河则为 0.4～10mg/L；王家堆渠为 0.7～2.5mg/L；大观河为 0.5～2.0mg/L。可见，城西草海汇水区各入湖河流的水质对湖体水质的影响巨大。

产生上述问题的主要原因有二：其一是生活点源及农业施肥作为两大主要污染源排放量大。城西草海汇水区产生负荷的污染源有城镇生活点源、乡村生活点源、工业点源、三产点源、农业施肥、畜禽养殖和城市面源。2009 年片区 TN 污染负荷为 3913.7t/a，城镇生活点源及农业施肥所产生的 TN 负荷分别占 TN 总负荷的 79.91% 和 10.56%；TP 总负荷为 564.3t/a，城镇生活污染和农业施肥分别占总量的 48.34% 和 46.78%。片区内土地利用方式简单，建筑用地占总面积的 49.88%，林地面积则占总面积的 37.74%，且两种土地分界明显，建筑用地全部集中在靠近草海的一边。同时，片区内城镇人口占总人口的 98% 以上，因而片区内污染治理相对简单，集中在建筑用地所在区域即可。其二是污水处理厂收集率不高，无机 N 处理效率不高。片区内市第三污水处理厂的污水处理量为每年 5361.62 万 m^3，日处理量达 15 万 m^3，收集到的 TN、TP 量分别为 2111.6t/a 和 307.0t/a，污水处理厂的收集率分别为 53.50% 和 51.40%。同时，三污处理的污水中有 30% 的雨水和 15.5% 的地下水渗入量，因此三污的生活点源收集率在 55% 以下。三污 TN 去除率为 58.27%，TP 去除率为 78.12%，$NH_3\text{-}N$ 去除率为 85.01%，因而可以在无机 N 的处理上增加相应工艺。

2. 规划目标及削减思路

按照前文所述，将分为 2020 年与 2030 年两个规划期，Ⅲ、Ⅳ 和 V 3 类水质目标，同时，将滇池流域在未来两个时期内可能的发展方式分为基准发展、积极发展、限制发展及优化发展 4 种情景，对前文识别出来的特征营养物 TN、TP 进行综合削减方案设计。首先对两个时期 4 种发展情景下，该子流域内 TN、TP 的产生量进行预测，得到 8 组污染负荷数据，之后运用 EFDC 模型模拟草海和外海 Ⅲ、Ⅳ 和 V 3 种水质目标下每年所能接纳的污染物总量，以确定该规划期内需要削减的 TN、TP 负荷量。在确定负荷削减总量之后，针对各污染源的特点，将总负荷削减量分配到各个污染源中，确定各污染源相应的污染治理工程措施。

在分配负荷削减量时，将城西草海汇水区中的污染源按治理难度由易到难排序，依次为点源污染、农业面源污染和城市面源污染，因此其治理思路为结合城西草海汇水区内已有规划，优先治理点源污染（生活点源、工业点源、三产点源），当治理达到一定程度，使得治理成本过高而又未达到水质目标时，再控制农业面源污染（农业施肥），然后再对城市面源污染进行治理，最终达到草海水质实现一定水质目标的结果。城西草海汇水区的规划思路如图 3-20 所示。

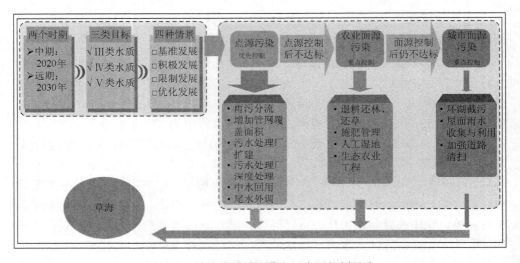

图 3-20　滇池流域城西草海汇水区规划思路

在上述思路的指导下，规划首先对 2020 年中期和 2030 年长期城西草海汇水区不同发展情景下，片区内生活点源、工业点源、三产点源、农业施肥和城市面源的 TN、TP 产生量进行预测，再对 3 类不同水质目标下草海每年所能接纳的 TN、TP 排放量进行预测，得到城西草海汇水区 2020 年及 2030 年 2 个时期的规划目标情景（表 3-23 和表 3-24），各表中根据水质目标分为Ⅲ、Ⅳ和Ⅴ类水质 3 种情景，分别对应特定的污染物最终允许入湖量。同时，对于每类水质目标，城西草海汇水片区都有 4 种可能的发展模式，即基准发展、积极发展、限制发展及优化发展 4 种模式，每种模式有其对应的污染物产生量，污染物产生总量由小到大依次为限制发展＜优化发展＜基准发展＜积极发展。

该区 2020 年和 2030 年 4 种发展情景下 3 种水质目标 TN 和 TP 的允许排放量、产生量、削减量、削减率、允许入湖量等见表 3-23 和表 3-24。表 3-23 和表 3-24 详细展示了Ⅲ类水质：2020 年中期、2030 年远期；Ⅳ类水质：2020 年中期、2030 年远期；Ⅴ类水质：2020 年中期、2030 年远期 6 种情景下各污染源的产生量、削减量、入湖负荷量、最小削减率等结果。表格中"源头允许排放量"为各污染源产生的污染物经过源头削减后所能排放出的污染物量,下面每种情景对应的第一行是预测该情景 TN、TP 各污染源产生量,第二行是产生量减去最开始的"源头允许排放量"所得的源头削减量。而各情景数据下的"入湖削减前负荷量"为污染物经过源头削减后,所排放出的污染负荷经过地表过程到达入湖口的污染负荷。城西草海汇水区在规划中不设置湖边湿地,因而最终允许入湖量就等于"入湖削减前负荷量",入湖削减率为 0。

表 3-23　滇池流域城西草海汇水区 2020 年规划目标情景

污染物		TN					TP				
来源		生活	工业	三产	农业施肥	城市	生活	工业	三产	农业施肥	城市
目标		III类水									
源头允许排放量/(t/a)		782.70	0.00	0.00	161.54	112.35	44.39	0.00	0.00	108.31	6.80
基准发展	产生量/(t/a)	3860.26	54.05	132.79	340.28	224.71	338.30	8.14	17.74	224.58	13.60
	削减量/(t/a)	3077.56	54.05	132.79	178.74	112.35	293.90	8.14	17.74	116.27	6.80
	削减率/%	79.72	100.00	100.00	52.53	50.00	86.88	100.00	100.00	51.77	50.00
积极发展	产生量/(t/a)	4154.58	68.73	142.94	340.28	224.71	363.72	9.97	19.09	224.58	13.60
	削减量/(t/a)	3371.88	68.73	142.94	178.74	112.35	319.33	9.97	19.09	116.27	6.80
	削减率/%	81.16	100.00	100.00	52.53	50.00	87.80	100.00	100.00	51.77	50.00
限制发展	产生量/(t/a)	3595.18	39.46	103.04	340.28	224.71	315.24	6.74	16.52	224.58	13.60
	削减量/(t/a)	2812.49	39.46	103.04	178.74	112.35	270.85	6.74	16.52	116.27	6.80
	削减率/%	78.23	100.00	100.00	52.53	50.00	85.92	100.00	100.00	51.77	50.00
优化发展	产生量/(t/a)	3752.64	46.26	129.09	340.28	224.71	328.87	7.19	17.24	224.58	13.60
	削减量/(t/a)	2969.95	46.26	129.09	178.74	112.35	284.48	7.19	17.24	116.27	6.80
	削减率/%	79.14	100.00	100.00	52.53	50.00	86.50	100.00	100.00	51.77	50.00
入湖削减前负荷量/(t/a)		547.23					18.89				
允许入湖量/(t/a)		547.23					18.89				
入湖削减量/(t/a)		0					0				
入湖削减率/%		0					0				
目标		IV类水									
源头允许排放量/(t/a)		782.70	0.00	0.00	161.54	112.35	44.39	0.00	0.00	169.29	6.80
基准发展	产生量/(t/a)	3860.26	54.05	132.79	340.28	224.71	338.30	8.14	17.74	224.58	13.60
	削减量/(t/a)	3077.56	54.05	132.79	178.74	112.35	293.90	8.14	17.74	55.29	6.80

污染物		TN					TP				
来源		生活	工业	三产	农业施肥	城市	生活	工业	三产	农业施肥	城市
目标						IV类水					
源头允许排放量/(t/a)		782.70	0.00	0.00	161.54	112.35	44.39	0.00	0.00	169.29	6.80
基准发展	削减率/%	79.72	100.00	100.00	52.53	50.00	86.88	100.00	100.00	24.62	50.00
积极发展	产生量/(t/a)	4154.58	68.73	142.94	340.28	224.71	363.72	9.97	19.09	224.58	13.60
	削减量/(t/a)	3371.88	68.73	142.94	178.74	112.35	319.33	9.97	19.09	55.29	6.80
	削减率/%	81.16	100.00	100.00	52.53	50.00	87.80	100.00	100.00	24.62	50.00
限制发展	产生量/(t/a)	3595.18	39.46	103.04	340.28	224.71	315.24	6.74	16.52	224.58	13.60
	削减量/(t/a)	2812.49	39.46	103.04	178.74	112.35	270.85	6.74	16.52	55.29	6.80
	削减率/%	78.23	100.00	100.00	52.53	50.00	85.92	100.00	100.00	24.62	50.00
优化发展	产生量/(t/a)	3752.64	46.26	129.09	340.28	224.71	328.87	7.19	17.24	224.58	13.60
	削减量/(t/a)	2969.95	46.26	129.09	178.74	112.35	284.48	7.19	17.24	55.29	6.80
	削减率/%	79.14	100.00	100.00	52.53	50.00	86.50	100.00	100.00	24.62	50.00
入湖削减前负荷量/(t/a)				547.23					19.03		
允许入湖量/(t/a)				547.23					19.03		
入湖削减量/(t/a)				0					0		
入湖削减率/%				0					0		
目标						V类水					
源头允许排放量/(t/a)		782.70	0.00	0.00	182.54	112.35	44.39	0.00	0.00	224.58	6.80
基准发展	产生量/(t/a)	3860.26	54.05	132.79	340.28	224.71	338.30	8.14	17.74	224.58	13.60
	削减量/(t/a)	3077.56	54.05	132.79	157.74	112.35	293.90	8.14	17.74	0	6.80
	削减率/%	79.72	100.00	100.00	46.36	50.00	86.88	100.00	100.00	0	50.00
积极发展	产生量/(t/a)	4154.58	68.73	142.94	340.28	224.71	363.72	9.97	19.09	224.58	13.60
	削减量/(t/a)	3371.88	68.73	142.94	157.74	112.35	319.33	9.97	19.09	0	6.80
	削减率/%	81.16	100.00	100.00	46.36	50.00	87.80	100.00	100.00	0	50.00
限制发展	产生量/(t/a)	3595.18	39.46	103.04	340.28	224.71	315.24	6.74	16.52	224.58	13.60
	削减量/(t/a)	2812.49	39.46	103.04	157.74	112.35	270.85	6.74	16.52	0	6.80
	削减率/%	78.23	100.00	100.00	46.36	50.00	85.92	100.00	100.00	0	50.00

续表

污染物		TN					TP				
来源		生活	工业	三产	农业施肥	城市	生活	工业	三产	农业施肥	城市
目标		V类水									
源头允许排放量/(t/a)		782.70	0.00	0.00	182.54	112.35	44.39	0.00	0.00	224.58	6.80
优化发展	产生量/(t/a)	3752.64	46.26	129.09	340.28	224.71	328.87	7.19	17.24	224.58	13.60
	削减量/(t/a)	2969.95	46.26	129.09	157.74	112.35	284.48	7.19	17.24	0	6.80
	削减率/%	79.14	100.00	100.00	46.36	50.00	86.50	100.00	100.00	0	50.00
入湖削减前负荷量/(t/a)		551.53					19.61				
允许入湖量/(t/a)		551.53					19.61				
入湖削减量/(t/a)		0					0				
入湖削减率/%		0					0				

表 3-24　滇池流域城西草海汇水区 2030 年规划目标情景

污染物		TN					TP				
来源		生活	工业	三产	农业施肥	城市	生活	工业	三产	农业施肥	城市
目标		III类水									
源头允许排放量/(t/a)		782.70	0.00	0.00	161.54	112.35	44.39	0.00	0.00	108.31	6.80
基准发展	产生量/(t/a)	4176.32	96.53	150.72	290.26	224.71	372.17	15.45	20.13	191.57	13.60
	削减量/(t/a)	3393.63	96.53	150.72	128.72	112.35	327.78	15.45	20.13	83.26	6.80
	削减率/%	81.26	100.00	100.00	44.35	50.00	88.07	100.00	100.00	43.46	50.00
积极发展	产生量/(t/a)	4668.28	141.26	168.50	290.26	224.71	415.77	21.24	22.50	191.57	13.60
	削减量/(t/a)	3885.59	141.26	168.50	128.72	112.35	371.38	21.24	22.50	83.26	6.80
	削减率/%	83.23	100.00	100.00	44.35	50.00	89.32	100.00	100.00	43.46	50.00
限制发展	产生量/(t/a)	3733.94	64.92	167.88	290.26	224.71	333.04	13.97	17.99	191.57	13.60
	削减量/(t/a)	2951.25	64.92	167.88	128.72	112.35	288.65	13.97	17.99	83.26	6.80
	削减率/%	79.04	100.00	100.00	44.35	50.00	86.67	100.00	100.00	43.46	50.00
优化发展	产生量/(t/a)	4081.03	84.80	147.30	290.26	224.71	363.47	14.46	19.67	191.57	13.60
	削减量/(t/a)	3298.34	84.80	147.30	128.72	112.35	319.08	14.46	19.67	83.26	6.80
	削减率/%	80.82	100.00	100.00	44.35	50.00	87.79	100.00	100.00	43.46	50.00
入湖削减前负荷量/(t/a)		547.23					18.89				
允许入湖量/(t/a)		547.23					18.89				

续表

污染物		TN					TP				
来源		生活	工业	三产	农业施肥	城市	生活	工业	三产	农业施肥	城市
目标		III类水									
源头允许排放量/(t/a)		782.70	0.00	0.00	161.54	112.35	44.39	0.00	0.00	108.31	6.80
入湖削减量/(t/a)		0					0				
入湖削减率/%		0					0				
目标		IV类水									
源头允许排放量/(t/a)		782.70	0.00	0.00	161.54	112.35	44.39	0.00	0.00	169.29	6.80
基准发展	产生量/(t/a)	4176.32	96.53	150.72	290.26	224.71	372.17	15.45	20.13	191.57	13.60
	削减量/(t/a)	3393.63	96.53	150.72	128.72	112.35	327.78	15.45	20.13	22.28	6.80
	削减率/%	81.26	100.00	100.00	44.35	50.00	88.07	100.00	100.00	11.63	50.00
积极发展	产生量/(t/a)	4668.28	141.26	168.50	290.26	224.71	415.77	21.24	22.50	191.57	13.60
	削减量/(t/a)	3885.59	141.26	168.50	128.72	112.35	371.38	21.24	22.50	22.28	6.80
	削减率/%	83.23	100.00	100.00	44.35	50.00	89.32	100.00	100.00	11.63	50.00
限制发展	产生量/(t/a)	3733.94	64.92	167.88	290.26	224.71	333.04	13.97	17.99	191.57	13.60
	削减量/(t/a)	2951.25	64.92	167.88	128.72	112.35	288.65	13.97	17.99	22.28	6.80
	削减率/%	79.04	100.00	100.00	44.35	50.00	86.67	100.00	100.00	11.63	50.00
优化发展	产生量/(t/a)	4081.03	84.80	147.30	290.26	224.71	363.47	14.46	19.67	191.57	13.60
	削减量/(t/a)	3298.34	84.80	147.30	128.72	112.35	319.08	14.46	19.67	22.28	6.80
	削减率/%	80.82	100.00	100.00	44.35	50.00	87.79	100.00	100.00	11.63	50.00
入湖削减前负荷量/(t/a)		547.23					19.03				
允许入湖量/(t/a)		547.23					19.03				
入湖削减量/(t/a)		0					0				
入湖削减率/%		0					0				
目标		V类水									
源头允许排放量/(t/a)		782.70	0.00	0.00	182.54	112.35	44.39	0.00	0.00	191.57	6.80
基准发展	产生量/(t/a)	4176.32	96.53	150.72	290.26	224.71	372.17	15.45	20.13	191.57	13.60
	削减量/(t/a)	3393.63	96.53	150.72	107.72	112.35	327.78	15.45	20.13	0	6.80
	削减率/%	81.26	100.00	100.00	37.11	50.00	88.07	100.00	100.00	0	50.00

续表

污染物		TN					TP				
来源		生活	工业	三产	农业施肥	城市	生活	工业	三产	农业施肥	城市
目标		V 类水									
源头允许排放量/(t/a)		782.70	0.00	0.00	182.54	112.35	44.39	0.00	0.00	191.57	6.80
积极发展	产生量/(t/a)	4668.28	141.26	168.50	290.26	224.71	415.77	21.24	22.50	191.57	13.60
	削减量/(t/a)	3885.59	141.26	168.50	107.72	112.35	371.38	21.24	22.50	0	6.80
	削减率/%	83.23	100.00	100.00	37.11	50.00	89.32	100.00	100.00	0	50.00
限制发展	产生量/(t/a)	3733.94	64.92	167.88	290.26	224.71	333.04	13.97	17.99	191.57	13.60
	削减量/(t/a)	2951.25	64.92	167.88	107.72	112.35	288.65	13.97	17.99	0	6.80
	削减率/%	79.04	100.00	100.00	37.11	50.00	86.67	100.00	100.00	0	50.00
优化发展	产生量/(t/a)	4081.03	84.80	147.30	290.26	224.71	363.47	14.46	19.67	191.57	13.60
	削减量/(t/a)	3298.34	84.80	147.30	107.72	112.35	319.08	14.46	19.67	0	6.80
	削减率/%	80.82	100.00	100.00	37.11	50.00	87.79	100.00	100.00	0	50.00
入湖削减前负荷量/(t/a)		547.23					19.03				
允许入湖量/(t/a)		547.23					19.03				
入湖削减量/(t/a)		0					0				
入湖削减率/%		0					0				

以 2020 年为例，规划中首先确定城市面源通过实行管理、工程措施进行源头削减去除掉 50%的污染负荷，剩下点源（生活、工业、三产）和农业面源分担源头削减负荷。在 V 类水质目标下，各情景 TN 的点源削减率综合为 80%左右，TP 的为 87%左右，此时点源治理成本较高，进而对农业面源进行负荷削减，削减率分别为 46.36%及 0，即 TP 只削减点源已能满足要求。而在 IV 类水质目标下，TN、TP 点源削减率不变，农业面源的削减率增加，再到 V 类水质目标时，继续增加农业面源削减率。两表中规划情景可分为 6 种，即 III 类水质：2020 年中期、2030 年远期；IV 类水质：2020 年中期、2030 年远期；V 类水质：2020 年中期、2030 年远期。确定各种情景下的削减目标后，再根据该区的实际情况设计相应的削减方案。

3. 削减方案备选

1）已有相关规划

根据现有规划资料，第三污水处理厂规划投资 33467 万元，2010 年将处理能力由 15 万 m^3/d 扩建至 21 万 m^3/d，并配套 21 万 m^3/d 深度处理设施及更新相关处理设施，水质达一级 A 标准；同时，新建 34.7 万 m^3/d 雨季合流污水强化一级处理设施，雨季总规模为 $62m^3/d$。同时，在《滇池流域水污染防治规划（2011—2015年)》昆明市拟实施项目中城西草海汇水区对新建污水处理厂、尾水处理厂及再生水管网工程都有相关规划，见表 3-25。

表 3-25 滇池流域城西草海汇水区"十二五"期间相关规划

项目名称	项目内容及规模	投资/万元	实施年限
第九污水处理厂建设	在城西片区建设第九污水处理厂，规模 8.5 万 m^3/d，控制新运粮河水系污染	25500	2011～2012 年
主城西片区再生水处理站建设工程	第三污水处理厂建设中水处理站，规模 5.4 万 m^3/d	4377	2010～2015 年
	第九污水处理厂建设中水处理站，规模 1.5 万 m^3/d		
第三和第九污水处理厂再生水管网工程	供水面积为 $34km^2$，管径 DN100～DN300，管道长度 35730m	1520	2010～2015 年
污水处理厂尾水外排泵站及管网建设工程	在流域内修建两个排水泵站和 55km 排水管道，把草海第一、第三、第九污水处理厂 1.3 亿 m^3 和外海第七、第八污水处理厂尾水 1.1 亿 m^3 排入西园隧道	28500	2010～2015 年
城市雨水收集利用工程	在主城区的工业园区、生活小区、道路进行雨水收集处理及回用工程建设，完成总容积 50 万 m^3 的雨水收集池	30000	2010～2015 年

2）点源污染控制

点源的污染控制措施主要有处理工艺改进，污水处理厂改、扩建，新建污水处理厂、再生水厂及尾水外调。首先，对于不同发展情景有 4 种不同的点源产生量，而因为点源是优先控制污染源，所以在水质要求最低的 V 类水质标准时就将点源的削减量提升到了最大，因而对不同水质目标而言，其差别主要体现在面源污染控制上，点源上是没有差别的，点源污染负荷控制的差别主要体现在不同时期的不同情景上。

目前，该区第三污水处理厂 TN、TP 削减率分别为 58.27% 与 78.14%，考虑第三污水处理厂规划改建将会扩建并添加污水深度处理设施，随着时间的推移，污水处理工艺也会有所改进，并且改进工艺相对于新建、扩建污水处理厂更节约资金，因而设定 2020 年污水处理厂 TN、TP 削减率均提高 10%，至 2030 年则相对现状分别提高 20%、15%。根据以上思路，因各情景下点源削减率普遍为 80%～90%，因此这里点源收集率统一取 91%，计算得到最终污水处理厂处理规模及中水回用量、外调至安宁尾水量（表 3-26）。最后算出外调污水量占总外调水量的比例（何佳等，2015）。

表 3-26　城西草海汇水区污水处理厂规模计算结果

情景分析	污染负荷削减量/(t/a)				污水处理厂规模/(万 t/d)		尾水回用加外调量/(万 t/d)	
	2020 年		2030 年		2020 年	2030 年	2020 年	2030 年
	TN	TP	TN	TP				
基准发展	3264	320	3641	363	30.3	33.1	22.8	24.7
积极发展	3584	348	4195	415	32.7	37.3	26.8	34.0
限制发展	2955	294	3184	321	28.0	29.7	19.0	17.0
优化发展	3145	309	3530	353	29.4	32.3	21.2	22.8

3）农业面源削减

农业面源削减的措施主要有农业产业结构调整以减少施肥量和退耕还林、还草、还湖工程。目前，城西草海汇水区的耕地年施肥量 N 为 500.2kg/hm^2、P 为 330.1kg/hm^2，陈连东等（1991）、沈佐和孙时轩（1989）分别利用产量反应曲面方程获得合适的施肥量，N 分别为 291.58kg/hm^2 和 213.2kg/hm^2，P 分别为 129.25kg/hm^2 和 254.1kg/hm^2。本书取二者均值，即施肥量 N 为 252.39kg/hm^2、P 为 191.675kg/hm^2。那么通过这种农业产业结构调整，可以实现每年施肥量 N 降低 247.81kg/hm^2、P 降低 138.425kg/hm^2。退耕还林、还草、还湖工程主要是将已有的耕地转换成为不需要施肥的林地、草地及湖面，从而直接减少化肥的施用量。一般而言，还林范围为优先保护区范围内 25°坡度以上的耕地。

在进行农业面源污染控制时，首先预测 2020 年及 2030 年片区的耕地面积，分别为 680.3hm^2 与 580.3hm^2。若情景预测结果对农业面源有削减要求，则先采取方案一将耕地转变为经济林等用地以降低负荷。若全部耕地都已转变为经济林则不能达标，那么进一步考虑将其中一部分耕地退为不施肥林地或草地，表 3-27 是根据不同水质目标算得的耕地变更面积。

表 3-27　城西草海汇水区农业面源削减量及耕地变更面积

水质目标	2020 年				2030 年			
	TN/(t/a)	TP/(t/a)	农业产业结构调整/hm^2	退耕还林、还草、还湖/hm^2	TN/(t/a)	TP/(t/a)	农业产业结构调整/hm^2	退耕还林、还草、还湖/hm^2
Ⅲ类水	178.74	116.27	565.0	115.3	128.72	83.26	565.0	15.3
Ⅳ类水	178.74	55.29	640.0	40.3	128.72	22.28	519.4	0.0
Ⅴ类水	157.74	0.00	636.6	0.0	107.72	0.00	434.7	0.0

4）城市面源削减

城市面源治理主要有加强道路清扫与冲洗、建设雨水站、进行屋面雨水收集与利用等措施。该区考虑的方案为新建雨水站对雨水进行一级 A 标处理，在汛期时配合三污新建的 34.7 万 m^3/d 雨季合流污水强化一级处理设施处理雨水。由于城市面源污染负荷主要集中在暴雨前期，因而污水处理厂应该能处理掉相当部分的负荷。其中，雨水站的建设费用可以用一级污水处理厂的建设费用，根据《城市污水处理工程项目建设标准》计算的系数为：V 类 1036 万元/(万 m^3/d)，IV 类 1085 万元/(万 m^3/d)。

4. 削减方案情景分析

在不同的水质目标下，所设计的削减方案的处理能力有所区别，III 类水质目标下，2020 年和 2030 年 4 种发展情景下的控制措施分别如下：2020 年时，基准发展情景下，需建设 30.3 万 m^3/d 的污水处理厂以控制点源，除已规划的 21 万 m^3/d 的三污外，还需新建一座 9.5 万 m^3/d 的污水处理厂，同时还需按规划建设第三和第九再生水厂共 6.9 万 m^3/d，除再生水回用 6.9 万 m^3/d 外，还需外调 15.9 万 m^3/d 污水处理厂尾水至安宁，农业面源控制则有 565.0hm^2 实施农业产业结构调整措施，同时 115.3hm^2 耕地面积变为林地、草地或水域；积极发展情景下，需建设 32.7 万 m^3/d 的污水处理厂，除三污外，还需建一座 12 万 m^3/d 的污水处理厂，中水回用量 6.9 万 m^3/d，外调 19.9 万 m^3/d，农业面源有 565.0hm^2 实施农业产业结构调整措施，同时 115.3hm^2 耕地面积变为林地、草地或水域；限制发展情景下，需建设 28.0 万 m^3/d 的污水处理厂，除三污外，还需建一座 7 万 m^3/d 的污水处理厂，中水回用量 6.9 万 m^3/d，外调 12.1 万 m^3/d，农业面源有 565.0hm^2 实施农业产业结构调整措施，同时 115.3hm^2 耕地面积变为林地、草地或水域；优化发展情景下，需建设 29.4 万 m^3/d 的污水处理厂，规划中的三污和九污处理量为 29.5 万 m^3/d，正好满足要求，中水回用量 6.9 万 m^3/d，外调 14.3 万 m^3/d，农业面源有 565.0hm^2 实施农业产业结构调整，同时 115.3hm^2 耕地面积变为林地、草地或水域。

2030 年时，基准发展情景下，需建设 33.1 万 m^3/d 的污水处理厂以控制点源，除已规划的 21 万 m^3/d 的三污外，还需新建一座 12.1 万 m^3/d 的污水处理厂，同时还需按规划建设第三和第九再生水厂共 6.9 万 m^3/d，再外调 17.8 万 m^3/d 污水处理厂尾水至安宁，农业面源控制则有 565.0hm^2 实施农业产业结构调整措施，同时 15.3hm^2 耕地面积变为林地、草地或水域；积极发展情景下，需建设 37.3 万 m^3/d 的污水处理厂，除三污外，还需建一座 16.5 万 m^3/d 的污水处理厂，中水回用量 6.9 万 m^3/d，外调 27.1 万 m^3/d，农业面源有 565.0hm^2 实施农业产业结构调整措施，同时 15.3hm^2 耕地面积变为林地、草地或水域；限制发展情景下，需建设 29.7 万 m^3/d 的污水处理厂，除三污外，还需建一座 9 万 m^3/d 的污水处理厂，中水回用量 6.9 万 m^3/d，外调 10.1 万 m^3/d，农业面源有 565.0hm^2 实施农业产业结构调整措施，同时 15.3hm² 耕地面积变为林地、草地或水域；优化发展情景下，需建设 32.3 万 m³/d 的污水处理厂，除三污外，还需建一座 10.5 万 m³/d 的污水处理厂，中水回用量 6.9 万 m³/d，外调 15.9 万 m³/d，农业面源有 565.0hm² 实施农业产业结构调整措施，同时 15.3hm² 耕地面积变为林地、草地或水域，不同社会经济发展情景下的 2020 年和 2030 年控制措施总结和削减比例见表 3-28 和图 3-21。

表 3-28　城西草海汇水区Ⅲ类水质目标下污染削减方案

情景	削减方案
	2020 年
情景一	建设 30.3 万 m³/d 的污水处理厂以控制点源，除已规划的 21 万 m³/d 的三污外，还需新建一座 9.5 万 m³/d 的污水处理厂，同时还需按规划建设第三和第九再生水厂共 6.9 万 m³/d，除再生水回用 6.9 万 m³/d 外，还需外调 15.9 万 m³/d 污水处理厂尾水至安宁，农业面源控制则有 565.0hm² 实施农业产业结构调整措施，同时 115.3hm² 耕地面积变为林地、草地或水域
情景二	建设 32.7 万 m³/d 的污水处理厂，除三污外，还需建一座 12 万 m³/d 的污水处理厂，中水回用量 6.9 万 m³/d，外调 19.9 万 m³/d，农业面源有 565.0hm² 实施农业产业结构调整措施，同时 115.3hm² 耕地面积变为林地、草地或水域
情景三	建设 28.0 万 m³/d 的污水处理厂，除三污外，还需建一座 7 万 m³/d 的污水处理厂，中水回用量 6.9 万 m³/d，外调 12.1 万 m³/d，农业面源有 565.0hm² 实施农业产业结构调整措施，同时 115.3hm² 耕地面积变为林地、草地或水域
情景四	建设 29.4 万 m³/d 的污水处理厂，规划中的三污和九污处理量为 29.5 万 m³/d，正好满足要求，中水回用量 6.9 万 m³/d，外调 14.3 万 m³/d，农业面源有 565.0hm² 实施农业产业结构调整措施，同时 115.3hm² 耕地面积变为林地、草地或水域
	2030 年
情景一	建设 33.1 万 m³/d 的污水处理厂以控制点源，除已规划的 21 万 m³/d 的三污外，还需新建一座 12.1 万 m³/d 的污水处理厂，同时还需按规划建设第三和第九再生水厂共 6.9 万 m³/d，再外调 17.8 万 m³/d 污水处理厂尾水至安宁，农业面源控制则有 565.0hm² 实施农业产业结构调整措施，同时 15.3hm² 耕地面积变为林地、草地或水域
情景二	建设 37.3 万 m³/d 的污水处理厂，除三污外，还需建一座 16.5 万 m³/d 的污水处理厂，中水回用量 6.9 万 m³/d，外调 27.1 万 m³/d，农业面源有 565.0hm² 实施农业产业结构调整措施，同时 15.3hm² 耕地面积变为林地、草地或水域
情景三	建设 29.7 万 m³/d 的污水处理厂，除三污外，还需建一座 9 万 m³/d 的污水处理厂，中水回用量 6.9 万 m³/d，外调 10.1 万 m³/d，农业面源有 565.0hm² 实施农业产业结构调整措施，同时 15.3hm² 耕地面积变为林地、草地或水域
情景四	建设 32.3 万 m³/d 的污水处理厂，除三污外，还需建一座 10.5 万 m³/d 的污水处理厂，中水回用量 6.9 万 m³/d，外调 15.9 万 m³/d，农业面源有 565.0hm² 实施农业产业结构调整措施，同时 15.3hm² 耕地面积变为林地、草地或水域

由表 3-28 可以看出，2020 年点源控制措施中情景三所需的处理能力最小，情景二所需的处理能力最大，基准发展情景与优化发展情景相当；就农业面源而言，4 种情景下所需要实施农业产业结构调整措施的耕地面积相同，耕地改林地面积也相同。2030 年及其他污染源控制措施的比较此处不再赘述。

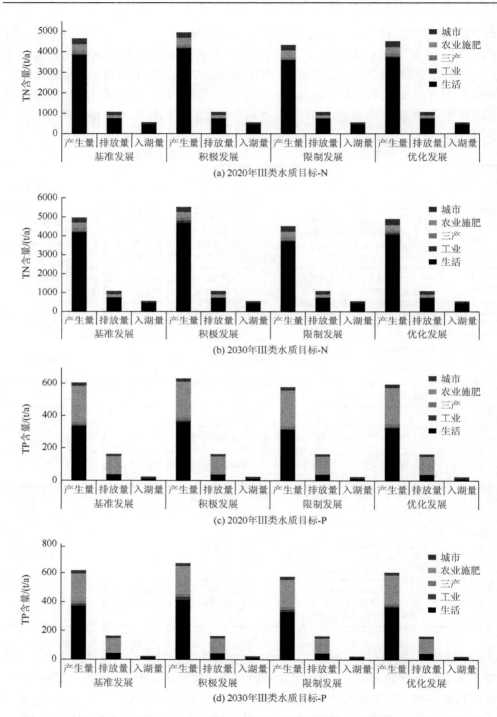

图 3-21　城西草海汇水区 2020 年和 2030 年Ⅲ类水质目标 N、P 削减图（见书后彩图）

Ⅳ类水质目标下,2020 年和 2030 年 4 种发展情景下的控制措施分别如下:2020 年,基准发展情景下,需建设 30.3 万 m^3/d 的污水处理厂以控制点源,除已规划的 21 万 m^3/d 的三污外,还需新建一座 9.5 万 m^3/d 的污水处理厂,同时还需按规划建设第三和第九再生水厂共 6.9 万 m^3/d,除再生水回用 6.9 万 m^3/d 外,还需外调 15.9 万 m^3/d 污水处理厂尾水至安宁,农业面源控制则有 640.0hm² 实施农业产业结构调整措施,同时 40.3hm² 耕地面积变为林地、草地或水域;积极发展情景下,需建设 32.7 万 m^3/d 的污水处理厂,除三污外,还需建一座 12 万 m^3/d 的污水处理厂,中水回用量 6.9 万 m^3/d,外调 19.9 万 m^3/d,农业面源控制则有 640.0hm² 实施农业产业结构调整措施,同时 40.3hm² 耕地面积变为林地、草地或水域;限制发展情景下,需建设 28.0 万 m^3/d 的污水处理厂,除三污外,还需建一座 7 万 m^3/d 的污水处理厂,中水回用量 6.9 万 m^3/d,外调 12.1 万 m^3/d,农业面源控制则有 640.0hm² 实施农业产业结构调整措施,同时 40.3hm² 耕地面积变为林地、草地或水域;优化发展情景下,需建设 29.4 万 m^3/d 的污水处理厂,规划中的三污和九污处理量为 29.5 万 m^3/d,正好满足要求,中水回用量 6.9 万 m^3/d,外调 14.3 万 m^3/d,农业面源控制则有 640.0hm² 实施农业产业结构调整措施,同时 40.3hm² 耕地面积变为林地、草地或水域。

2030 年,基准发展情景下,需建设 33.1 万 m^3/d 的污水处理厂以控制点源,除已规划的 21 万 m^3/d 的三污外,还需新建一座 12.1 万 m^3/d 的污水处理厂,同时还需按规划建设第三和第九再生水厂共 6.9 万 m^3/d,再外调 17.8 万 m^3/d 污水处理厂尾水至安宁,农业面源控制则只需 519.4hm² 耕地实施农业产业结构调整措施;积极发展情景下,需建设 37.3 万 m^3/d 的污水处理厂,除三污外,还需建一座 16.5 万 m^3/d 的污水处理厂,中水回用量 6.9 万 m^3/d,外调 27.1 万 m^3/d,农业面源控制则只需 519.4hm² 耕地实施农业产业结构调整措施;限制发展情景下,需建设 29.7 万 m^3/d 的污水处理厂,除三污外,还需建一座 9 万 m^3/d 的污水处理厂,中水回用量 6.9 万 m^3/d,外调 10.1 万 m^3/d,农业面源控制则只需 519.4hm² 耕地实施农业产业结构调整措施;优化发展情景下,需建设 32.3 万 m^3/d 的污水处理厂,除三污外,还需建一座 10.5 万 m^3/d 的污水处理厂,中水回用量 6.9 万 m^3/d,外调 15.9 万 m^3/d,农业面源控制则只需 519.4hm² 耕地实施农业产业结构调整措施。各情景下的削减措施和削减比例总结见表 3-29 和图 3-22。

表 3-29　城西草海汇水区Ⅳ类水质目标下污染削减方案

情景	削减方案
2020 年	
情景一	建设 30.3 万 m^3/d 的污水处理厂以控制点源,除已规划的 21 万 m^3/d 的三污外,还需新建一座 9.5 万 m^3/d 的污水处理厂,同时还需按规划建设第三和第九再生水厂共 6.9 万 m^3/d,除再生水回用 6.9 万 m^3/d 外,还需外调 15.9 万 m^3/d 污水处理厂尾水至安宁,农业面源控制则有 640.0hm² 实施农业产业结构调整措施,同时 40.3hm² 耕地面积变为林地、草地或水域

情景	削减方案
	2020 年
情景二	建设 32.7 万 m^3/d 的污水处理厂，除三污外，还需建一座 12 万 m^3/d 的污水处理厂，中水回用量 6.9 万 m^3/d，外调 19.9 万 m^3/d，农业面源控制则有 640.0hm² 实施农业产业结构调整措施，同时 40.3hm² 耕地面积变为林地、草地或水域
情景三	建设 28.0 万 m^3/d 的污水处理厂，除三污外，还需建一座 7 万 m^3/d 的污水处理厂，中水回用量 6.9 万 m^3/d，外调 12.1 万 m^3/d，农业面源控制则有 640.0hm² 实施农业产业结构调整措施，同时 40.3hm² 耕地面积变为林地、草地或水域
情景四	建设 29.4 万 m^3/d 的污水处理厂，规划中的三污和九污处理量为 29.5 m^3/d，正好满足要求，中水回用量 6.9 万 m^3/d，外调 14.3 万 m^3/d，农业面源控制则有 640.0hm² 实施农业产业结构调整措施，同时 40.3hm² 耕地面积变为林地、草地或水域
	2030 年
情景一	建设 33.1 万 m^3/d 的污水处理厂以控制点源，除已规划的 21 万 m^3/d 的三污外，还需新建一座 12.1 万 m^3/d 的污水处理厂，同时还需按规划建设第三和第九再生水厂共 6.9 m^3/d，再外调 17.8 万 m^3/d 污水处理厂尾水至安宁，农业面源控制则只需 519.4hm² 耕地实施农业产业结构调整措施
情景二	建设 37.3 万 m^3/d 的污水处理厂，除三污外，还需建一座 16.5 万 m^3/d 的污水处理厂，中水回用量 6.9 万 m^3/d，外调 27.1 万 m^3/d，农业面源控制则只需 519.4hm² 耕地实施农业产业结构调整措施
情景三	建设 29.7 万 m^3/d 的污水处理厂，除三污外，还需建一座 9 万 m^3/d 的污水处理厂，中水回用量 6.9 万 m^3/d，外调 10.1 万 m^3/d，农业面源控制则只需 519.4hm² 耕地实施农业产业结构调整措施
情景四	建设 32.3 万 m^3/d 的污水处理厂，除三污外，还需建一座 10.5 万 m^3/d 的污水处理厂，中水回用量 6.9 万 m^3/d，外调 15.9 万 m^3/d，农业面源控制则只需 519.4hm² 耕地实施农业产业结构调整措施

Ⅴ类水质目标下，2020 年和 2030 年 4 种发展情景下的控制措施分别如下：2020 年，基准发展情景下，需建设 30.3 万 m^3/d 的污水处理厂以控制点源，除已规划的 21 万 m^3/d 的三污外，还需新建一座 9.5 万 m^3/d 的污水处理厂，同时还需按规划建设第三和第九再生水厂共 6.9 万 m^3/d，除再生水回用 6.9 万 m^3/d 外，还需外调 15.9 万 m^3/d 的污水处理厂尾水至安宁，农业面源控制则只需 636.0hm² 实施农业产业结构调整措施；积极发展情景下，需建设 32.7 万 m^3/d 的污水处理厂，除三污外，还需建一座 12 万 m^3/d 的污水处理厂，中水回用量 6.9 万 m^3/d，外调 19.9 万 m^3/d，农业面源控制则只需 636.0hm² 实施农业产业结构调整措施；限制发展情景下，需建设 28.0 万 m^3/d 的污水处理厂，除三污外，还需建一座 7 万 m^3/d 的污水处理厂，中水回用量 6.9 万 m^3/d，外调 12.1 万 m^3/d，农业面源控制则只需 636.0hm² 实施农业产业结构调整措施；优化发展情景下，需建设 29.4 万 m^3/d 的污水处理厂，规划中的三污和九污处理量为 29.5 万 m^3/d，正好满足要求，中水回用量 6.9 万 m^3/d，外调 14.3 万 m^3/d，农业面源控制则只需 636.0hm² 实施农业产业结构调整措施。

2030 年，基准发展情景下，需建设 33.1 万 m^3/d 的污水处理厂以控制点源，

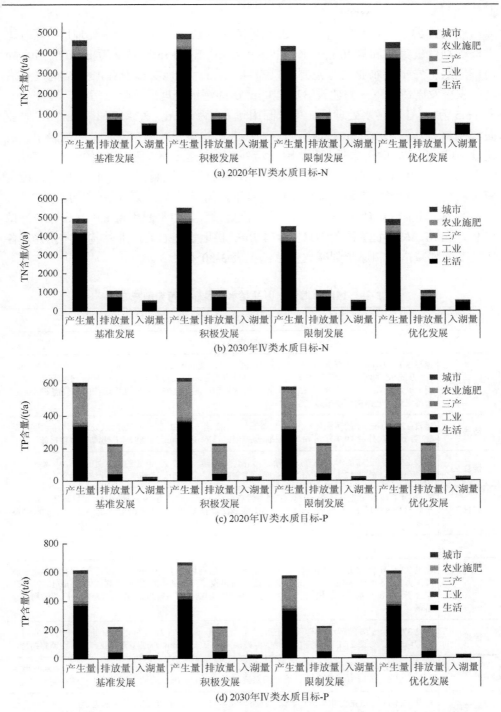

图 3-22　城西草海汇水区 2020 年和 2030 年IV类水质目标 N、P 削减图（见书后彩图）

除已规划的 21 万 m³/d 的三污外,还需新建一座 12.1 万 m³/d 污水处理厂,同时还需按规划建设第三和第九再生水厂共 6.9 万 m³/d,再外调 17.8 万 m³/d 的污水处理厂尾水至安宁,农业面源控制则只需 434.7hm² 耕地实施农业产业结构调整措施;积极发展情景下,需建设 37.3 万 m³/d 的污水处理厂,除三污外,还需建一座 16.5 万 m³/d 的污水处理厂,中水回用量 6.9 万 m³/d,外调 27.1 万 m³/d,农业面源控制则只需 434.7hm² 耕地实施农业产业结构调整措施;限制发展情景下,需建设 29.7 万 m³/d 的污水处理厂,除三污外,还需建一座 9 万 m³/d 的污水处理厂,中水回用量 6.9 万 m³/d,外调 10.1 万 m³/d,农业面源控制则只需 434.7hm² 耕地实施农业产业结构调整措施;优化发展情景下,需建设 32.3 万 m³/d 的污水处理厂,除三污外,还需建一座 10.5 万 m³/d 的污水处理厂,中水回用量 6.9 万 m³/d,外调 15.9 万 m³/d,农业面源控制则只需 434.7hm² 耕地实施农业产业结构调整措施。各情景下的削减措施和递阶削减比例总结见表 3-30 和图 3-23。

表 3-30　城西草海汇水区 V 类水质目标下污染削减方案

情景	削减方案
2020 年	
情景一	建设 30.3 万 m³/d 的污水处理厂以控制点源,除已规划的 21 万 m³/d 的三污外,还需新建一座 9.5 万 m³/d 的污水处理厂,同时还需按规划建设第三和第九再生水厂共 6.9 万 m³/d,除再生水回用 6.9 万 m³/d 外,还需外调 15.9 万 m³/d 污水处理厂尾水至安宁,农业面源控制则只需 636.0hm² 实施农业产业结构调整措施
情景二	建设 32.7 万 m³/d 的污水处理厂,除三污外,还需建一座 12 万 m³/d 的污水处理厂,中水回用量 6.9 万 m³/d,外调 19.9 万 m³/d,农业面源控制则只需 636.0hm² 实施农业产业结构调整措施
情景三	建设 28.0 万 m³/d 的污水处理厂,除三污外,还需建一座 7 万 m³/d 的污水处理厂,中水回用量 6.9 万 m³/d,外调 12.1 万 m³/d;农业面源控制则只需 636.0hm² 实施农业产业结构调整措施
情景四	建设 29.4 万 m³/d 的污水处理厂,规划中的三污和九污处理量为 29.5 万 m³/d,正好满足要求,中水回用量 6.9 万 m³/d,外调 14.3 万 m³/d,农业面源控制则只需 636.0hm² 实施农业产业结构调整措施
2030 年	
情景一	建设 33.1 万 m³/d 的污水处理厂以控制点源,除已规划的 21 万 m³/d 的三污外,还需新建一座 12.1 万 m³/d 的污水处理厂,同时还需按规划建设第三和第九再生水厂共 6.9 万 m³/d,再外调 17.8 万 m³/d 污水处理厂尾水至安宁,农业面源控制则只需 434.7hm² 耕地实施农业产业结构调整措施
情景二	建设 37.3 万 m³/d 的污水处理厂,除三污外,还需建一座 16.5 万 m³/d 的污水处理厂,中水回用量 6.9 万 m³/d,外调 27.1 万 m³/d,农业面源控制则只需 434.7hm² 耕地实施农业产业结构调整措施
情景三	建设 29.7 万 m³/d 的污水处理厂,除三污外,还需建一座 9 万 m³/d 的污水处理厂,中水回用量 6.9 万 m³/d,外调 10.1 万 m³/d,农业面源控制则只需 434.7hm² 耕地实施农业产业结构调整措施
情景四	建设 32.3 万 m³/d 的污水处理厂,除三污外,还需建一座 10.5 万 m³/d 的污水处理厂,中水回用量 6.9 万 m³/d,外调 15.9 万 m³/d,农业面源控制则只需 434.7hm² 耕地实施农业产业结构调整措施

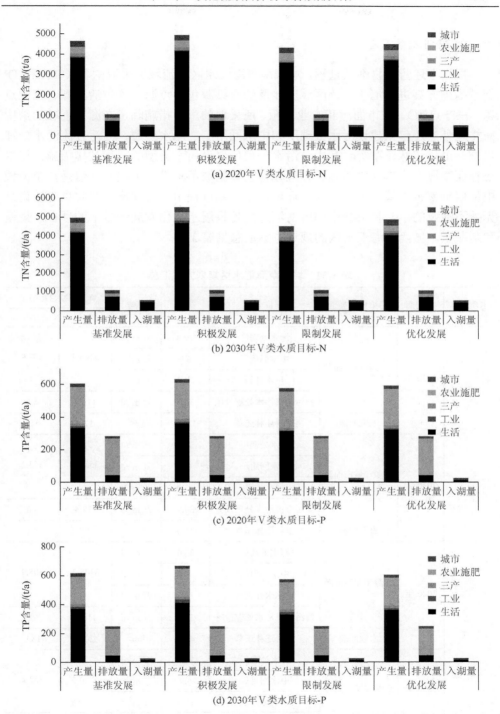

(a) 2020 年 Ⅴ 类水质目标-N

(b) 2030 年 Ⅴ 类水质目标-N

(c) 2020 年 Ⅴ 类水质目标-P

(d) 2030 年 Ⅴ 类水质目标-P

图 3-23　城西草海汇水区 2020 年和 2030 年 Ⅴ 类水质目标 N、P 削减图（见书后彩图）

5. 规划方案汇总

根据上述营养物削减过程,对城西草海汇水区子流域所采取的各类 TN 和 TP 削减措施方案进行汇总。该区域所涉及的污染源包括点源(含生活点源、工业点源、三产点源)、城市面源和农业面源。所采取的削减措施除了在源头削减的结构减排之外,还包括建设污水处理厂和中水回用厂,尾水外调、雨污合流污水处理设施,退耕还林还草等。其中,污水处理厂建设属于典型的工程减排措施,退耕还林还草属于生态减排措施。管理减排在该区域虽然没有被提及,但是在全流域中使用频率也不低。另外,在水环境污染控制过程中,管理措施其实也可以说是无处不涉及的。4 种情景中的方案汇总此处只展示优化发展情景下的项目、规模和削减量。城西草海汇水区的规划方案汇总见表 3-31。

表 3-31 城西草海汇水区规划方案汇总

水质目标	规划期	污染控制类型	项目名称	规模	单位	负荷削减目标/(t/a)	
						TN	TP
III类	2020 年	点源和城市面源	污水处理厂	29.4	万 m³/d	3145.3	308.9
			中水回用厂	6.9	万 m³/d		
			尾水外调	14.3	万 m³/d		
			雨污合流污水处理设施	34.7	万 m³/d	112.4	6.8
		农业面源	退耕还林还草	115.3	hm²	57.7	42.5
	2030 年	点源和城市面源	污水处理厂	32.3	万 m³/d	3530.4	353.2
			中水回用厂	6.9	万 m³/d		
			尾水外调	15.9	万 m³/d		
			雨污合流污水处理设施	34.7	万 m³/d	112.4	6.8
		农业面源	退耕还林还草	15.3	hm²	7.7	5.1
IV类	2020 年	点源和城市面源	污水处理厂	29.4	万 m³/d	3145.3	308.9
			中水回用厂	6.9	万 m³/d		
			尾水外调	14.3	万 m³/d		
			雨污合流污水处理设施	34.7	万 m³/d	112.4	6.8
		农业面源	退耕还林还草	40.3	hm²	20.1	13.3
	2030 年	点源和城市面源	污水处理厂	32.3	万 m³/d	3530.4	353.2
			中水回用厂	6.9	万 m³/d		
			尾水外调	15.9	万 m³/d		
			雨污合流污水处理设施	34.7	万 m³/d	112.4	6.8

续表

水质目标	规划期	污染控制类型	项目名称	规模	单位	负荷削减目标/(t/a)	
						TN	TP
V类	2020 年	点源和城市面源	污水处理厂	29.4	万 m³/d	3145.3	308.9
			中水回用厂	6.9	万 m³/d		
			尾水外调	14.3	万 m³/d		
			雨污合流污水处理设施	34.7	万 m³/d	112.4	6.8
	2030 年	点源和城市面源	污水处理厂	32.3	万 m³/d	3530.4	353.2
			中水回用厂	6.9	万 m³/d		
			尾水外调	15.9	万 m³/d		
			雨污合流污水处理设施	34.7	万 m³/d	112.4	6.8

各类水质目标下,2020 年和 2030 年该区域营养盐削减状况见表 3-32。由表 3-32 可见,各水质目标下,营养盐的削减量差别并不是太大。其主要原因在于该区的重点污染源是点源,而点源在Ⅲ类、Ⅳ类、Ⅴ类 3 种水质目标下都属于优先削减污染源。因此,占大头的点源削减率在 3 种水质目标下都达到一个较高的比率时,整个区域其他污染源削减量的差别就不足以体现出来。

表 3-32 城西草海汇水区营养物削减汇总

水质目标	2020 年		2030 年	
	TN/(t/a)	TP/(t/a)	TN/(t/a)	TP/(t/a)
Ⅲ类	3315.4	358.2	3650.5	365.1
Ⅳ类	3277.8	329	3642.8	360
Ⅴ类	3257.7	315.7	3642.8	360

3.4.3 全流域营养物控制综合方案

根据上述对城西草海汇水区的分析,总结本书提出的滇池水污染防治规划的总体思路:以实现滇池水质持续性改善为流域污染控制的中长期规划目标,以流域水环境承载力与容量总量控制为约束,通过构建 3 个尺度、8 个分区及 4 个规划重点的流域污染减排(抑增减负)集成体系及情景方案,为滇池水质恢复及生态修复提供外部条件。其中,流域污染控制规划针对流域宏观尺度和流域分区尺度,富营养化控制针对滇池湖体。中长期规划的总体思路归纳汇总见表 3-33。

表 3-33　滇池流域水污染防治中长期规划总体思路

尺度	对象	规划出发点	规划思路	规划重点
流域宏观尺度	人口与产业	❖ 流域人口、产业与水环境的协调性 ❖ 未来人口与产业布局及空间调整方向 ❖ 未来人口与产业发展的污染排放 ❖ 人口与产业调整的结构减排潜力 ❖ 如何削减增量与存量	源头减排（抑增）	通过产业结构调整和人口布局调整，从结构上减少源头排放
	水资源	❖ 外流域补水工程实施后，如何结合雨水资源化和中水回用，实现在水质改善前提下的滇池及流域生态用水保障	优化调控	滇池水质改善的流域内外水资源调度分配；构建跨流域的自然水、外引水、中水 3 个层次的水循环系统
流域分区	流域减排重点及潜力	❖ 滇池北岸城区仍然是污染控制的核心 ❖ 滇池东岸是未来控制的重心，目前规划的定位在于预防为主 ❖ 滇池南岸是主要的农业结构调整区和农业面源污染控制区及高富磷区	途径减排（减负）	对 C1、W1～W3 区的市政基础设施完善，增大流域内外的中水回用量，减少污染负荷入滇；W4 区预防为先，优先考虑低污染水在该区内的回用；W5～W7 区要考虑污染负荷的截留，减轻污染负荷压力；W1 区的核心在于污染防治、陆地生态修复和生态补偿机制的构建
滇池湖体	湖滨及湖体	❖ 外海分步、分区生态修复及流域支撑 ❖ 外海蓝藻的抑制途径：入湖负荷削减、水动力改变与湖滨带恢复 ❖ 内负荷的清除与资源化途径	清水稳态（转型）	在湖体通过湖滨修复与水位调控、分区生态修复、水动力条件改变及内负荷清除与资源化，创造条件，推动外海由浊水藻型向清水草型的转变，抑制蓝藻的暴发并改善水质

　　对除城西草海汇水区（C1）之外的其他 7 个子流域松华坝水源保护区（W1）、外海北岸重污染排水区（W2）、外海东北岸城市-城郊-农村复合污染区（W3）、外海东岸新城控制区（W4）、外海东南岸农业面源控制区（W5）、外海西南岸高富磷区（W6）和外海西岸湖滨散流区（W7）进行类似的营养物削减规划方案设计，汇总各子流域的所有方案见表 3-34。每类水质目标下，各子流域的削减措施所产生的 TN 和 TP 削减量最终能够满足本书最初提出的 2020 年和 2030 年营养物优化发展情景下的总量控制目标。其他发展情景的方案汇总和削减状况此处不再赘述。

表 3-34　优化发展情景下 8 个子流域各类水质目标下的营养物削减方案汇总

控制区	水质目标	规划期	削减措施类型	项目名称	规模	单位	负荷削减目标/(t/a)	
							TN	TP
城西草海汇水区（C1）	Ⅲ类	2020 年	点源和城市面源	污水处理厂	29.4	万 m³/d	3145.3	308.9
				中水回用厂	6.9	万 m³/d		
				尾水外调	14.3	万 m³/d		
				雨污合流污水处理设施	34.7	万 m³/d	112.4	6.8
			农业面源	退耕还林还草	115.3	hm²	57.7	42.5

控制区	水质目标	规划期	削减措施类型	项目名称	规模	单位	负荷削减目标/(t/a)	
							TN	TP
城西草海汇水区（C1）	Ⅲ类	2030 年	点源和城市面源	污水处理厂	32.3	万 m³/d	3530.4	353.2
				中水回用厂	6.9	万 m³/d		
				尾水外调	15.9	万 m³/d		
				雨污合流污水处理设施	34.7	万 m³/d	112.4	6.8
			农业面源	退耕还林还草	15.3	hm²	7.7	5.1
	Ⅳ类	2020 年	点源和城市面源	污水处理厂	29.4	万 m³/d	3145.3	308.9
				中水回用厂	6.9	万 m³/d		
				尾水外调	14.3	万 m³/d		
				雨污合流污水处理设施	34.7	万 m³/d	112.4	6.8
			农业面源	退耕还林还草	40.3	hm²	20.1	13.3
		2030 年	点源和城市面源	污水处理厂	32.3	万 m³/d	3530.4	353.2
				中水回用厂	6.9	万 m³/d		
				尾水外调	15.9	万 m³/d		
				雨污合流污水处理设施	34.7	万 m³/d	112.4	6.8
	Ⅴ类	2020 年	点源和城市面源	污水处理厂	29.4	万 m³/d	3145.3	308.9
				中水回用厂	6.9	万 m³/d		
				尾水外调	14.3	万 m³/d		
				雨污合流污水处理设施	34.7	万 m³/d	112.4	6.8
		2030 年	点源和城市面源	污水处理厂	32.3	万 m³/d	3530.4	353.2
				中水回用厂	6.9	万 m³/d		
				尾水外调	15.9	万 m³/d		
				雨污合流污水处理设施	34.7	万 m³/d	112.4	6.8
松华坝水源保护区（W1）	Ⅲ类	2020 年	农业面源	清洁农业生产	—	hm²	587	115.5
				人工防护林		hm²		
		2030 年	农业面源	清洁农业生产		hm²	587	115.5
				人工防护林		hm²		
	Ⅳ类	2020 年	农业面源	清洁农业生产		hm²	496	61.2
				人工防护林		hm²		

续表

控制区	水质目标	规划期	削减措施类型	项目名称	规模	单位	负荷削减目标/(t/a)	
							TN	TP
松华坝水源保护区（W1）	IV类	2030年	农业面源	清洁农业生产	—	hm²	496	61.2
				人工防护林	—	hm²		
	V类	2020年	农业面源	清洁农业生产	—	hm²	354	21.2
				人工防护林	—	hm²		
		2030年	农业面源	清洁农业生产	—	hm²	354	21.2
				人工防护林	—	hm²		
外海北岸重污染排水区（W2）	III类	2020年	点源和城市面源	污水处理厂	76.5	万 m³/d	7885.7	834.3
				中水回用厂	18.7	万 m³/d		
				尾水外调	21.1	万 m³/d		
			农业面源	退耕还林还草	1423.8	hm²	537.5	42
			末端控制	人工湿地	7.3	hm²	226.3	67.2
		2030年	点源和城市面源	污水处理厂	76.5	万 m³/d	8812.2	845.4
				中水回用厂	18.7	万 m³/d		
				尾水外调	27.3	万 m³/d		
			农业面源	退耕还林还草	1323.8	hm²	499.7	39
			末端控制	人工湿地	7.3	hm²	226.3	67.2
	IV类	2020年	点源和城市面源	污水处理厂	76.5	万 m³/d	7885.7	834.3
				中水回用厂	18.7	万 m³/d		
				尾水外调	21.1	万 m³/d		
			农业面源	退耕还林还草	1423.8	hm²	537.5	42
			末端控制	人工湿地	7.3	hm²	226.3	67.2
		2030年	点源和城市面源	污水处理厂	76.5	万 m³/d	8812.2	845.4
				中水回用厂	18.7	万 m³/d		
				尾水外调	27.3	万 m³/d		
			农业面源	退耕还林还草	1323.8	hm²	499.7	39
			末端控制	人工湿地	7.3	hm²	226.3	67.2
	V类	2020年	点源和城市面源	污水处理厂	76.5	万 m³/d	7885.7	834.3
				中水回用厂	18.7	万 m³/d		
				尾水外调	21.1	万 m³/d		
			农业面源	退耕还林还草	1225.7	hm²	462.7	36.1
			末端控制	人工湿地	7.3	hm²	226.3	67.2

控制区	水质目标	规划期	削减措施类型	项目名称	规模	单位	负荷削减目标/(t/a)	
							TN	TP
外海北岸重污染排水区（W2）	V类	2030 年	点源和城市面源	污水处理厂	76.5	万 m³/d	8812.2	845.4
				中水回用厂	18.7	万 m³/d		
				尾水外调	27.3	万 m³/d		
			农业面源	退耕还林还草	1125.6	hm²	425.0	33.2
			末端控制	人工湿地	7.3	hm²	226.3	67.2
外海东北岸城市-城郊-农村复合污染区（W3）	III类	2020 年	点源和城市面源	污水处理厂	13.0	万 m³/d	824.3	86.4
				中水回用厂	7.2	万 m³/d		
			农业面源	退耕还林还草	2591.0	hm²	685.0	67
			末端控制	湖滨自然湿地	5.8	hm²	184.4	9.8
				人工湿地	2.6	hm²		
		2030 年	点源和城市面源	污水处理厂	13.0	万 m³/d	1334.9	140.3
				中水回用厂	12.1	万 m³/d		
			农业面源	退耕还林还草	2093.0	hm²	561.1	54.2
			末端控制	湖滨自然湿地	5.8	hm²	184.4	9.8
				人工湿地	2.6	hm²		
	IV类	2020 年	点源和城市面源	污水处理厂	13.0	万 m³/d	824.3	86.4
				中水回用厂	7.2	万 m³/d		
			农业面源	退耕还林还草	1430.0	hm²	330.0	37
		2030 年	点源和城市面源	污水处理厂	13.0	万 m³/d	1334.9	140.3
				中水回用厂	12.1	万 m³/d		
			农业面源	退耕还林还草	926.0	hm²	202.2	24
	V类	2020 年	点源和城市面源	污水处理厂	13.0	万 m³/d	824.3	126.4
				中水回用厂	7.2	万 m³/d		
		2030 年	点源和城市面源	污水处理厂	13.0	万 m³/d	1334.9	140.3
				中水回用厂	12.1	万 m³/d		
外海东岸新城控制区（W4）	III类	2020 年	点源	污水处理厂	10.1	万 m³/d	1039.8	117.4
				中水回用厂	9.4	万 m³/d		
			农业面源	退耕还林还草	6645.0	hm²	1064.2	136.5
			末端控制和城市面源	湖滨自然湿地	150.0	hm²	47.3	12.9
				人工湿地	162.0	hm²	226.1	47.5
		2030 年	点源	污水处理厂	20.0	万 m³/d	2064.2	220.4

续表

控制区	水质目标	规划期	削减措施类型	项目名称	规模	单位	负荷削减目标/(t/a)	
							TN	TP
外海东岸新城控制区（W4）	III类	2030年	点源	中水回用厂	19.3	万 m³/d	2064.2	220.4
			农业面源	退耕还林还草	6995.0	hm²	1096.8	143.7
			末端控制和城市面源	湖滨自然湿地	150.0	hm²	47.3	12.9
				人工湿地	162.0	hm²	226.1	47.5
	IV类	2020年	点源	污水处理厂	10.1	万 m³/d	1039.8	117.4
				中水回用厂	9.4	万 m³/d		
			农业面源	退耕还林还草	4451.0	hm²	844.1	91.5
			末端控制和城市面源	湖滨自然湿地	150.0	hm²	47.3	12.9
				人工湿地	90.0	hm²	126.1	47.5
		2030年	点源	污水处理厂	20.0	万 m³/d	2064.2	220.4
				中水回用厂	19.3	万 m³/d		
			农业面源	退耕还林还草	4801.0	hm²	959.9	98.6
			末端控制和城市面源	湖滨自然湿地	150.0	hm²	47.3	12.9
				人工湿地	90.0	hm²	126.1	26.4
	V类	2020年	点源	污水处理厂	10.1	万 m³/d	1039.8	117.4
				中水回用厂	9.4	万 m³/d		
			末端控制和城市面源	湖滨自然湿地	150.0	hm²	47.3	12.9
				人工湿地	90.0	hm²	126.1	26.4
		2030年	点源	污水处理厂	20.0	万 m³/d	2064.2	220.4
				中水回用厂	19.3	万 m³/d		
			末端控制和城市面源	湖滨自然湿地	150.0	hm²	47.3	12.9
				人工湿地	90.0	hm²	126.1	26.4
外海东南岸农业面源控制区（W5）	III类	2020年	点源和城市面源	污水处理厂	5.5	万 m³/d	465.4	31.8
				人工湿地	59.1	hm²	67.1	6.1
			农业面源	退耕还林还草	2585.8	hm²	594.2	39.6
			末端控制	湖滨自然湿地	171.1	hm²	53.9	9.6
		2030年	点源和城市面源	污水处理厂	3.6	万 m³/d	771.4	47.2
				人工湿地	20.8	hm²	67.1	6.1
			农业面源	退耕还林还草	2585.8	hm²	594.2	39.6
			末端控制	湖滨自然湿地	171.1	hm²	53.9	9.6
	IV类	2020年	点源和城市面源	污水处理厂	5.5	万 m³/d	465.4	31.8

控制区	水质目标	规划期	削减措施类型	项目名称	规模	单位	负荷削减目标/(t/a)	
							TN	TP
外海东南岸农业面源控制区（W5）	IV类	2020 年	点源和城市面源	人工湿地	59.1	hm²	67.1	6.1
		2030 年	点源和城市面源	污水处理厂	3.6	万 m³/d	771.4	47.2
				人工湿地	20.8	hm²	67.1	6.1
	V类	2020 年	点源和城市面源	污水处理厂	5.5	万 m³/d	465.4	31.8
				人工湿地	59.1	hm²	67.1	6.1
		2030 年	点源和城市面源	污水处理厂	3.6	万 m³/d	771.4	47.2
				人工湿地	20.8	hm²	67.1	6.1
外海西南岸高富磷区（W6）	III类	2020 年	点源和城市面源	污水处理厂	2.8	万 m³/d	201.8	39.1
				人工湿地	23.7	hm²	52.3	10.5
			农业面源	退耕还林还草	1063.0	hm²	235.3	16.3
			末端控制	湖滨自然湿地	40.7	hm²	12.8	0.5
		2030 年	点源和城市面源	污水处理厂	3.7	万 m³/d	268.5	59.6
				人工湿地	6.1	hm²	13.4	2.7
			农业面源	退耕还林还草	1063.0	hm²	235.3	16.3
			末端控制	湖滨自然湿地	40.7	hm²	12.8	0.5
	IV类	2020 年	点源和城市面源	污水处理厂	2.8	万 m³/d	201.8	39.1
				人工湿地	23.7	hm²	52.3	10.5
		2030 年	点源和城市面源	污水处理厂	3.7	万 m³/d	268.5	59.6
				人工湿地	6.1	hm²	13.4	2.7
	V类	2020 年	点源和城市面源	污水处理厂	2.8	万 m³/d	201.8	39.1
				人工湿地	23.7	hm²	52.3	10.5
		2030 年	点源和城市面源	污水处理厂	3.7	万 m³/d	268.5	59.6
				人工湿地	6.1	hm²	13.4	2.7
外海西岸湖滨散流区（W7）	III类	2020 年	农业面源	清洁农业生产	500.0	hm²	356.6	127.8
			农业面源	人工防护林	533.3	hm²	225.6	73.7
			末端控制	湖滨自然湿地	103.8	hm²	14.0	0.9
		2030 年	农业面源	清洁农业生产	500.0	hm²	356.6	127.8
			农业面源	人工防护林	533.3	hm²	225.6	73.7
			末端控制	湖滨自然湿地	103.8	hm²	14.0	0.9
	IV类	2020 年	农业面源	清洁农业生产	500.0	hm²	356.6	127.8
			农业面源	人工防护林	533.3	hm²	225.6	73.7

续表

控制区	水质目标	规划期	削减措施类型	项目名称	规模	单位	负荷削减目标/(t/a)	
							TN	TP
外海西岸湖滨散流区（W7）	IV类	2020年	末端控制	湖滨自然湿地	103.8	hm²	14.0	0.9
		2030年	农业面源	清洁农业生产	500.0	hm²	356.6	127.8
			农业面源	人工防护林	533.3	hm²	225.6	73.7
			末端控制	湖滨自然湿地	103.8	hm²	14.0	0.9
	V类	2020年	农业面源	清洁农业生产	500.0	hm²	356.6	127.8
			农业面源	人工防护林	533.3	hm²	225.6	73.7
			末端控制	湖滨自然湿地	103.8	hm²	14.0	0.9
		2030年	农业面源	清洁农业生产	500.0	hm²	356.6	127.8
			农业面源	人工防护林	533.3	hm²	225.6	73.7
			末端控制	湖滨自然湿地	103.8	hm²	14.0	0.9

从表 3-34 可以看出，除了没有在表中体现产业结构调整减排和管理减排外，7 个子流域中的主要营养物减排措施包括污水处理、清洁农业生产、人工防护林、人工湿地、湖滨自然湿地、中水回用、尾水外调、退耕还林还草等。这些措施综合了工程减排和生态减排的主要方法。对于不同的子流域，根据流域的社会经济、自然环境特征和污染物的主要来源采取不同的减排方式。例如，对于外海北岸重污染排水区，由于主要的污染负荷都来自生活点源污染，因此工程减排措施污水处理厂的建设就在该区域得到特别的体现。在外海东南岸农业面源控制区，由于农业面源的污染占据了很大的比例，因此采取适用于农业面源污染控制的清洁农业生产减排方式就受到重视。

需要特别说明的是，表 3-34 中有两个子流域比较特殊。一个是松华坝水源保护区（W1），一方面该区域作为滇池流域的上游和昆明市重要的水资源保护区，未来的发展以保护和生态管育为主，4 种不同的发展情景其实对该区域的影响并不是太大。另一方面，该区极少有工业点源和三产，主要的污染排放来自农业生产，而且其水质现状本身就维持在一个相对较好的水平。根据滇池流域的相关规划，该区域未来会大力加快清洁农业生产力度和防护林建设，同时进行林分改造和生态补偿。因此，本书针对全流域设计的IV类和V类水质目标并不适用于该区域。在营养物的削减方案中，也只重点考虑通过农业面源削减的方式，将基准年排放的 TN 和 TP 削减到III类水容量允许范围之内，而不再分发展情景和不同水质目标进行方案设计。

　　另外一个需要做出特别说明的子流域是外海西岸湖滨流散区。在该子流域，由Ⅳ类和Ⅴ类水质目标的 TN、TP 削减情况可知，在源头削减较少时，通过自然降解过程可以达到很好的削减效果。Ⅴ类水质目标下，源头排放的污染负荷较多时，TP 通过自然的削减率达 99%，TN 的达 90%。因而，综合考虑，该区位于外海西岸湖滨带，有充分的湿地资源，且林地坡地资源丰富，所以可以优先考虑通过人工防护林和湖滨自然湿地等措施完成削减，以达到经济与环境效益的协调。其体现到具体的规划方案上，即考虑在源头时以达到滇池Ⅴ类水质目标进行源头削减，然后通过过程削减和末端削减的削减量的增加来组合达到滇池Ⅲ类水质。为了实现Ⅲ类水质的规划目标，总共需要削减的 TN 和 TP 负荷量分别为 711.62t/a 和 296.38t/a，同时由于现有湿地削减能力已经满足之前设定的Ⅲ类水质末端削减，为了充分发挥湿地效应，本书考虑在源头按照Ⅴ类水质排放目标来削减，然后在入湖口通过人工湿地扩建以达到Ⅲ类水质控制目标。不管在哪种发展情景下，只要方案设计的削减能力可以满足Ⅲ类水的要求，那么Ⅳ类和Ⅴ类水质目标也就很自然地得到了满足。因此，该子流域内只设计了Ⅲ类水的减排方案，Ⅳ类和Ⅴ类的减排方案不再需要额外设计。

　　汇总滇池流域各个子流域中各项营养物削减措施的 TN 和 TP 总减排量，与规划年营养物总量控制目标进行对照，以检验其是否达到了规划控制目标。2020 年和 2030 年在Ⅲ、Ⅳ、Ⅴ类水质目标下，滇池流域营养物综合减排方案所能削减的 TN 与 TP 总量见表 3-35。由表 3-35 中削减总量和总量控制目标的对比可以看出，该情景下的营养物削减方案满足容量总量控制目标的削减要求。但是对于方案中设计的工程措施规模，财力上是否足够承受、是否受到其他的条件约束，如土地面积不足等，则由决策者根据流域的实际情况而决定。后文在进行污染减排规模优化和空间分配优化时，还会进一步将各个区域的背景条件作为优化模型的约束条件，深入地分析区域背景对减排结果的影响。只有在这样的一种交互前提下，流域水环境管理者对流域背景知识的熟练掌握才能有效地转化为流域污染物减排的潜能。

表 3-35　滇池流域 TN 和 TP 综合减排方案削减量汇总　　　　（单位：t/a）

水质目标	2020 年 TN		2030 年 TN		2020 年 TP		2030 年 TP	
	削减总量	控制目标	削减总量	控制目标	削减总量	控制目标	削减总量	控制目标
Ⅲ类	18902.0	17182	21903.3	18240	2250.6	1947	2445.0	2070
Ⅳ类	16977.7	16872	20088.2	17930	2016.3	1924	2213.4	2047
Ⅴ类	16450.8	16422	19709.3	17480	1922.9	1910	2029.6	2034

3.4.4　综合减排规划方案实施调控

本章根据滇池流域的综合评价结果，以及各个子流域的自然环境、社会经济、排污治污等方面的差异，提出了一整套流域的营养物综合减排框架方案。然而，决策者在选择和实施上述规划方案前，有必要对滇池污染的治理进行再思考，并结合过去的反思转变过去的治理思路，提出新的可行战略和措施。

1. 滇池污染治理方案实施的挑战

深入分析和思考上述滇池流域的营养物减排规划方案及结果，可以得到以下几个方面的深刻认识。这几点认识对于滇池流域的污染治理和富营养化控制具有非常重要的现实意义，需要深刻把握和认识，以免未来污染治理的低效投入与治理走入瓶颈和困境。

1) 滇池的污染类型从有机污染型转向植物营养型（N、P）

从单纯的水质评价来看，滇池外海在V类和劣V类之间波动，但从单项水质指标来看，BOD、NH_3-N 等却维持在III类甚至 II 类水平，超标因子主要是 TN 和 TP。从时间尺度上看，根据研究和分析，滇池的入湖河流和湖体水质及其特征污染物自 20 世纪 90 年代以来发生了重大变化。滇池的污染类型从有机污染型转向植物营养型，因此对应的控制策略也需要发生适应性的调整与转变，即加大对植物营养型污染物的削减与控制。

2) 滇池流域最大的环境问题是人口压力的持续增大，且短期看不到降低的趋势

滇池污染治理的重点和难点在于北岸城区的生活污染负荷，且随着滇池东部新区的开发和城市化进程的加速，环湖城区的人口将进一步增加。尽管滇池水专项的研究提出了以水环境承载力为基础的滇池流域产业和人口转移，以及区域城镇化发展策略，但这一转换进程相当困难和持久。北岸城区主要的人口来自于第三产业，虽然其自身排放的污染负荷有限，但从业人口数量大，从而导致生活污染排放量非常大。同时，由于滇池流域内的旅游业发达，且省、市、区（县）政府机关和附属事业单位集中分布，所以昆明市的第三产业多为劳动密集型的餐饮和住宿等，以 IT 和金融等为核心的技术密集型第三产业所占比例很小，从而也使得通过在流域内调控人口规模降低污染负荷的成效很小。

3) 现有污水处理设施无法满足滇池污染类型的变换对 N、P 负荷的进一步去除需求

一方面，现有污水处理管网收集率较低（大部分子流域的收集率低于 60%），大量生活污水直接排入河道沟渠等水体，因此污水收集率仍需大幅提升；另一方

面，即便收集率得到大幅提升，现有的污水处理设施能有效降低 BOD 等有机污染负荷，但对 N、P 污染负荷的削减却面临瓶颈。因此，当前迫切需要做的是进行污水处理厂技术改造，尽快实现对 N、P 的有效削减。

4）滇池富营养化及周年性蓝藻水华暴发的特征决定了在规划中应坚持水质目标和生态目标并重，且生态系统健康应是滇池恢复的目标

滇池的生态、地质及沉积物等监测数据表明，滇池在自然特征上属于典型的老年型湖泊；加之 20 世纪 80 年代以来的人为干扰强烈，造成了滇池水质恶化和富营养化，其中，草海水质为劣 V 类、综合营养状态指数为 72.5，呈重度富营养化状态，外海水质为劣 V 类、综合营养状态指数为 69.9，呈中度富营养状态。因此，期望滇池的水质和水生态完全恢复到 80 年代之前的状态已经不具可行性，对滇池的水质和水生态恢复目标要有切实和科学的认识。

滇池生态系统在近 40 年发生了严重退化，形成了蓝藻水华灾害，且呈周年性暴发、全湖性、高生物量、高内负荷堆积的特征，严重影响了滇池的生态系统服务功能。根据监测与分析，每年的 4～10 月，在水温和光照等适宜环境因子的驱动下，滇池微囊藻水华达 300km^2。在水华堆积区，面积达 16～20km^2，Chla 含量可高达数千甚至数万毫克每立方米。尽管近 10 年来滇池水生态系统退化速度有所减缓，但蓝藻水华周年性暴发的条件仍然存在。滇池的问题是周年性蓝藻暴发所引起的生态系统严重退化，因此对滇池这种富营养化水体而言，最终目标应该是恢复其健康的生态系统。所以规划的目标除了水质恢复目标外，更应考虑滇池恢复的生态目标，尤其是与蓝藻水华暴发相关的指标，如透明度（SD）、DO、Chla 及营养状态指数等。

5）水陆交错带与湖滨湿地的缺乏制约了滇池生态系统的恢复

滇池在"十一五"至"十二五"期间，引水济昆、环湖截污等工程相继完成，城市污水处理能力提高近 1 倍。同时，滇池外海的环湖生态实行闭合，8600 亩①的湖滨生态湿地和 7500 亩的湖滨林带建设相继建成完工，这些条件为"十二五"期间滇池生态系统的恢复奠定了良好的基础。但是，湖泊富营养化退化过程具有内外源叠加而且湖内过程复杂的特点，其恢复过程也是较长期的过程，如在外源污染控制条件下，内污染负荷的迟滞效应和生态系统的弹性会大大延缓外源控制效果的展现。"十一五"滇池水污染控制的相关研究表明，滇池生态系统结构与退化状态具有明显的空间异质特征，需要有针对性地对不同湖区实施生态恢复。应清醒地认识到，环湖生态闭合目前还只是形式上的闭合，离真正意义的生态闭合还有差距。此外，早期修建的外海大堤虽然经过"四退三还"，但大部分的大堤仍没有拆除，滇池湖体的人为干扰程度仍

---

① 1 亩≈666.7m^2。

然十分严重，"四退三还"的土地由于有大堤的阻挡，仍然无法成为有效的湖滨湿地的一部分。

2. 滇池富营养化控制需转变以往治理思路

如图 3-24 所示，湖体 TN、TP 的浓度和 Chla 浓度变化高度响应。削减 N、P 等主要营养物是控制湖泊富营养化的必要条件，但是单纯靠污染负荷削减来降低蓝藻暴发的治理思路面临困境，转换未来滇池的治理思路具有很大的必要性。目前，我国的湖泊水环境质量标准与污染控制中，仍主要针对 N、P 等营养物质，而根据滇池的水生态安全评估结论可知，导致滇池湖泊功能丧失、生态破坏的主要原因是富营养化，尤其是周年性的蓝藻暴发。

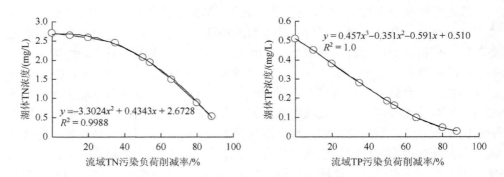

图 3-24　流域污染负荷削减率与湖体 TN、TP 和 Chla 浓度变化的响应关系

滇池三维水质-水动力模型的模拟结果及其不确定性分析表明，在低不确定性水平下，随着流域污染负荷的下降，当水质达到Ⅳ类情景时，年均 Chla 的浓度可达到 57~66μg/L；在高不确定性水平下，当水质达到Ⅳ类时，Chla 的浓度可达到 52~70μg/L。更进一步的分析发现，在低不确定性水平下，即便当水质达到Ⅲ类时，Chla 的浓度仍可达到 33~43μg/L，在其他物理条件存在的情况下，滇池仍会有蓝藻水华发生；在高不确定性水平下，当水质达到Ⅲ类时，Chla 浓度仍可达到 27~47μg/L，滇池蓝藻水华暴发的风险依然很高。上述结果说明，一味地追求将滇池外海 TN、TP 浓度控制在更高的水质标准（Ⅲ类、Ⅳ类），并不一定能有效地控制蓝藻水华的暴发。因此，单纯的流域污染负荷与水质改善在降低周年性蓝藻暴发时面临困境。

上述分析结果说明，即使在高污染负荷削减和巨额投资的前提下，由于滇池特殊的水文、气象、气温、浅层湖泊特征及底泥等因素，仍然无法有效控制周年性的蓝藻暴发。但是，滇池的问题却是周年性的蓝藻暴发所引起的生态系统严重退化。对滇池这种富营养化水体而言，一味地追求将外海 TN、TP 浓度控制在更高的水质标准（Ⅲ类），并不一定能有效地控制蓝藻水华的暴发。这就需要对滇池治理的思路做出新的思考：究竟是以控制水质指标为主，还是以抑制蓝藻水华和恢复滇池的生态系统为主，能不能转换个治理的思路？滇池流域水污染防治与富营养化控制的目标必须转变，从过去只考虑水质指标，尤其是 TN、TP 向重点考虑水生态目标转变；其治理恢复目标不能仅包括水质，更重要的是要构建滇池良好的生态系统，将其恢复为清水草型浅水湖泊。

　　该思路不排斥污染源的治理，但是需考虑在可行的目标前提下，以污染源治理与有条件的湖泊生态修复并重；污染源治理是一个长期的过程，期望一步达到水质目标的现实不可行；能不能在生态修复的基础上长期持续达到水质目标？首先，将滇池外海 TN 和 TP 控制在 V 类水质标准以内是必要的，这样能显著地控制蓝藻水华暴发的频率；其次，进一步控制 TN 和 TP 在 V 类水质标准之上并不一定能确保蓝藻水华暴发频率的降低，因为这个范围内可能并不存在蓝藻水华暴发的 TN、TP 阈值；最后，如果滇池外海存在一个不暴发蓝藻水华的"窗口"，那么只需要通过控制一定的条件（如水质、水量和水动力条件），使其在这个"窗口"范围内，就可能有效地控制蓝藻水华的暴发（Sheng et al.，2012）。因此，对滇池外海蓝藻水华暴发的控制，并非一定要将 TN 和 TP 控制到一个较高的标准上（这在短期内从经济上是难以实现的），相反，即使 TN 和 TP 在 V 类水质标准附近，通过控制一定的条件，恢复滇池水生态系统，改善水体透明度，促进滇池外海从目前的浊水藻型向清水草型的方向演替，即可有效地控制蓝藻水华的暴发，这是控制滇池富营养化的一种行之有效的思路和途径。

3. 滇池营养物削减系统亟待新的决策机制

　　正如上文指出的，滇池流域的污染削减面临巨大的不确定性。不管是在高不确定性水平下，还是在低不确定性水平下，即使营养物削减到水质指标实现Ⅳ类甚至Ⅲ类水时均有暴发周年性蓝藻水华的风险。流域营养物削减决策中现实的不确定性，外加流域生态系统本身也是充满不确定性的，其促使研究者对滇池流域营养物削减框架体系的不确定性进行深入分析。如果能够最大限度地量化决策体系中的各种不确定性，并将这些不确定性用一种管理者能够理解和运用的方式纳入流域管理决策中来，则一定会大大提高滇池流域水环境管理的效率。

　　本书第 2 章提出的精炼风险显性区间优化模型就是为了实现上述目标而提出的。下文拟对滇池流域的 8 个子流域和 9 种营养物削减措施进行不确定性优化分析。在分离削减系统的目标函数不确定性和约束条件不确定性的基础上，建立新的营养物削减决策机制。在新的决策机制下，流域科学家与管理决策者能够有效地沟通，提高信息共享效率，实现双方专业知识相互利用的交互式决策过程。

3.5 小 结

本章在前文综述和理论方法框架的基础上，基于容量总量控制，提出了滇池流域主要营养盐 TN 和 TP 的综合削减框架体系。虽然削减 N、P 不是控制富营养化的充要条件，但是要想控制蓝藻暴发，实现滇池从浊水藻型向清水草型湖泊转变，将湖体中的 TN 和 TP 削减到一定的水平是必需的。本章提出以 TN、TP 水环境容量为控制指标，实现 Chla≤50μg/L，提出"流域控源减排–湖体水力调度–湖滨生态修复"的系统战略方案，具体如下：社会经济产业结构调整方面，依据滇池流域的水环境承载力，限制高耗水、高排放的产业，大力发展高效低排放的优势产业，搬迁或关停流域内高污染性小企业，从源头上抑制污染产生和削减污染；点源和城市非点源：综合运用工程减排、管理减排和生态减排措施，使滇池流域内生活点源和城市非点源的实际收集处理率达到 90% 和 50% 以上，在该前提下，最大限度地削减点源和城市面源污染；农业面源：在上述满足的前提下，采取退耕还林还草、清洁农业生产和建设防护林等措施，削减农业面源，并大幅降低非大棚种植区的农业化肥施用量；河道生态修复：在上述满足的前提下，入湖河流整治工程以 N、P 同步再削减为重点，实现入湖口 TN 和 TP 达到规划情景的要求；湖滨生态修复：在上述的基础上，滇池 TN、TP 实现规划的功能标准，再通过人工强化和长期维护构建水陆交错带水生生态系统，促进从浊水藻型向清水草型湖泊转变。上述减排体系在纵向上是"控源—途径—末端—生态修复"的营养物削减系统，在横向是结构减排、工程减排、管理减排和生态减排相互结合、相辅相成的四位一体的减排框架体系。

滇池水污染治理与富营养化控制的战略路线图是在战略目标与战略方案的基础上确立的，尽管其与现有的滇池治理思路不同，但这个思路不排斥污染源的治理，而是需考虑在可行的目标前提下，以污染源治理与有条件的湖泊生态修复并重；污染源治理是一个长期的过程，期望一步达到水质目标的现实不可行；国家水专项滇池项目"十一五"的研究证明，可以在流域控源与湖泊生态修复的基础上长期持续达到水质目标，即通过控制一定的条件，恢复滇池水生态系统，改善水体透明度，促进滇池外海从目前的浊水藻型向清水草型的方向演替，有效地控制蓝藻水华的暴发，这是控制滇池外海蓝藻水华暴发的一种行之有效的思路和途径。近期：重点控源、草海功能调整、优先恢复南部湖滨、北部湖滨示范性恢复、水质稳定Ⅴ类、藻类暴发频次与强度降低。基于这个思路，滇池流域在中期和远期各有侧重点。中期主要在于巩固控源、完成河道全面系统治理、北部与东部湖滨重点恢复、水质趋近Ⅳ类、北部蓝藻堆积面积显著减小。远期主要在于稳定控源、湖滨生态闭合、构建系统的湖泊治理-评估-监控体系、水质稳定Ⅳ类、草型为主但仍较为脆弱。在实施规划方案时，也必须对流域管理决策中的不确定性保持清醒的认识。本章提出的流域营养物综合减排系统将作为第 4 章精炼风险显性区间优化模型的基础，通过区间优化模型，分析减排系统的目标风险和约束风险，以期给决策者提供更加高效的决策。

第 4 章　滇池流域营养物减排系统风险决策

　　本书第 3 章对滇池流域的 TN 和 TP 两种导致湖泊富营养化的典型营养物进行了综合减排设计，建立了基于流域综合管理和水资源环境承载力的"结构—工程—管理—生态"四位一体综合减排框架体系，并针对各个子流域的不同特征提出了相应的减排措施，以达到各个规划期不同水质目标下营养物削减的要求。然而，任何一个复杂系统的决策都具有高度的不确定性。对于流域这样涉及多个子系统、参数众多、约束条件各异的复杂巨系统，决策的不确定性更加不可忽略。由各种不确定性所产生的风险会对流域决策产生怎样的影响，则是本章所研究的对象。因此，本章首先对滇池流域营养物减排系统的决策风险进行识别，即首先对产生风险的不确定性来源进行分析。根据前文的文献综述，总结了两类不同的不确定性来源：目标函数不确定性和约束条件不确定性。继而对减排系统中能够量化减排量的减排措施进行不确定性模型构建，包括区间线性规划（ILP）模型、风险显性区间线性规划（REILP）模型和精炼风险显性区间规划（Refined REILP）模型。继而根据本书第 2 章所给出的模型求解方法，得到滇池流域营养物负荷削减风险决策模型结果，并绘制目标-约束风险关系图。最后，利用目标-约束风险关系，对滇池流域各个子流域的营养物负荷削减的空间分配和各削减措施的规模进行优化配置。在这个过程中，充分利用建模科学家与流域管理者之间的互动，生成交互式决策方案，以获取最高的流域管理效率。

4.1　减排系统风险识别

　　如本书第 2 章所界定，风险源自不确定性。要对系统决策可能的风险进行识别，首先要对滇池流域营养物综合减排系统的不确定性进行分析和识别。而本书所涉及的两类主要不确定性来源分别是目标函数的不确定性和约束条件的不确定性，本节会逐一分析。

4.1.1　不确定性来源

　　随着科学技术的发展，人们对环境系统的认识和了解越来越深，用于定量研究环境系统的模型也越来越复杂。最近数十年，虽然计算机技术突飞猛进，对环境系统的科学认知也愈加深刻，但是对于流域这样的复杂大系统的理解和把握还颇具挑战性（赵士洞和汪业勖，1997；Jones and Taylor，1999；Mitchell，2002；于贵瑞等，2002；刘永等，2005）。其原因是用于定量描述系统的环境模型经常存在众多的不确定性，从而给模型结果带来风险。深入分析系统的不确定性来源虽然不能降低研究对象本身内在的不确定性，但是却能有效表征风险水平，从而为决策者在作出系统决策时提供更好的技术支持。

众所周知，模型的构建是一个对现实系统的物理过程进行简化的过程，该过程中所涉及的假设、边界条件、目前技术水平难以表征的种种因素，以及模型求解过程中的数据缺陷、测量误差、参数估值、校准不足等，都会产生不确定性。Thorsen 等（2001）将环境模型不确定性来源分为自然界本身所固有的不确定性、数据不确定性和模型不确定性。刘永和郭怀成（2008）将湖泊-流域生态系统管理中的不确定性来源归纳为 4 个方面，即①固有不确定性：由生态系统复杂性和动态特征而引起的不可预知的突变事件，以及生态系统由干扰响应的不同而引起的多种环境累计效应预测的不确定性；②科学认知：由于已有的生态学知识和对生态系统理解的限制，尤其是将其在时间和空间尺度外推时产生的不确定性；③管理模型的不确定性：主要表现在基础信息数据的监测和收集、模型因子筛选、模型简化、建模过程、模型及其参数的不适宜外推和插值、模型求解及模型应用上的不确定性；④管理过程：模型预测结果和模型解译、专家和利益相关者的判断，以及管理和策略执行中的不确定性。本书对系统中常见的不确定性处理方法进行了总结（表 4-1）。

表 4-1　流域生态系统中不确定性来源及常见处理方法

分类	不确定性来源	处理方法
科学认知	不可预见性：生态系统研究中未知组分和内容带来的不确定性	加强研究，深刻把握对相关科学知识的理解
	生态系统的动态性、复杂性和意外事件，以及研究不够深入所导致	对系统进行多层次分析，加深对生态系统的理解
建模过程	未纳入模型的因子带来的不确定性：没有认识到其重要性	模型结构性检验和试错法
	模型结构缺失带来的不确定性	模型结构性检验
	模型简化所带来的误差	模型结构性检验和灵敏度分析
	参数估计误差	模型多组数据验证
	监测中的取样偏差和随机性，以及其他数据源带来的不确定性	科学采样，预测和验证数据的随机分组及多次验证
	模型算法和数值解中存在的不确定性	采用多种求解方法并比较选优

续表

分类	不确定性来源	处理方法
建模过程	模型及其参数的不适宜外推和插值：将局部（或试验）结论和参数值在全模型中推广	充分界定模型和参数的适用范围，加强模型校正和验证
	时间和空间尺度选择不当带来的不确定性	谨慎处理模型的尺度适用，从大到小降尺度，并进行结果比较
管理过程	模型预测结果的不恰当应用：模型解译不当	模型适应性分析
	专家和利益相关者的判断失误	引入情景分析方法
	管理、对策执行中的不确定性	通过适应性管理进行动态调整

资料来源：刘永和郭怀成，2008。

本书对上述过程中的不确定性并不做全面的分析和研究，而是选择建模过程中常见的两类不确定性进行详细阐述，即模型构建过程中目标函数本身带来的不确定性和模型的约束条件所带来的不确定性。

4.1.2　目标函数不确定性

如本书第 2 章所述，在求解最小目标函数的区间规划模型中，对应于目标函数下界的子模型反映了决策中最乐观或者说最激进的情形，即违背约束条件风险最大的解空间；决策者如果选择这种解空间下的决策结果，将会冒非常大的无法达到目标函数的解的风险。类似地，上界的子模型则反映了最悲观的情况，即约束条件可能限制的最大解空间，决策者如果选择这种解空间作为决策方案，则没有无法达到目标函数的解的风险。也就是说，如果决策者根据最乐观的情况制定策略，意味着决策者愿意为了获得高的系统收益而承担违背系统约束条件的高风险。另外，如果是根据最悲观的情况，则意味着决策者愿意牺牲系统收益而降低违背约束条件的风险。然而，在实际决策中，决策者一般都不会选择上述两种极端情形，而是更偏向于选择一种介于二者之间的方案，得以平衡系统的收益和风险。

通常情况下，理性的决策者都会倾向于折中的方案，使决策结果介于两个极端解的区间上，此时决策者必须通过解译区间结果而确定一组具体的区间数。这组区间数里就包含了上文所提到的目标函数的风险，即目标函数的不确定性所带来的风险。在 REILP 中，等效的目标风险就是相应的决策者的风险意愿水平，也就是决策者根据自己的风险承受能力选择 λ_0。在 Refined REILP 中，目标风险是风险函数中的一个项，可以根据决策者对流域实际情形的掌握程度，在目标风险与约束风险之间权衡选择。具体到滇池流域的目标风险，如果最初的 ILP 目标函数污染削减成本最小，那么决策者会根据自己对目标函数的风险偏好而确定一个具体的目标风险。例如，滇池流域地处昆明市核心区，社会经济地位异常重要，决策者认为治污成本不是大问题，那么他可能会选择比较高的目标风险意愿水平，也就是愿意承受较高的目标函数的不确定性。

除此之外，目标函数的不确定性还包括科学家对系统过程进行简化和理想化时所带来的不确定性。例如，目标函数中部分系数的取值可能有偏差、污染物削减能力的区间上下限并不符合普遍的情形、对单位处理能力的成本简化不当等。在滇池流域，污水处理厂的生活污水进水容量变化幅度很大，在确定污水处理厂处理能力的参数时，如果根据实际的变化幅度取区间数，那么在实际中会有较大的取值偏差的风险。因为科研人员在优化模型求解过程中不会意识到参数取值合理与否，只能通过了解实际情况的决策者在使用决策模型时，将自己掌握的此类信息纳入决策过程中去。总之，由目标函数本身所带来的不确定性，在 Refined REILP 中一般可以由建模者与决策者沟通得到最大限度的量化，从而极大地提高管理效率。

4.1.3　约束条件不确定性

约束条件不确定性带来的风险是指在 Refined REILP 中，决策者愿意为了获得高的系统收益而承担违背系统约束条件的高风险。Refined REILP 模型中的约束条件一般有多个，有的约束条件是针对整个目标函数的，有的是针对目标函数中的某一个项的。具体到本书的研究对象滇池流域，如容量约束就是针对整个目标函数的约束。重点污染控制流域生活污水的处理率，此约束则是针对具体的子流域外海北岸重污染排水区、城西草海汇水区等污染排放大、地理位置重要、环境质量要求严格的区域而言的。模型约束条件的严格程度不一，因此违背约束条件带来的风险也差别巨大。这些信息对于模型结果的求解和最优结果的选择非常重要。例如，滇池流域 TP 的容量约束就是一个非常严格的约束。类似的信息建模者不了解，但是决策者却非常清楚，因此在利用 Refined REILP 的结果作出决策时，决策者对此类信息的了解就能转化为决策效率。

当求解得到具体各个子流域或者削减措施的解空间时，目标函数中各个子项的约束条件的不确定性是决策者需要细化考虑的主要风险源。以城西草海汇水区为例，其位于草海西岸，其东面为外海北岸重污染排水区，南面为外海西岸湖滨散流区，总面积为 130.1km^2。该片区自然水系及雨水和污水全部流入滇池草海中。城西草海汇水区大部分人口都集中分布在城镇中，农村人口所占比例较小，近年来该片区城镇人口和农村人口都在持续增长。污染负荷贡献最大的为城镇生活点源。对 TN 的控制重点放在城镇生活点源和农业施肥上，但应该更偏重对生活点源的治理；而 TP 的控制应把重心放在城镇生活点源和农业施肥所造成的污染上。城西草海汇水区中的纳污管网主要还是合流管网，雨污分流建设正刚起步。城西草海汇水区区域分界比较明显，林地和建设用地面积占了整个片区的 87.6%。片区的左侧为林地，靠近草海的区域为建设用地。建设用地是片区主要的污染负荷来源，因而生活点源是片区内各污染指标的主要贡献者。同时农业施肥对片区的 TP 负荷贡献也很大，约占片区 TP 负荷的一半。这些背景信息反映到城西草海汇水区的约束里就是非常重要的决策信息。加入决策者选择了一组约束风险较低的决策结果，在城西草海汇水区的农业面源削减是 0，那么根据决策者对该区约束条件的了解，这个结果显然是不可行的，因为该区的农业面源占据了 50% 左右的贡献。这时决策者需要提高对约束不确定性带来的风险的忍受度，选择其他更符合实际情形的决策方案。

　　总之，在 Refined REILP 模型中，决策系统的约束条件的严格程度、约束对整个决策结果的影响，都可以由决策者与模型构建人员在相互沟通中得到反映。而面对决策系统的目标风险与约束风险之间的权衡，更需要了解流域实际状况的决策者，根据优化目标函数的参数取值、简化程度、约束严格程度等方面的专业判断，作出合理的目标-约束风险权衡选择，从而得到风险最优的高效决策。

4.2　减排体系风险决策模型及求解

4.2.1　优化目标及区间数取值

1. 优化目标

　　本书拟构建的优化模型所适用的优化对象是滇池流域主要营养物 TP 的削减，包括一定总量削减目标下 8 个子流域的削减最优空间分配和不同的削减方式之间的规模优化。8 个子流域 C1、W1~W7 已经在第 3 章做过简介，在下文的约束条件分析时还会做具体的背景信息说明。由于建立优化的需求，本书只展示前面章节提到的、可以在优化模型中定量表征的部分削减措施，即主要是工程减排和生态减排，包括污水处理、清洁农业生产、人工防护林、人工湿地、湖滨自然湿地、中水回用、尾水外调和退耕还林还草 8 类削减措施。

　　对滇池流域水环境污染控制决策的主体——当地政府而言，优化决策的首要目的是最大效率地发挥污染控制资金的作用。资金短缺是我国各级政府在流域管理中面临的现实困难，也是流域治污决策实施中的最大障碍。因此，如何在满足污染物削减效果的前提下，最大限度地优化减排措施的空间分布，如何在各个减排措施中配置资金最为节约的方案，就成为决策实施中的关键问题。针对这个问题，本节建立的优化模型的主要目标是：在满足第 3 章综合减排削减总量需求的前提下，如何达到成本最小化。继而在各种不同的风险意愿水平下，选择不同的目标风险和约束风险权衡系数，从而获得不同的决策方案。因此，优化目标函数的主函数是以削减成本来表征，而风险函数则是以总体决策风险最小来表征。

2. 区间数取值

本书的区间数取值原则是根据各个削减措施本身的特性，在营养物削减时会有上下波动。根据工程实践经验、行业手册和工程设计数据，对各个削减措施的单位处理能力取上下一定百分比的波动范围。例如，污水处理厂削减措施，由于微生物本身的不稳定性，以及气温、污水条件、管理维护等方面的差异，处理效率一般会有上下 5%～10% 的波动。

作为精炼风险显性区间规划模型方法的案例展示部分，本书没有必要对第 3 章涉及的所有 Ⅲ、Ⅳ、Ⅴ 类水质目标和 4 种发展情景下的减排方案做决策风险分析，而是拟选择 2030 年 Ⅳ 类水质目标优化发展情景的 TP 优化配置来举例说明。其他不同水质和不同发展情景下的 TN 或 TP 决策风险分析与案例类似，限于篇幅，不再一一赘述。

4.2.2　区间规划模型构建

1. ILP 模型

首先构建滇池流域营养物 TP 负荷削减的 ILP 模型，即在 ILP 框架中使用区间数来表示不确定性。其方程如下。

目标函数：

方案总投资（包括初始投资成本与维护成本）最小

$$\min \quad f^{\pm} = \sum_{i=1}^{I} \sum_{j=1}^{J} \sum_{k=1}^{K} (X_{i,j,k}^{\pm} \cdot \text{IIC}_{j,k}^{\pm} \cdot a_{i,j}) + \sum_{i=1}^{I} \sum_{j=1}^{J} \sum_{k=1}^{K} \left[\left(\sum_{k'=1}^{k} X_{i,j,k'}^{\pm} \right) \cdot \text{ASC}_{j,k}^{\pm} \cdot a_{i,j} \right] \quad (4\text{-}1)$$

约束函数（s.t.）：

由于只对 2030 年一个时期进行具体讨论，以下约束函数不再对规划时段 k 进行说明。

（1）环境容量约束条件：

$$\text{TPDQ} - \sum_{i=1}^{I} \sum_{j=1}^{J} X_{i,j}^{\pm} \cdot \text{APR}_{j}^{\pm} \cdot a_{i,j} \leqslant \text{TEC}_{k}^{\pm} \quad (4\text{-}2)$$

（2）耕地面积约束（满足国家对耕地的保护政策）：

$$\sum_{i=1}^{I} X_{i,5}^{\pm} \cdot a_{i,5} / \text{TLAQ} \leqslant \text{RML}^{\pm} \quad (4\text{-}3)$$

（3）生活污水处理率约束（满足不同时期内国家和地方对城镇污水处理率的要求，对于子流域 $i = 1, 3, 5$，要求污水处理厂处理量大于生活污水的排放量）：

$$(X_{i,1} \cdot a_{i,1} + X_{i,9} \cdot a_{i,9}) / \text{TWD}_i \geqslant \text{RWT}^{\pm}, \forall i \quad (4\text{-}4)$$

$$X_{i,1} \cdot a_{i,1} \geqslant \text{TWD}_i^{\pm} \cdot \text{PWT}_i, i = 1,3,5 \quad (4\text{-}5)$$

（4）坡耕地约束（满足不同时期云南省政府对坡耕地退耕还林的要求）：

$$X_{i,5}^{\pm} \cdot a_{i,5} \geqslant \text{RSL}^{\pm} \cdot \text{TSL}_i, \forall i \quad (4\text{-}6)$$

（5）森林覆盖率约束（满足流域的森林覆盖率要求）：

$$X_{i,5} \cdot a_{i,5} + X_{i,7} \cdot a_{i,7} + \text{FLA} \geqslant \text{RFL}_i^{-} \cdot \text{TLA}_i, \forall i \quad (4\text{-}7)$$

（6）重点区域污染物削减量约束（对于面积较大、污染严重的子流域，其污染物削减的力度对全流域具有至关重要的影响，因此对这些子流域会有更高的污染物削减要求）：

$$\sum_{j=1}^{J} X_{i,j}^{\pm} \cdot \text{APR}_j^{\pm} \cdot a_{i,j} \geqslant \text{TPD}_i \cdot \text{RPE}_i, \forall i \quad (4\text{-}8)$$

（7）生态恢复约束（满足对湖滨带生态恢复的最低要求）：

$$\sum_{i=1}^{I} X_{i,8}^{\pm} \cdot a_{i,8} \geqslant \text{RLR}^{\pm} \cdot \text{TLR} \quad (4\text{-}9)$$

（8）尾水外调约束（满足对尾水外调比例的要求）：

$$X_{i,3}^{\pm} \cdot a_{i,3} / \text{TWD}_i^{\pm} \geqslant \text{RWT}^{\pm} \cdot \text{WWT}, \forall i \quad (4\text{-}10)$$

$$X_{i,3}^{\pm} \cdot a_{i,3} \leqslant \text{WWD}, \forall i \quad (4\text{-}11)$$

（9）农村面源污染约束（满足对农村面源污染处理率的要求）：

$$\sum_{j=5,6,7} (X_{i,j}^{\pm} \cdot a_{i,j} / \text{APD}_i^{\pm}) \geqslant \text{AWT}^{\pm}, \forall i \quad (4\text{-}12)$$

（10）雨污合流处理约束（滇池流域雨季集中在 5～10 月，城区子流域的雨污合流处理措施削减量约束）：

$$X_{i,4}^{\pm} \cdot a_{i,4} \cdot \text{APR}_i^{\pm} \geqslant \text{ROD} \cdot \text{DWT}^{\pm}, \forall i \quad (4\text{-}13)$$

（11）技术约束：

$$X_{i,j}^{\pm} \geqslant 0 \quad (4\text{-}14)$$

$$[a_{i,j}] = [(0,1)]_{8 \times 9} \quad (4\text{-}15)$$

其中，

$X_{i,j,k}^{\pm}$：第 i 个子流域内第 j 种措施在第 k 个阶段的规模。

i, j, k：$i = 1, 2, \cdots, 8$，代表子流域；$j = 1, 2, \cdots, 8$，代表营养物削减措施的类型；k 代表时期，即规划期 2020 年和 2030 年，由于仅取 2030 年举例说明方法应用，约束不再对 k 取值。

其中，$i = 1$ 代表城西草海汇水区（C1），$i = 2$ 代表松华坝水源保护区（W1），$i = 3$ 代表外海北岸重污染排水区（W2），$i = 4$ 代表外海东北岸城市-城郊-农村复合污染区（W3），$i=5$ 代表外海东岸新城控制区（W4），$i=6$ 代表外海东南岸农业面源控制区（W5），$i=7$ 外海西南岸高富磷区（W6），$i=8$ 代表外海西岸湖滨散流区（W7）。

$j=1$ 为污水处理，$j=2$ 为中水回用，$j=3$ 为尾水外调，$j=4$ 为雨污合流污水处理设施，$j=5$ 为退耕还林还草，$j=6$ 为清洁农业生产，$j=7$ 为人工防护林，$j=8$ 为湖滨自然湿地，$j=9$ 为人工湿地。

$TEC_k^{\pm}$：时期 k 时 TP 的总环境容量（t/a），根据第 3 章的计算结果，III、IV、V 类水质目标下 TP 的环境容量分别为 80t/a、88.7t/a、和 96.6t/a，分别按照一定的保证率取 20% 的上下波动范围，则环境容量取值为[64，96]，[71，106.4]，[77.3，115.9]（t/a）。

TPDQ：滇池流域规划年的 TP 负荷（t/a）。

$IIC_{j,k}^{\pm}$：措施 j 在规划时段的单位初始投资成本，数据由各项措施的工程设计手册及咨询工程人员获取。

$ASC_{j,k}^{\pm}$：措施 j 在规划阶段的单位维护成本（本案例中只考虑一个时段，所以略去）。

$APR_j^{\pm}$：措施 j 的单位 TP 削减量，对应于 $j=1, 2, \cdots, 9$ 的值见表 4-2（Liu et al.，2008a；Yang et al.，2016）。

TLAQ：目前的耕地面积（57974hm²）。

$RML^{\pm}$：政府对耕地被占用的最大比例的要求，取值[0.3，0.35]。

$TWD_i^{\pm}$：子流域 i 在规划阶段的污水排放量（m³/d）。

$RWT^{\pm}$：k 阶段的生活污水的处理率，取值[0.6，0.7]。

$RSL^{\pm}$：政府对坡度大于25°的坡耕地与森林的面积比率的要求，取值[0.8, 0.85]。

TSL_i：子流域 i 内的坡耕地面积（hm²）。

FLA_i：目前子流域的森林面积（hm²）。

RFL_i^-：子流域 i 内的森林覆盖率目标。

TLA_i：子流域 i 的总面积（hm²）。

TPD_i：子流域 i 内规划时期的 TP 负荷（t/a）。

RPE_i：规划阶段污染物削减的最小比例（%）。

PWT_i：城区中污水处理厂对生活污水的处理率约束。

$RLR^{\pm}$：湖滨带修复的最低满足程度，取值为[0.8，1.0]。

TLR：设计的湖滨带修复面积（3800hm²）。

WWD：尾水外调最大量（600000m³/d）。

WWT：尾水外调最小比例（0.18%）。

$APD_i^{\pm}$：子流域 i 内农村面源污染的 TP 产生量（t/a）。

AWT$^{\pm}$：农村面源污染处理率，取值[0.4，0.5]。

ROD：降雨径流污染物的产生量；本书 2030 年优化情景下城市建设用地为 527.6052km^2，合计为 52760hm^2。年均降水量为 947mm，径流系数为 0.4~0.8，分别取径流系数 0.6，则径流量为 299785270m^3/a，合计处理量[23982821.97，35974232.96]t/a，TP 进水浓度[0.78，1.15]mg/L，出水 0.05mg/L，则削减 TP 为[21.88，32.98]t/a。

DWT$^{\pm}$：雨污合流削减比例要求[0.08，0.12]。

$a_{i,j}$：削减措施 j 在子流域 i 的适宜性因子，1 代表该子流域 i 有削减措施 j 用于营养物削减，0 代表该子流域无此类削减措施；由污染控制分区的实际情形和减排措施的特点可知，减排措施 $j=1$ 为污水处理，在子流域 $i=1, 3, 4, 5, 6, 7$ 适用；$j=2$ 为中水回用，在子流域 $i=1, 3, 4, 5$ 适用；$j=3$ 为尾水外调，在子流域 $i=1, 3$ 适用；$j=4$ 雨污合流污水处理设施，在子流域 $i=1, 3, 5$ 适用；$j=5$ 为退耕还林还草，在子流域 $i=4, 5, 7, 8$ 适用；$j=6$ 为清洁农业生产，在子流域 $i=4, 6, 7, 8$ 适用；$j=7$ 为人工防护林，在子流域 $i=4, 6, 7, 8$ 适用；$j=8$ 为湖滨自然湿地，在子流域 $i=1, 3, 4, 5, 6, 7, 8$ 适用；$j=9$ 为人工湿地，在子流域 $i=4, 5, 6, 7, 8$ 适用，则

$$a_{i,j} = \begin{bmatrix} 1 & 1 & 1 & 1 & 0 & 0 & 0 & 1 & 0 \\ 0 & 0 & 0 & 0 & 0 & 0 & 0 & 0 & 0 \\ 1 & 1 & 1 & 1 & 0 & 0 & 0 & 1 & 0 \\ 1 & 1 & 0 & 0 & 1 & 1 & 1 & 1 & 1 \\ 1 & 1 & 0 & 1 & 1 & 0 & 0 & 1 & 1 \\ 1 & 0 & 0 & 0 & 0 & 1 & 1 & 1 & 1 \\ 1 & 0 & 0 & 0 & 1 & 1 & 1 & 1 & 1 \\ 0 & 0 & 0 & 0 & 1 & 1 & 1 & 1 & 1 \end{bmatrix}$$

2. REILP 模型

在 REILP 算法和 ILP 解的基础上，建立了滇池流域 TP 负荷削减的 REILP 模型，使其风险最小：

$$\min \quad \text{RISK} = \sum_{i=1}^{I} \sum_{j=1}^{J} X_{i,j} \cdot \gamma_{1j} \cdot (\text{APR}_j^+ - \text{APR}_j^-) \cdot a_{i,j} / (\text{TPDQ} - \text{TEC}^-)$$

$$+ \gamma_2 (\text{TEC}^+ - \text{TEC}^-) / (\text{TPDQ} - \text{TEC}^-)$$

$$+ \gamma_3 (\text{RML}^+ - \text{RML}^-) / \text{RML}^-$$

$$+ \gamma_4 (\text{RSL}^+ - \text{RSL}^-) / \text{RSL}^-$$

$$+ \sum_{i=1}^{I} [\gamma_{5i} (\text{RFL}_i^+ - \text{RFL}_i^-) \cdot \text{TLA}_i /$$

$$(\mathrm{FLA}_i - \mathrm{RFL}_i^- \cdot \mathrm{TLA}_i)] / I + \sum_{i=1}^{I} \gamma_{6i}(\mathrm{RWT}^+ - \mathrm{RWT}^-) / \mathrm{RWT}^-$$

$$+ \sum_{i=1}^{I} \left\{ \sum_{j=1}^{J} [X_{i,j} \cdot \gamma_{1j}(\mathrm{APR}_j^+ - \mathrm{APR}_j^-) \cdot a_{i,j}] / \mathrm{TPD}_i \cdot \mathrm{RPE}_i \right\} / I$$

$$+ \gamma_7(\mathrm{RLR}^+ - \mathrm{RLR}^-) / \mathrm{RLR}^- + \gamma_8(\mathrm{RWT}^+ - \mathrm{RWT}^-) / \mathrm{RWT}^-$$

$$+ \sum_{i=1}^{I} \left\{ \left[\sum_{j=5,6,7} X_{i,j}^{\pm} \cdot \gamma_{1j}(\mathrm{APR}_j^+ - \mathrm{APR}_j^-) a_{i,j} \right. \right.$$

$$+ \gamma_9(\mathrm{AWT}^- - \mathrm{AWT}^+) \cdot \mathrm{APD}_i] / (\mathrm{AWT}^+ \cdot \mathrm{APD}_i) \} / I$$

$$(4\text{-}16)$$

约束函数（s.t.）

（1）原 ILP 目标函数约束：

$$\sum_{i=1}^{I} \sum_{j=1}^{J} X_{i,j} \cdot [\mathrm{IIC}_j^+ - \gamma_0(\mathrm{IIC}_j^+ - \mathrm{IIC}_j^-)] \cdot a_{i,j} \leqslant f^+ - \gamma_0(f^+ - f^-) \qquad (4\text{-}17)$$

（2）环境容量约束：

$$\mathrm{TPDQ} - \sum_{i=1}^{I} \sum_{j=1}^{J} X_{i,j} \cdot \mathrm{APR}_j^- \cdot a_{i,j} - \mathrm{TEC}^- \leqslant \sum_{i=1}^{I} \sum_{j=1}^{J} X_{i,j} \cdot \gamma_{1j} \cdot (\mathrm{APR}_j^- - \mathrm{APR}_j^+) \cdot a_{i,j}$$
$$+ \gamma_2(\mathrm{TEC}^- - \mathrm{TEC}^+) \qquad (4\text{-}18)$$

（3）耕地面积约束：

$$\sum_{i=1}^{I} X_{i,5} \cdot a_{i,5} \leqslant \mathrm{TLAQ}[\mathrm{RML}^- + \gamma_3(\mathrm{RML}^+ - \mathrm{RML}^-)] \qquad (4\text{-}19)$$

（4）坡耕地约束：

$$X_{i,5} \cdot a_{i,j} - \mathrm{RSL}^+ \cdot \mathrm{TSL} \geqslant \gamma_4(\mathrm{RSL}^- - \mathrm{RSL}^+) \cdot \mathrm{TSL}, \forall i \qquad (4\text{-}20)$$

（5）森林覆盖率约束：

$$(X_{i,5,k} \cdot a_{i,5} + X_{i,7} \cdot a_{i,7}) + \mathrm{FLA}_i - \mathrm{RFL}_i^+ \cdot \mathrm{TLA}_i \geqslant \gamma_{5i}(\mathrm{RFL}_i^- - \mathrm{RFL}_i^+) \cdot \mathrm{TLA}_i, \forall i \quad (4\text{-}21)$$

（6）生活污水处理率约束：

$$(X_{i,1} \cdot a_{i,1} + X_{i,9} \cdot a_{i,9}) - \mathrm{RWT}^+ \cdot \mathrm{TWD}_i \geqslant \gamma_{6i}(\mathrm{RWT}^- - \mathrm{RWT}^+) \mathrm{TWD}_i, \forall i \quad (4\text{-}22)$$

$$X_{i,1} \cdot a_{i,1} \geqslant \mathrm{TWD}_i \cdot \mathrm{PWT}_i, \forall i \qquad (4\text{-}23)$$

（7）流域污染物削减约束：

$$\sum_{j=1}^{J} X_{i,j}^{\pm} \cdot \mathrm{APR}_j^- \cdot a_{i,j} \geqslant \sum_{j=1}^{J} X_{i,j}^{\pm} \cdot \gamma_{1j}(\mathrm{APR}_j^- - \mathrm{APR}_j^+) \cdot a_{i,j} + \mathrm{TPD}_i \cdot \mathrm{RPE}_i, \forall i \quad (4\text{-}24)$$

（8）生态恢复约束：

$$\sum_{i=1}^{I} X_{i,8} \cdot a_{i,8} - \mathrm{RLR}^+ \cdot \mathrm{TLR} \geqslant \gamma_7(\mathrm{RLR}^- - \mathrm{RLR}^+) \cdot \mathrm{TLR} \qquad (4\text{-}25)$$

（9）尾水外调约束（满足对尾水外调比例的要求）：

$$X_{i,3}^{\pm} \cdot a_{i,3} \cdot \text{TWD}_i - \text{RWT}^+ \cdot \text{WWT} \geqslant \gamma_8 (\text{RWT}^- - \text{RWT}^+) \cdot \text{WWT}, \forall i \quad (4\text{-}26)$$

$$X_{i,3}^{\pm} \cdot a_{i,3} \leqslant \text{WWD}, \forall i \quad (4\text{-}27)$$

（10）农村面源污染约束（满足对农村面源污染处理率的要求）：

$$\sum_{j=5,6,7} X_{i,j}^+ \cdot \text{APR}_j^- \cdot a_{i,j} - \text{AWT}^+ \cdot \text{APD}_i \geqslant$$

$$\sum_{j=5,6,7} X_{i,j}^{\pm} \cdot \gamma_{1j} (\text{APR}_j^+ - \text{APR}_j^-) a_{i,j} + \gamma_9 (\text{AWT}^- - \text{AWT}^+) \cdot \text{APD}_i, \forall i \quad (4\text{-}28)$$

（11）雨污合流约束：

$$X_{i,4}^{\pm} \cdot a_{i,4} \cdot \text{APR}_i^- - \text{ROD} \cdot \text{DWT}^+ \geqslant X_{i,4}^{\pm} \cdot a_{i,4} \cdot \gamma_{1,4} (\text{APR}_4^- - \text{APR}_4^+)$$
$$+ \gamma_{10} (\text{DWT}^- - \text{DWT}^+), \forall i \quad (4\text{-}29)$$

$$0 \leqslant \gamma_{1j}, \gamma_2, \gamma_3, \gamma_4, \gamma_{5i}, \gamma_{6i}, \gamma_7, \gamma_8, \gamma_9, \gamma_{10} \leqslant 1, \forall i, j \quad (4\text{-}30)$$

以上各式中，参数的含义与 ILP 模型中相同参数一致，$\gamma_{1j} \sim \gamma_{10}$ 分别代表各参数的不确定性度量。

3. Refined REILP 模型

采用本书第 2 章 Refined REILP 方法部分提出的 DOC 法，在 REILP 算法和 ILP 解的基础上，建立滇池流域 TP 负荷削减 Refined REILP 模型，最小化风险：

$$\begin{aligned}
\min \quad \text{RISK} = & \sum_{i=1}^{I} \sum_{j=1}^{J} X_{i,j} \cdot \gamma_{1j} \cdot (\text{APR}_j^+ - \text{APR}_j^-) \cdot a_{i,j} / (\text{TPDQ} - \text{TEC}^-) \\
& + \gamma_2 (\text{TEC}^+ - \text{TEC}^-) / (\text{TPDQ} - \text{TEC}^-) \\
& + \gamma_3 (\text{RML}^+ - \text{RML}^-) / \text{RML}^- \\
& + \gamma_4 (\text{RSL}^+ - \text{RSL}^-) / \text{RSL}^- + \sum_{i=1}^{I} [\gamma_{5i} (\text{RFL}_i^+ - \text{RFL}_i^-) \cdot \text{TLA}_i / \\
& (\text{FLA}_i - \text{RFL}_i^- \cdot \text{TLA}_i)] / I + \sum_{i=1}^{I} \gamma_{6i} (\text{RWT}^+ - \text{RWT}^-) / \text{RWT}^- \\
& + \sum_{i=1}^{I} \left\{ \sum_{j=1}^{J} [X_{i,j} \cdot \gamma_{1j} (\text{APR}_j^+ - \text{APR}_j^-) \cdot a_{i,j}] / \text{TPD}_i \cdot \text{RPE}_i \right\} / I \\
& + \gamma_7 (\text{RLR}^+ - \text{RLR}^-) / \text{RLR}^- + \gamma_8 (\text{RWT}^+ - \text{RWT}^-) / \text{RWT}^- \\
& + \sum_{i=1}^{I} \left\{ \left[\sum_{j=5,6,7} X_{i,j}^{\pm} \cdot \gamma_{1j} (\text{APR}_j^+ - \text{APR}_j^-) a_{i,j} + \gamma_9 (\text{AWT}^- \right. \right. \\
& \left. \left. - \text{AWT}^+) \cdot \text{APD}_i \right] / (\text{AWT}^+ \cdot \text{APD}_i) \right\} / I + \alpha \sum_{j=1}^{J} \gamma_j / I
\end{aligned}$$

$$(4\text{-}31)$$

约束函数（s.t.）

（1）原目标函数上下限约束：

$$\sum_{i=1}^{I}\sum_{j=1}^{J}X_{i,j}\cdot[\text{IIC}_j^+ - \gamma_j(\text{IIC}_j^+ - \text{IIC}_j^-)]\cdot a_{i,j} \leqslant f^+ - \gamma_0(f^+ - f^-) \tag{4-32}$$

（2）环境容量约束：

$$\text{TPDQ} - \sum_{i=1}^{I}\sum_{j=1}^{J}X_{i,j}\cdot\text{APR}_j^-\cdot a_{i,j} - \text{TEC}^- \leqslant$$
$$\sum_{i=1}^{I}\sum_{j=1}^{J}X_{i,j}\cdot\gamma_{1j}\cdot(\text{APR}_j^- - \text{APR}_j^+)\cdot a_{i,j} + \gamma_2(\text{TEC}^- - \text{TEC}^+) \tag{4-33}$$

（3）耕地面积约束：

$$\sum_{i=1}^{I}X_{i,5}\cdot a_{i,5} \leqslant \text{TLAQ}[\text{RML}^+ - \gamma_3(\text{RML}^+ - \text{RML}^-)] \tag{4-34}$$

（4）坡耕地约束：

$$X_{i,5}\cdot a_{i,j} - \text{RSL}^+\cdot\text{TSL} \geqslant \gamma_4(\text{RSL}^- - \text{RSL}^+)\cdot\text{TSL}, \forall i \tag{4-35}$$

（5）森林覆盖率约束：

$$(X_{i,5,k}\cdot a_{i,5} + X_{i,7}\cdot a_{i,7}) + \text{FLA}_i - \text{RFL}_i^+\cdot\text{TLA}_i \geqslant \gamma_{5i}(\text{RFL}_i^- - \text{RFL}_i^+)\cdot\text{TLA}_i, \forall i \tag{4-36}$$

（6）生活污水处理率约束：

$$(X_{i,1}\cdot a_{i,1} + X_{i,9}\cdot a_{i,9}) - \text{RWT}^+\cdot\text{TWD}_i \geqslant \gamma_{6l}(\text{RWT}^- - \text{RWT}^+)\text{TWD}_i, \forall i \tag{4-37}$$

$$X_{i,1}\cdot a_{i,1} \geqslant \text{TWD}_i\cdot\text{PWT}_i, \forall i \tag{4-38}$$

（7）流域污染物削减约束：

$$\sum_{j=1}^{J}X_{i,j}^\pm\cdot\text{APR}_j^-\cdot a_{i,j} \geqslant \sum_{j=1}^{J}X_{i,j}^\pm\cdot\gamma_{1j}(\text{APR}_j^- - \text{APR}_j^+)\cdot a_{i,j} + \text{TPD}_i\cdot\text{RPE}_i, \forall i \tag{4-39}$$

（8）生态恢复约束：

$$\sum_{i=1}^{I}X_{i,8}\cdot a_{i,8} - \text{RLR}^+\cdot\text{TLR} \geqslant \gamma_7(\text{RLR}^- - \text{RLR}^+)\cdot\text{TLR} \tag{4-40}$$

（9）尾水外调约束（满足对尾水外调比例的要求）：

$$X_{i,3}^\pm\cdot a_{i,3}\cdot\text{TWD}_i - \text{RWT}^+\cdot\text{WWT} \geqslant \gamma_8(\text{RWT}^- - \text{RWT}^+)\cdot\text{WWT}, \forall i \tag{4-41}$$

$$X_{i,3}^\pm\cdot a_{i,3} \leqslant \text{WWD}, \forall i \tag{4-42}$$

（10）农村面源污染约束（满足对农村面源污染处理率的要求）：

$$\sum_{j=5,6,7}X_{i,j}^\pm\cdot\text{APR}_j^-\cdot a_{i,j} - \text{AWT}^+\cdot\text{APD}_i \geqslant$$
$$\sum_{j=5,6,7}X_{i,j}^\pm\cdot\gamma_{1j}(\text{APR}_j^+ - \text{APR}_j^-)a_{i,j} + \gamma_9(\text{AWT}^- - \text{AWT}^+)\cdot\text{APD}_i, \forall i \tag{4-43}$$

（11）雨污合流约束：

$$X_{i,4}^{\pm} \cdot a_{i,4} \cdot APR_i^- - ROD \cdot DWT^+ \geqslant$$
$$X_{i,4}^{\pm} \cdot a_{i,4} \cdot \gamma_{1,4}(APR_4^- - APR_4^+) + \gamma_{10}(DWT^- - DWT^+), \forall i \quad (4\text{-}44)$$

$$0 \leqslant \gamma_{1j}, \gamma_2, \gamma_3, \gamma_4, \gamma_{5i}, \gamma_{6_l}, \gamma_{7j}, \gamma_8, \gamma_9, \gamma_{10} \leqslant 1, \forall i, j \quad (4\text{-}45)$$

以上各式中参数与 REILP 中相同参数的含义一致。

其中，α 表示目标函数风险与约束条件风险的权衡系数，由决策者根据自身偏好及对目标函数参数与约束条件的专业判断而选择。

4.2.3　模型求解

根据水专项滇池研究成果、行业设计手册、背景调研与监测数据，逐一确定 ILP、REILP 和 Refined REILP 模型中的各参数和背景值，见表 4-2。

表 4-2　滇池 ILP 模型中的主要参数

（a）TWD，TPD，TSL，TLA，FLA、RFL、APD，PWT，RPE，ROD，MLA 和 RPD

子流域 i	TWD/(万 m³/a)	TPD/(t/a)	TSL/hm²	TLA/hm²	FLA/hm²	RFL⁻/%	RFL⁺/%
C1	10906	306	91	12879	4906	38	40
W1	—						
W2	35296	961	348	29900	8940	30	35
W3	4380	171	0	30200	16165	54	55
W4	6570	330	3050	46492	18448	40	42
W5	1314	261	4233	49468	26216	53	55
W6	1351	73	1120	23600	12813	55	57
W7	730	49	0	6329	4207	67	70
合计	60547	2151	8842	198868	91695	—	—

子流域 i	APD/(t/a)	PWT/%	RPE/%	ROD/(t/a)	MLA/hm²	RPD/(万 m³/a)
C1	22.5	100	80	6434.95	257.58	3526.25
W1	—	—	—	—	0	0.00
W2	60.17	100	85	20137.05	598	11034.44
W3	92.68	60	85	—	604	0.00
W4	214.95	100	90	28137.85	929.84	15417.83
W5	210	0	95	—	989.36	0.00

续表

子流域 i	APD/(t/a)	PWT/%	RPE/%	ROD/(t/a)	MLA/hm^2	RPD/(万 m^3/a)
W6	51.5	0	85	—	472	0.00
W7	27.48	0	60	—	126.58	0.00
合计	679.28			54709.85	3977.36	29978.52

（b）APR 与 IIC

措施 j	APR$^-$	APR$^+$	IIC$^-$	IIC$^+$
1	0.0267×10^{-4}t/m^3	0.0285×10^{-4}t/m^3	123.9905×万元/(m^3/a)	136.38955×万元/(m^3/a)
2	—	—	—	—
3	0.003×10^{-4}t/m^3	0.005×10^{-4}t/m^3	105.1565×万元/(m^3/a)	115.67215×万元/(m^3/a)
4	0.0078×10^{-4}t/m^3	0.011×10^{-4}t/m^3	105.1565×万元/(m^3/a)	115.67215×万元/(m^3/a)
5	0.0182×t/hm^2	0.0194×t/hm^2	28.8×万元/(hm^2/a)	31.68×万元/(hm^2/a)
6	0.0285×t/hm^2	0.0295×t/hm^2	4.5×万元/(hm^2/a)	4.95×万元/(hm^2/a)
7	0.022×t/hm^2	0.024×t/hm^2	19.2×万元/(hm^2/a)	21.12×万元/(hm^2/a)
8	0.00895×t/hm^2	0.00915×t/hm^2	43.1×万元/(hm^2/a)	47.41×万元/(hm^2/a)
9	0.0036×10^{-4}t/m^3	0.0041×10^{-4}t/m^3	4.23×万元/(hm^3/a)	4.67×万元/(m^3/a)

（c）其他变量及说明

参数	下限	上限
RML/%	30	35
TEC/(t/a)	71	106.4
RSL/%	80	85
RLR/%	80	100
TLR/hm^2	31485	31485
RWT/%	60	70
WWT/%	0.18	0.18
AWT/%	40	50
TPDQ/(t/a)	2151	2151
TLAQ/hm^2	57947	57947

　　确定参数后，利用 BWC 算法，将初始的 ILP 模型式（4-1）分解为两个子模型，利用表 4-2 的参数和式（4-2）～式（4-15）的约束条件，分别解出目标函数的下界 f^- 和上界 f^+，见表 4-3 和表 4-4。求得上下界后，在一系列指定的离散的

决策意愿水平 λ_0（aspiration level）下求解式（4-16）～式（4-30）的 REILP 模型，本书的决策意愿水平 λ_0 从最悲观的极端情景 $\lambda_0 = 0$ 起始，按照 0.1 的步长，取值 1.0，即 $\lambda_0 = 0$，0.1，0.2，0.3，0.4，0.5，0.6，0.7，0.8，0.9，1.0 共计 11 种意愿水平情景。其中，$\lambda_0 = 0$ 和 1.0 是两种极端情景，现实决策中不会发生，本书为分析用而取值。然后得出不同意愿水平所对应的最优解，使其在满足预期目标的前提下达到风险最小。再归一化风险程度，使最悲观方案的归一化风险值（normalized risk level，NRL）为 0，而最乐观方案为 1。REILP 模型下各子流域和削减措施的结果见 4.2.3 节。

对于 Refined REILP 的求解，前面的步骤与 REILP 类似。所不同的是除了一系列指定的离散的决策意愿水平 λ_0 外，还需要在不同的目标-约束风险权衡因子 α（tradeoff factor）下求解模型，从而得出不同意愿水平和权衡因子所对应的最优解，使其在满足预期目标的前提下达到风险最小。本书的 λ_0 取 0，0.1，0.2，0.3，0.4，0.5，0.6，0.7，0.8，0.9，1.0 共计 11 种意愿水平，目标-约束风险权衡因子 α 取 0.01，0.1，1，10，20，50，100 共计 7 种权衡因子。通过模型的试算发现，当 α 取值 0.1 和 100 时，结果已经分别趋向收敛于 0 和 $+\infty$。接下来归一化所得到的约束风险程度，使最悲观方案的归一化约束风险值（normalized constraint risk level，NCRL）为 0，而最乐观方案为 1。再标绘不同意愿水平下对应于目标风险的 NCRL，形成一个可以用于权衡目标风险和约束风险的决策面，即滇池流域 2030 年Ⅳ类水质目标下 TP 削减决策的目标-约束风险关系图。

以上的求解过程均用 Lingo11.0 编程，通过 Office Excel 进行数据链接。3 种模型 Lingo 源程序见本书附录 1～附录 3。

4.2.4　模型结果

1. ILP 结果

由于子流域 W1 松华坝水源保护区不直接入湖，因此不计入以入湖断面为控制条件的削减量计算。ILP 模型的下界 f^- 和上界 f^+ 的求解结果见表 4-3 与表 4-4。表 4-3 和表 4-4 分别展示的是 ILP 模型下削减量与成本最低和最高的情形下，8 个子流域和 9 种削减措施各自的削减建设能力。从表 4-3 和表 4-4 中可以看出，上下界结果里各个措施在 8 个子流域的主要差别在于污水处理能力建设、人工湿地、湖滨自然湿地、退耕还林还草和人工防护林建设。需要特别说明的是，上下界的结果是模型求解的极端情形，在现实决策中可能并不符合实际情况，因此不具有太多的决策意义。

表 4-3　滇池流域 ILP 模型求解结果下界 f^-

子流域 i /措施 j	$j=1$ /(10^4m^3/a)	$j=2$ /(10^4m^3/a)	$j=3$ /(10^4m^3/a)	$j=4$ /(10^4m^3/a)	$j=5$ /hm²	$j=6$ /hm²	$j=7$ /hm²	$j=8$ /hm²	$j=9$ /hm²
$i=1$	10906.20	0.00	4299.7	128.23	0.00	0.00	0.00	0.00	0.00
$i=2$	0.00	0.00	0.00	0.00	0.00	0.00	0.00	0.00	0.00
$i=3$	35295.50	0.00	13913.8	401.25	0.00	0.00	0.00	0.00	0.00
$i=4$	2628.00	0.00	0.00	0.00	0.00	0.00	2746.17	522.22	0.00
$i=5$	6570.00	0.00	0.00	560.65	4897.37	0.00	0.00	929.84	0.00
$i=6$	441.11	0.00	0.00	0.00	0.00	4233.00	4061.80	989.36	217.41
$i=7$	0.00	0.00	0.00	896.00	1120.00	148.76	472.00	221.90
$i=8$	0.00	0.00	0.00	0.00	0.00	0.00	1106.45	126.58	109.09
合计	55840.81	0.00	18213.5	1090.13	5793.37	5353.00	8063.18	3040.00	548.40

表 4-4　滇池流域 ILP 模型求解结果上界 f^+

子流域 i /措施 j	$j=1$ /(10^4m^3/a)	$j=2$ /(10^4m^3/a)	$j=3$ /(10^4m^3/a)	$j=4$ /(10^4m^3/a)	$j=5$ /hm²	$j=6$ /hm²	$j=7$ /hm²	$j=8$ /hm²	$j=9$ /hm²
$i=1$	10906.20	0.00	5015.1	271.25	0.00	0.00	0.00	257.58	0.00
$i=2$	0.00	0.00	0.00	0.00	0.00	0.00	0.00	0.00	0.00
$i=3$	35295.50	0.00	16231.55	848.80	0.00	0.00	0.00	598.00	0.00
$i=4$	2628.00	0.00	0	0.00	0.00	0.00	4212.73	426.64	318.93
$i=5$	6570.00	0.00	0	1185.99	6857.89	0.00	0.00	929.84	0.00
$i=6$	1037.86	0.00	0	0.00	4233.00	4061.80	989.36	68.78
$i=7$	59.66	0.00	0	0.00	952.00	1120.00	102.44	472.00	321.50
$i=8$	0.00	0.00	0	0.00	0.00	0.00	1249.09	126.58	181.82
合计	56497.22	0.00	21246.65	2306.04	7809.89	5353.00	9626.05	3800.00	891.02

　　ILP 模型结果下各子流域和削减措施的削减量与成本见表 4-5 和表 4-6 及图 4-1 和图 4-2。由表 4-5 和表 4-6、图 4-1 和图 4-2 可以看出，削减量的上下界差别很小，下界为 2024.72t/a，上界为 2331.28t/a，主要原因是滇池流域污染重，在现有的环境容量下，可供回旋优化的空间不大。削减成本的上下界分别是 942.24 亿元和 1109.19 亿元。需要指出的是，该投资包括了目前已经投入的污染治理和生态修复资金，且经比较分析，本书的研究优化结果的成本总额与原方案、《滇池流域水环境综合治理总体方案》所设计的 1000 亿元的投资总额相当，体现了分空间和分措施的优化功能。

表 4-5　ILP 模型下 8 个子流域的上下界削减量　　　（单位：t/a）

子流域 i	下界模型		上界模型	
	最小削减量	最大削减量	最小削减量	最大削减量
1	305.12	333.78	310.27	341.16
2	0	0	0	0
3	987.34	1080.05	1001.77	1101.59
4	135.26	145.58	171.28	185.16
5	277.25	296.93	317.81	341.84
6	233.77	247.56	247.56	262.12
7	58.93	61.96	61.96	65.28
8	27.05	29.51	31.24	34.13
合计	2024.72	2195.37	2141.89	2331.28

表 4-6　ILP 模型下 8 个子流域的上下界削减成本　　　（单位：亿元）

子流域 i	下界模型		上界模型	
	最小成本	最大成本	最小成本	最大成本
1	181.38	200.21	191.74	210.83
2	0	0	0	0
3	586.83	647.76	619.23	680.87
4	40.11	44.12	43.06	47.36
5	105.47	116.02	117.69	129.46
6	19.81	21.79	26.95	29.65
7	5.78	6.36	6.76	7.44
8	2.86	3.14	3.25	3.58
合计	942.24	1039.4	1008.68	1109.19

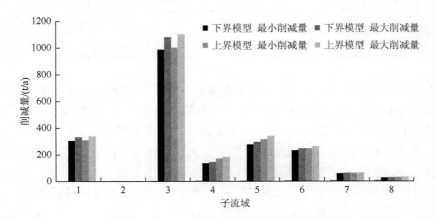

图 4-1　ILP 结果上下界 8 个子流域的削减量

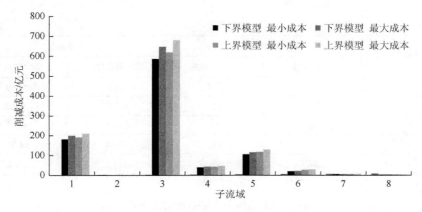

图 4-2　ILP 结果上下界 8 个子流域的削减成本

具体到 8 个子流域各自的削减量和削减成本见表 4-5 和表 4-6 及图 4-1 和图 4-2。从图 4-1 可以看出，削减量在各子流域中的差别甚微，原因是在Ⅳ类水质目标下，各个子流域的削减比例都较高，又在严格的约束条件下，因此其变化的空间不大。子流域的削减量最大的是外海北岸重污染排水区，其次是城西草海汇水区和外海东南岸农业面源控制区，削减量分别达到[987，1102]t/a、[305，341]t/a 和[277，342]t/a。削减成本方面，如图 4-2 所示，仍然是外海北岸重污染排水区最大，其次是城西草海汇水区，成本值分别高达[587，681]亿元和[181，211]亿元。

9 种营养物削减措施的削减量与削减成本分别见表 4-7、表 4-8 及图 4-3、图 4-4。从图 4-3 与图 4-4 可以看出，9 种削减措施方面，削减量最高的措施是污水处理，其次是人工防护林，削减量分别达到[1490.95，1610.17]t/a 和[177.39，231.03]t/a。削减成本花费最高的依次是污水处理、尾水外调等工程建设成本高昂的措施，其结果分别高达[692.3，770.56]亿元和[189.8，244.55]亿元。从结果可以看出，对高度城市化的滇池流域而言，尤其在 2030 年城市化率高达 95%的大部分区域，污水处理厂建设依然是该流域最为主要的营养物削减手段。

表 4-7　ILP 模型下 9 种措施的上下界削减量　　　（单位：t/a）

措施 j	下界模型		上界模型	
	最小削减量	最大削减量	最小削减量	最大削减量
1	1490.95	1591.46	1508.48	1610.17
2	0	0	0	0
3	54.75	91.25	62.05	105.85
4	8.5	11.99	17.99	25.37
5	105.44	112.39	142.14	151.51

续表

措施 j	下界模型		上界模型	
	最小削减量	最大削减量	最小削减量	最大削减量
6	152.56	157.91	152.56	157.91
7	177.39	193.52	211.77	231.03
8	27.21	27.82	34.01	34.77
9	7.93	9.03	12.88	14.67
合计	2024.73	2195.37	2141.88	2331.28

表 4-8　ILP 模型下 9 种措施的上下界成本　　（单位：亿元）

措施 j	下界模型		上界模型	
	最小成本	最大成本	最小成本	最大成本
1	692.37	761.61	700.51	770.56
2	0	0	0	0
3	189.8	211.7	222.65	244.55
4	11.46	12.61	24.25	26.67
5	16.68	18.35	22.49	24.74
6	2.41	2.65	2.41	2.65
7	15.48	17.03	18.48	20.33
8	13.1	14.41	16.38	18.02
9	0.93	1.03	1.52	1.67
合计	942.23	1039.39	1008.69	1109.19

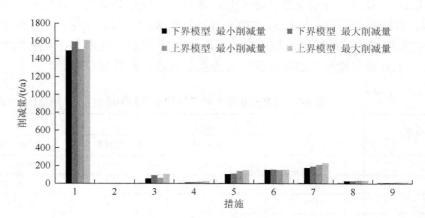

图 4-3　ILP 模型下 9 种措施的上下界削减量

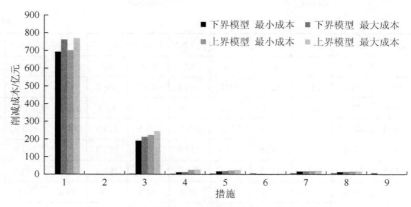

图 4-4　ILP 模型下 9 种措施的上下界削减成本

2. REILP 结果

在 11 种不同风险意愿水平下，REILP 的结果见表 4-9 和表 4-10。表 4-7 表示 8 个不同的子流域在 $\lambda_0 = 0$ 至 $\lambda_0 = 1.0$ 下的削减量。不同的风险意愿水平下，各子流域的削减量变化不大，削减总量也主要集中在 2108.2～2158.8t/a。通过排查结果和对比过去类似研究的结果，其主要原因是滇池流域的容量约束太严格，没有过多的优化空间。在求解过程中，如果将滇池流域 TP 的容量约束放大 5 倍，所出来的结果则大为离散。9 种削减措施的削减量在不同 λ_0 下的结果见表 4-10。9 种措施中以污水处理措施的波动范围最大，其主要原因在于滇池流域主要污染源是生活点源。

表 4-9　REILP 模型下 8 个子流域在不同风险意愿水平下削减量　　　（单位：t/a）

子流域 i	$\lambda_0 = 0$	$\lambda_0 = 0.1$	$\lambda_0 = 0.2$	$\lambda_0 = 0.3$	$\lambda_0 = 0.4$	$\lambda_0 = 0.5$	$\lambda_0 = 0.6$	$\lambda_0 = 0.7$	$\lambda_0 = 0.8$	$\lambda_0 = 0.9$	$\lambda_0 = 1.0$
1	310.7	310.7	310.5	310.2	309.8	322.4	321.8	321.8	321.8	312.1	325.1
2	0.0	0.0	0.0	0.0	0.0	0.0	0.0	0.0	0.0	0.0	0.0
3	1003.1	1002.4	1002.5	1001.6	1000.9	1040.4	1044.5	1044.5	1044.5	1014.6	1052.1
4	171.3	170.0	156.4	158.9	161.1	149.9	145.6	145.6	145.6	145.6	145.6
5	317.8	300.5	299.7	298.7	297.4	298.3	299.6	299.6	299.6	296.9	296.9
6	247.6	247.6	247.6	247.6	247.6	247.6	247.6	247.6	247.6	247.6	247.6
7	62.0	62.0	62.0	62.0	62.0	62.0	62.0	62.0	62.0	62.0	62.0
8	31.2	30.2	29.5	29.5	29.5	29.5	29.5	29.5	29.5	29.5	29.5
合计	2143.7	2123.4	2108.2	2108.2	2108.3	2150.7	2150.6	2150.6	2150.6	2108.3	2158.8

表 4-10　REILP 模型下 9 种措施在不同风险意愿水平下削减量　　　（单位：t/a）

措施 j	$\lambda_0 = 0$	$\lambda_0 = 0.1$	$\lambda_0 = 0.2$	$\lambda_0 = 0.3$	$\lambda_0 = 0.4$	$\lambda_0 = 0.5$	$\lambda_0 = 0.6$	$\lambda_0 = 0.7$	$\lambda_0 = 0.8$	$\lambda_0 = 0.9$	$\lambda_0 = 1.0$
1	1508.5	1508.5	1508.5	1508.5	1506.9	1515.4	1519.0	1509.7	1509.7	1514.3	1591.5

续表

措施 j	$\lambda_0 = 0$	$\lambda_0 = 0.1$	$\lambda_0 = 0.2$	$\lambda_0 = 0.3$	$\lambda_0 = 0.4$	$\lambda_0 = 0.5$	$\lambda_0 = 0.6$	$\lambda_0 = 0.7$	$\lambda_0 = 0.8$	$\lambda_0 = 0.9$	$\lambda_0 = 1.0$
2	0.0	0.0	0.0	0.0	0.0	0.0	0.0	0.0	0.0	0.0	0.0
3	63.7	63.7	63.7	63.7	63.7	106.2	106.2	106.2	106.2	63.7	54.6
4	18.0	18.0	16.6	14.0	12.0	12.0	12.0	12.0	12.0	12.0	12.0
5	142.1	124.8	124.8	124.8	124.8	124.8	125.0	150.5	125.0	125.9	112.4
6	152.6	152.6	152.6	152.6	153.9	157.9	157.9	157.9	157.9	157.9	157.9
7	211.8	211.8	199.0	201.5	203.5	190.2	185.6	167.4	192.9	193.0	193.5
8	34.0	34.0	34.0	34.0	34.0	34.0	34.8	34.8	34.8	30.0	27.8
9	12.9	9.9	9.1	9.1	9.3	9.9	10.0	12.0	12.0	11.2	9.0
合计	2143.6	2123.3	2108.3	2108.2	2108.1	2150.4	2150.5	2150.5	2150.5	2108.0	2158.7

8个子流域和9种削减措施在不同风险意愿水平下的削减成本分别见表4-11和表4-12。对比表4-10和表4-11可以看出，某些子流域在不同的风险意愿水平下，削减量的变化并不大，但是削减成本却发生较大的变动，其变化的原因主要体现在下文 Refined REILP 模型中的风险权衡上。REILP 模型下的8个子流域和9种削减措施的总削减成本均在 ILP 模型求解结果的上下界[944，1110]亿元。

选择 REILP 模型下两种风险意愿水平，一种是比较悲观的情形，取 $\lambda_0 = 0.3$，另一种取 $\lambda_0 = 0.7$，对它们进行削减量和削减成本的对比。从图 4-5 可以看出，两种意愿水平下的总削减量相当，削减量分别为 2108.2t/a 和 2150.6t/a。对于削减成本，从图 4-6 可以看出，在比较悲观的情形下，即 $\lambda_0 = 0.1$ 时，决策者需要付出比取 $\lambda_0 = 0.9$ 的乐观情形下更多的削减成本，在本书的模型结果下，二者差额高达 108 亿元。

对应地，9种削减措施在 $\lambda_0 = 0.3$ 与 $\lambda_0 = 0.7$ 两种情形下的削减量对比、$\lambda_0 = 0.1$ 与 $\lambda_0 = 0.9$ 情形下的削减成本对比分别如图 4-7 和图 4-8 所示。削减量的差别主要体现在人工防护林、污水处理和尾水外调等措施上。削减成本的差别最大的则是污水处理措施和尾水外调。其原因可能是模型的参数是根据滇池流域现状的主城区污水实测数据取得的，其并不一定能代表全流域的普遍情形（如南部城镇规模较小情况下的污水排放浓度），从而产生了极端优化结果。

3. Refined REILP 结果

对 $\lambda_0 = 0$，0.1，0.2，0.3，0.4，0.5，0.6，0.7，0.8，0.9，1.0 共计 11 种风险意愿水平和 $\alpha = 0.01$，0.1，1，10，20，50，100 共计 7 种目标-约束风险权衡因

表 4-11　REILP 模型下 8 个子流域在不同风险意愿水平下削减成本

（单位：万元）

子流域 i	$\lambda_0=0$	$\lambda_0=0.1$	$\lambda_0=0.2$	$\lambda_0=0.3$	$\lambda_0=0.4$	$\lambda_0=0.5$	$\lambda_0=0.6$	$\lambda_0=0.7$	$\lambda_0=0.8$	$\lambda_0=0.9$	$\lambda_0=1.0$
1	2111262.93	2092069.63	2070431.44	2046946.44	2023570.02	2004182.56	1975127.49	1955144.15	1934578.88	1912120.36	1817840.00
2	0.00	0.00	0.00	0.00	0.00	0.00	0.00	0.00	0.00	0.00	0.00
3	6818108.72	6752640.39	6686492.47	6611079.95	6538639.96	6470058.83	6405451.58	6340757.37	6274242.13	6209408.45	5881594.98
4	473611.40	473955.52	449950.36	452139.75	446685.33	437477.47	429146.12	419964.00	415886.68	411437.37	401081.19
5	1294607.04	1252931.33	1230746.72	1200487.33	1174381.28	1163302.21	1136849.04	1123221.96	1103564.48	1068239.22	1054693.83
6	296486.39	293791.51	291096.18	288400.84	279732.88	258874.54	255019.82	209773.05	207736.42	203292.38	198075.74
7	74409.80	73733.27	73056.82	72380.37	70123.63	64917.02	62921.11	62282.23	61526.83	59209.14	57826.70
8	35791.06	30527.38	33246.75	28957.77	32631.07	32323.23	31992.41	50736.51	29715.55	28915.76	28558.98
合计	11104277.34	10969649.03	10835020.74	10700392.45	10565764.17	10431135.86	10296507.57	10161879.27	10027250.97	9892622.68	9439671.42

表 4-12 REILP 模型下 9 种措施在不同风险意愿水平下削减成本

（单位：万元）

措施 j	$\lambda_0=0$	$\lambda_0=0.1$	$\lambda_0=0.2$	$\lambda_0=0.3$	$\lambda_0=0.4$	$\lambda_0=0.5$	$\lambda_0=0.6$	$\lambda_0=0.7$	$\lambda_0=0.8$	$\lambda_0=0.9$	$\lambda_0=1.0$
1	7705630.17	7635579.38	7565528.20	7495477.01	7417605.12	7324056.21	7251438.29	7137401.03	7068105.87	6996317.95	6923730.04
2	0.00	0.00	0.00	0.00	0.00	0.00	0.00	0.00	0.00	0.00	0.00
3	2457820.56	2435476.74	2413132.92	2390789.09	2368445.27	2346101.45	2323757.62	2301413.80	2279069.98	2256726.15	1915184.85
4	266744.67	264319.72	241109.41	202198.43	171363.24	169746.61	141456.82	131665.48	116926.76	115780.41	114634.07
5	247417.64	215261.84	213286.96	211312.08	209337.21	207362.33	203731.24	245337.65	199607.92	188837.80	166849.10
6	26497.35	26256.47	26015.58	25774.70	25533.81	25292.93	25052.04	24811.16	24570.27	24329.39	24088.50
7	203302.18	201453.97	187529.30	188167.36	188282.57	174319.45	168471.39	137930.87	157430.69	155968.61	154813.09
8	180158.00	178520.20	176882.40	175244.60	173606.80	171969.00	170331.20	168693.40	167055.60	142911.42	131024.00
9	16706.77	12780.72	11535.99	11429.18	11590.14	12287.90	12268.97	14625.89	14483.89	11750.94	9347.76
合计	11104277.34	10969649.04	10835020.76	10700392.45	10565764.16	10431135.88	10296507.57	10161879.28	10027250.98	9892622.67	9439671.41

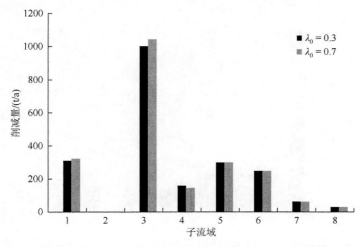

图 4-5　REILP 模型下 8 个子流域两种风险意愿水平下的削减量比较

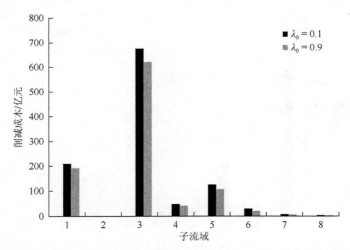

图 4-6　REILP 模型下 8 个子流域两种风险意愿水平下的削减成本比较

子的 Refined REILP 进行求解，共可获得 77 种不同的优化方案。受篇幅所限，本书无法对 77 种方案的优化结果进行一一展示，拟选择 $\lambda_0 = 0.7$ 时 $\alpha = 0.1$ 和 $\alpha = 10$ 的结果。至于各个子流域和各削减措施下的削减量与削减成本变化，则没有意义。Refined REILP 方法的优化结果本身与相同风险意愿水平下 REILP 结果相比并无优化支出，其改进主要表现在提供的风险信息更加充分上面。因此，对 Refined REILP 的结果与讨论主要将在 4.3.1 节展开。

　　从图 4-9（a）可以看出，在 $\lambda_0 = 0.7$ 时，REILP 和 Refined REILP 的 $\alpha = 0.1$ 和 $\alpha = 10$ 下 8 个子流域的削减量基本一样，但是削减成本［图 4-9（b）］却有所差别，其原因在于各个子流域在一定的风险意愿水平下，满足其约束条件所需要

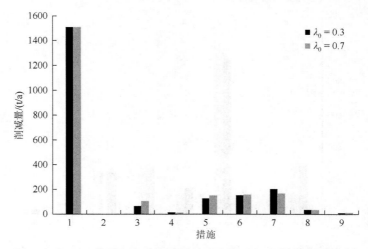

图 4-7　REILP 模型下 9 种措施两种风险意愿水平下的削减量比较

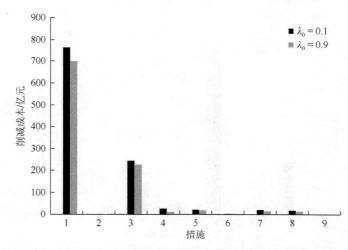

图 4-8　REILP 模型下 9 种措施两种风险意愿水平下的削减成本比较

的削减量是一定的，但是考虑约束风险与目标风险之间的权衡，其不同的削减措施在不同子流域中的规模却有所不同。正是这种差异给了建模者与决策者更加深入地探索决策过程中的目标风险与约束风险之间权衡的可能性。这种差异性从图 4-8 也可以看出。但是需要说明的是，图 4-8 所展示的方案并不一定就是现实中可行的方案。具体选择何种方案时，还需由下文的交互式风险决策方法得出。

　　图 4-10 展示的是在 $\lambda_0 = 0.7$ 时，REILP 和 Refined REILP 的 $\alpha = 0.1$ 和 $\alpha = 10$ 下 9 种削减措施的削减量［图 4-10（a）］和削减成本［图 4-10（b）］对比。由于滇池流域的优化模型约束条件过于严苛，从结果可以看出，REILP 和 Refined REILP 下，不同风险权衡水平的削减结果变化不大。但是在约束不如滇池流域严

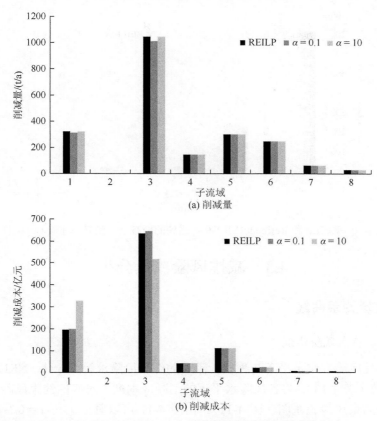

图 4-9　REILP 和 Refined REILP 8 个子流域的削减量和削减成本（$\lambda_0 = 0.7$）

格的邛海流域（Yang et al.，2016），以及将滇池流域优化方程的部分约束条件放松到一定程度，则结果差别迥异。模型结果所展现出的这种特性也从一个侧面验证了 Refined REILP 独立考虑优化模型的约束条件的正确性。

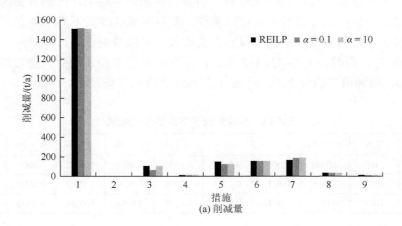

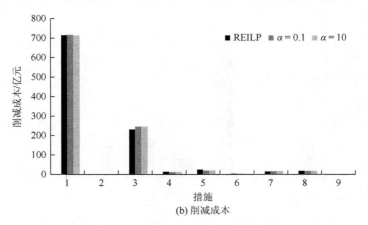

(b) 削减成本

图 4-10　　REILP 和 Refined REILP 9 种措施的削减量和削减成本（$\lambda_0 = 0.7$）

4.3　减排风险决策分析

4.3.1　风险关系曲线

1. 成本约束风险曲线

将 11 种风险意愿水平下 7 种权衡因子的约束风险求解归一化（NRL）后得到约束风险值（表 4-13）。将各风险水平下的削减成本列入对应的约束风险下，可以得到成本-约束风险关系图（图 4-11）。由图 4-11 可以看出，在 $\alpha = 0.1$ 时，其成本-目标风险曲线已经与标准 REILP 曲线基本重合，$\alpha = 0.01$ 时则已经看不出差别，这表明权衡因子 α 的取值非常小时会收敛于标准的 REILP 风险值。此外，$\alpha = 100$ 时曲线极不规则，数个目标风险值有不平滑的突变，表明其对于理性的决策者来说，并不是理想的决策点。事实上，理性的决策者也不太可能认为约束风险与目标风险的重要性相差 100 倍，而将目标风险与约束风险的权衡因子取值 100。在成本-目标风险曲线中还可以发现，取得削减成本的下界 944 亿元时，不管权衡因子 α 取值多少，其约束风险总会收敛于风险最高位置，即风险归一化后的 0.8889 处；而取得上界 1110 亿元时，不管 α 取值多少，约束风险收敛于无穷接近于 0。两种情形也分别对应于最乐观和最悲观的决策情形。

表 4-13　各权衡因子下的约束风险值

λ_0	成本	$\alpha = 0.01$	$\alpha = 0.1$	$\alpha = 1$	$\alpha = 10$	$\alpha = 20$	$\alpha = 50$	$\alpha = 100$	REILP
0	1110	0.0000	0.0000	0.0000	0.0000	0.0000	0.0000	0.0000	0
0.1	1097	0.0506	0.0111	0.0000	0.0000	0.0000	0.0000	0.0000	0.1
0.2	1084	0.1111	0.0222	0.0147	0.0147	0.0016	0.0000	0.0000	0.2

续表

λ_0	成本	$\alpha = 0.01$	$\alpha = 0.1$	$\alpha = 1$	$\alpha = 10$	$\alpha = 20$	$\alpha = 50$	$\alpha = 100$	REILP
0.3	1070	0.1667	0.0333	0.0325	0.0325	0.0196	0.0000	0.0000	0.3
0.4	1057	0.3556	0.2222	0.0444	0.0444	0.0377	0.0164	0.0131	0.4
0.5	1043	0.4444	0.2778	0.0556	0.0556	0.0556	0.0344	0.0312	0.5
0.6	1030	0.5333	0.3333	0.0667	0.0667	0.0667	0.0524	0.0492	0.6
0.7	1016	0.6222	0.4667	0.1556	0.0778	0.0778	0.0704	0.0672	0.7
0.8	1003	0.7111	0.5333	0.3482	0.0889	0.0889	0.0884	0.0853	0.8
0.9	989	0.8000	0.6000	0.4000	0.2307	0.2257	0.2178	0.2178	0.9
1	944	0.8889	0.8889	0.8889	0.8889	0.8889	0.8889	0.8889	1

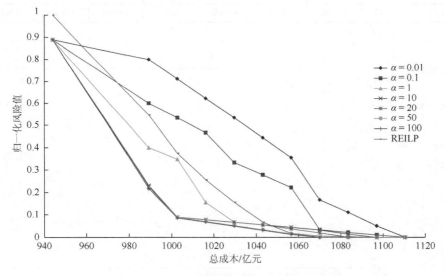

图 4-11　成本-目标风险曲线（见书后彩图）

2. 目标-约束风险关系曲线

　　类似情况下，将风险意愿水平下 7 种风险权衡因子的约束风险值通过标准化得到表 4-14 所示的约束风险值。以目标风险值为横坐标、约束风险值为纵坐标，绘制目标-约束风险关系图（图 4-12）。此图是 Refined REILP 模型的精髓所在。通过此图，可以获得每一个决策点相应的目标风险值和约束风险值。各个决策点与相邻的决策点之间的风险值之间的消长关系，可以帮助决策者在综合权衡约束风险与目标风险的情形下做出更有效率的决策。4.3.3 节将专门就如何利用目标-约束风险关系图做决策进行阐述。

表 4-14　归一化后的各权衡因子下的约束风险值

λ_0	$\alpha = 0.01$	$\alpha = 0.1$	$\alpha = 1$	$\alpha = 10$	$\alpha = 20$	$\alpha = 50$	$\alpha = 100$	REILP
0	0.0000	0.0000	0.0000	0.0000	0.0000	0.0000	0.0000	0.0000
0.1	0.0010	0.0013	0.0065	0.0065	0.0065	0.0065	0.0065	0.0009
0.2	0.0032	0.0044	0.0080	0.0080	0.1601	0.1846	0.1863	0.0031
0.3	0.0060	0.0076	0.0080	0.0080	0.1601	0.5793	0.5793	0.0059
0.4	0.0176	0.0197	0.0573	0.0573	0.1601	0.6318	0.8046	0.0176
0.5	0.0662	0.0696	0.1618	0.1618	0.1618	0.6318	0.8046	0.0666
0.6	0.1586	0.1652	0.2734	0.2734	0.2734	0.6318	0.8046	0.1562
0.7	0.2565	0.2662	0.3643	0.4120	0.4120	0.6318	0.8046	0.2565
0.8	0.3750	0.3808	0.4266	0.6169	0.6169	0.6318	0.8046	0.3750
0.9	0.5462	0.5545	0.6214	0.8265	0.8681	1.0000	1.0000	0.5462
1	1.0000	1.0000	1.0000	1.0000	1.0000	1.0000	1.0000	1.0000

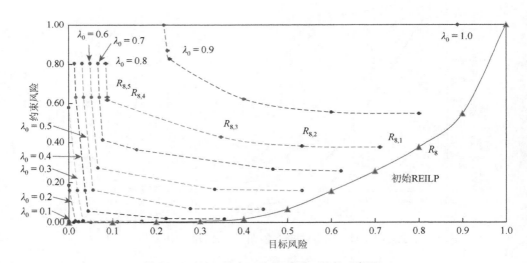

图 4-12　目标-约束风险关系图（见书后彩图）

4.3.2　不同模型方法结果对比

选择初始风险意愿水平 $\lambda_0 = 0.8$ 下的部分 Refined REILP 结果与原始 REILP 结果作对比说明。9 种削减措施和 8 个子流域在两种 REILP 模型下的削减量与削减成本分别见表 4-15 与表 4-16。从表 4-15、表 4-16 中的数据可以看出，各个子流域在 REILP 和 Refined REILP 方法下削减量基本相同。从图 4-13 和图 4-14 所示的 REILP 与 $\alpha = 0.1$、$\alpha = 1$ 及 $\alpha = 10$ 的对比柱状图也可以看出，二者的结果

表 4-15　9 种削减措施在 $\lambda_0=0.8$ 情景下的 REILP 与 Refined REILP 结果对比

措施 j	REILP		$\alpha=0.01$		$\alpha=0.1$		$\alpha=1$		$\alpha=10$		$\alpha=20$		$\alpha=50$		$\alpha=100$	
	削减量/(t/a)	成本/万元	削减量/(t/a)	成本/万元	削减量/(t/a)	成本/万元	削减量/(t/a)	成本/万元	削减量/(t/a)	成本/万元	削减量/(t/a)	成本/万元	削减量/(t/a)	成本/万元	削减量/(t/a)	成本/万元
$j=1$	1509.7	7068106	1509.7	7068106	1509.7	7068106	1509.3	7065820	1518.3	7065403	1518.3	7065403	1520.0	7068142	1591.5	7020662
$j=2$	0	0	0	0	0	0	0	0	0	0	0	0	0	0	0	0
$j=3$	106.2	2279070	106.2	2279070	106.2	2457821	63.7	2457821	63.7	2457821	63.7	2457821	63.7	2457821	54.6	2106703
$j=4$	12.0	116927	12.0	116927	12.0	116927	12.0	126097	12.0	126097	12.0	126097	12.0	126097	12.0	126097
$j=5$	125.0	199608	125.0	199608	125.1	198269	125.9	190707	124.4	203063	124.4	203063	122.7	200392	112.4	183285
$j=6$	157.9	24570	157.9	24570	157.9	24570	157.9	26497	157.9	26497	157.9	26497	157.9	26497	157.9	26497
$j=7$	192.9	157431	192.9	157431	193.2	157615	193.3	158724	192.8	169700	192.8	169700	192.8	169628	193.5	170294
$j=8$	34.8	167056	34.8	167056	34.8	167056	34.8	167056	27.8	144126	27.8	144126	27.8	144126	27.8	144126
$j=9$	12.0	14484	12.0	14484	11.7	15148	11.2	12790	11.2	12805	11.2	12805	11.2	12808	9.0	10283
合计	2150.5	10027252	2150.5	10027252	2150.6	10205512	2108.1	10205512	2108.1	10205512	2108.1	10205512	2108.1	10205511	2158.7	9787947

表 4-16　8 个子流域在风险意愿水平 $\lambda_0 = 0.8$ 情景下的 REILP 与 Refined REILP 结果对比

子流域 i	REILP		$\alpha = 0.01$		$\alpha = 0.1$		$\alpha = 1$		$\alpha = 10$		$\alpha = 20$		$\alpha = 50$		$\alpha = 100$	
	削减量/(t/a)	成本/万元	削减量/(t/a)	成本/万元	削减量/(t/a)	成本/万元	削减量/(t/a)	成本/万元	削减量/(t/a)	成本/万元	削减量/(t/a)	成本/万元	削减量/(t/a)	成本/万元	削减量/(t/a)	成本/万元
$i=1$	321.8	1934579	321.9	1936053	321.8	1976775	311.8	1977853	312.9	1974327	312.9	1974327	313.2	1974877	325.1	1883330
$i=2$	0	0	0	0	0	0	0	0	0	0	0	0	0	0	0	0
$i=3$	1044.5	6274242	1044.5	6274242	1044.5	6410797	1012.1	6414173	1013.8	6395302	1013.8	6395302	1013.4	6389664	1052.1	6093392
$i=4$	145.6	415887	145.6	415887	145.6	416035	145.6	416207	145.6	421865	145.6	421865	145.6	421926	145.6	413166
$i=5$	299.6	1103564	299.6	1103564	299.6	1102226	299.6	1099381	296.9	1101452	296.9	1101452	296.9	1106532	296.9	1089896
$i=6$	247.6	207736	247.6	207736	247.6	208017	247.6	207853	247.6	216588	247.6	216588	247.6	216535	247.6	213180
$i=7$	62.0	61527	62.0	61527	62.0	61698	62.0	60532	62.0	64485	62.0	64485	62.0	64485	62.0	63571
$i=8$	29.5	29716	29.5	29716	29.5	29963	29.5	29514	29.5	31492	29.5	31492	29.5	31492	29.5	31415
合计	2150.6	10027251	2150.7	10028725	2150.6	10205511	2108.2	10205513	2108.3	10205511	2108.3	10205511	2108.2	10205511	2158.8	9787950

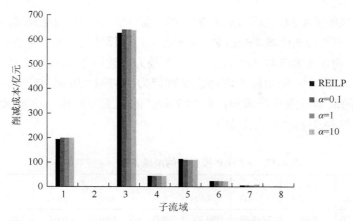

图 4-13 REILP 与 Refined REILP 削减成本结果对比（$\lambda_0 = 0.8$）

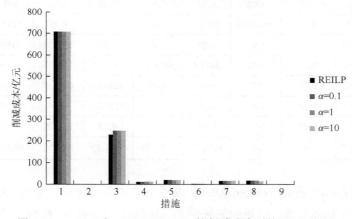

图 4-14 REILP 与 Refined REILP 的削减成本对比（$\lambda_0 = 0.8$）

差别较小，这表明模型在不同 α 水平下的结果较为稳健。其主要原因如下：①初始的风险意愿水平已经确定，一个确定的风险意愿水平只有一个对应的削减量与削减成本，加上滇池流域属于约束条件严格的重污染区，环境容量相对于现状入湖量又较小，因此 Refine REILP 优化方法对措施可改进的空间有限；②正如 Yang 等（2016）在运用该方法对邛海流域的污染负荷进行削减优化分析时所指出的，Refined REILP 方法主要的价值在于提供新的更多不确定性决策信息，使得决策者与建模者有机会实现交互式决策过程。上述分析表明，模型结果在不同 α 水平下较为稳健，下文以 $\lambda_0 = 0.8$ 为例来展示交互式风险决策的过程。

4.3.3 交互式风险决策过程

假定滇池流域的决策者选择的初始风险意愿水平 $\lambda_0 = 0.8$，则该决策点在图 4-12

的目标–约束风险关系图上位于 R_8 点，对应的目标–约束风险坐标值是 $R_8(0.8,0.375)$。
在该决策点，有相应的流域 TP 削减方案见表 4-17。该方案下各子流域的削减措施建
设能力包括：建设 55887.47 万 t/a 的污水处理能力；建设 21248.16 万 t/a 的尾水外调
能力；1090.13 万 t/a 的雨污合流污水处理能力；6794.93hm^2 的退耕还林还草；
5353.00hm^2 的清洁农业生产调整；8038.75hm^2 的人工防护林；3800.00hm^2 的湖滨
自然湿地和 3344.73hm^2 的人工湿地。

表 4-17　REILP 模型下的削减方案（$\lambda_0 = 0.8$）

子流域 i /措施 j	$j = 1$ /(万 t/a)	$j = 2$ /(万 t/a)	$j = 3$ /(万 t/a)	$j = 4$ /(万 t/a)	$j = 5$ /hm^2	$j = 6$ /hm^2	$j = 7$ /hm^2	$j = 8$ /hm^2	$j = 9$ /hm^2
$i = 1$	10906.20	0.00	5015.76	128.23	0.00	0.00	0.00	80.22	0.00
$i = 2$	0.00	0.00	0.00	0.00	0.00	0.00	0.00	0.00	0.00
$i = 3$	35295.50	0.00	16232.40	401.25	0.00	0.00	0.00	598.00	0.00
$i = 4$	2628.00	0.00	0.00	0.00	0.00	0.00	2812.14	604.00	438.00
$i = 5$	6570.00	0.00	0.00	560.65	5842.93	0.00	0.00	929.84	0.00
$i = 6$	487.77	0.00	0.00	0.00	0.00	4233.00	4061.80	989.36	826.23
$i = 7$	0.00	0.00	0.00	0.00	952.00	1120.00	93.03	472.00	1350.50
$i = 8$	0.00	0.00	0.00	0.00	0.00	0.00	1071.78	126.58	730.00
合计	55887.47	0.00	21248.16	1090.13	6794.93	5353.00	8038.75	3800.00	3344.73

现对照图 4-12 进行 Refined REILP 模型下的决策点选择。首先，$\lambda_0 = 0.8$ 风险
曲线上的第一个点是 $R_{8,1}$，风险坐标值是（0.7111，0.375），相对于 REILP 上的
R_8，其目标风险值保持不变，但是约束风险值却从 0.8 下降为 0.7111，总风险降
低 0.0889，因此从总风险的角度来说选择 $R_{8,1}$ 比选择 R_8 更优。但是，沿着 $\lambda_0 = 0.8$
曲线继续往左上，遇到的下一个决策点是 $R_{8,2}$，从曲线走势直观感受，该点的目
标风险显著降低，但是约束风险几乎不变。从计算结果表中获取该点的风险坐标
值为（0.5333，0.3808）。在决策点 $R_{8,2}$，经过计算可知，决策方案的目标风险降
低了 0.1778，计 25%，而约束风险仅上升 0.0058，约计 1.5%。决策的总风险降低
了 0.172。因此，相比之下，$R_{8,2}$ 作为决策点，其总风险是比 $R_{8,1}$ 更优的决策点。
此时，系统模型分析者会建议决策者选择 $R_{8,2}$ 作为决策点，并将该点的削减方案
提供给决策者进行考察。决策者运用自己对流域背景知识的熟悉和了解，会对该
方案作出一个基于最佳专业知识的判断。如果方案没有明显地违背决策者熟知的
约束，或不符合背景常理，则该点可以被列入备选决策点。此时，实现了决策者
与科学家的第一轮互动沟通。

继续考察风险曲线上的其他决策点，往左上的下一个点是 $R_{8,3}$，从曲线的趋

势直观判断，$R_{8,3}$ 可能是比 $R_{8,2}$ 更优的决策点。从计算结果表获取 $R_{8,3}$ 的风险坐标值为（0.3482，0.4266），相比决策点 $R_{8,2}$，该点的目标风险值降低了 0.1851，降低 34.7%，而约束风险仅上升了 0.0458，约上升 12%，总风险值下降了 0.1393。显然，如果不考虑系统的其他实际情形，在科学分析上 $R_{8,3}$ 是比 $R_{8,2}$ 更优的决策点。重复上一个过程，提交该方案给决策者，供其进行专业判断和决定是否列入决策备选。

以此类推，对曲线上的其他决策 $R_{8,4}$（0.0889，0.6169）、$R_{8,5}$（0.0889，0.6169）、$R_{8,6}$（0.0884，0.6318）进行同样过程的考察。当然决策者也可以不选择曲线现有的几个点，而是选择中间的任意一个点，此时需要科学家利用模型进行试错计算，得到与决策者选择的点风险值最为接近的点，并获取该点下的优化方案。从上述过程可以看出，当决策者从 $R_{8,3}$ 转向 $R_{8,4}$ 考察时，其目标风险的下降与约束风险的上升已经相当。而从 $R_{8,4}$ 转向 $R_{8,5}$ 时，目标风险的下降程度已经小于约束风险的上升程度，此时 $R_{8,5}$ 的总风险也大于 $R_{8,4}$，不是一个更优的决策点。

以上决策者与科学家的相互沟通、反复协商的过程，就是一个流域综合管理交互式风险决策的过程。对本案例 $\lambda_0 = 0.8$ 的情形而言，在 7 种权衡水平下，当 $\alpha = 10$ 时，总风险最低，即风险关系曲线上的 $R_{8,4}$ 点，该点的总风险为 0.7058。该点的决策方案见表 4-18。该决策点下方案各措施的削减量与成本、各子流域的削减量与削减比例分别如图 4-15 和图 4-16 所示。当然，某方案是否与现实情况相符合，还需将其提交给决策者，通过专业知识进行判断。例如，如果某方案下的子流域外海北岸重污染排水区的削减量不高，表明这是与实际情况不符的决策，需要舍弃。再继续对其附近的决策进行考察和判断，直到找到风险次优又不违背实际情形的决策点。

表 4-18 Refined REILP 模型下的削减方案（$\lambda_0 = 0.8$，$\alpha = 20$）

子流域 i/措施 j	$j=1$ /(万 m³/a)	$j=2$ /(万 m³/a)	$j=3$ /(万 m³/a)	$j=4$ /(万 m³/a)	$j=5$ /hm²	$j=6$ /hm²	$j=7$ /hm²	$j=8$ /hm²	$j=9$ /hm²
$i=1$	10906.20	0.00	5015.76	128.23	0.00	0.00	0.00	0.00	0.00
$i=2$	0.00	0.00	0.00	0.00	0.00	0.00	0.00	0.00	0.00
$i=3$	35295.50	0.00	16232.40	401.25	0.00	0.00	0.00	156.49	0.00
$i=4$	2628.00	0.00	0.00	0.00	0.00	0.00	2785.04	604.00	438.00
$i=5$	6570.00	0.00	0.00	560.65	5457.80	0.00	0.00	691.57	0.00
$i=6$	466.40	0.00	0.00	0.00	0.00	4233.00	4061.80	989.36	847.60
$i=7$	0.00	0.00	0.00	0.00	952.00	1120.00	94.20	472.00	945.35
$i=8$	0.00	0.00	0.00	0.00	0.00	0.00	1093.98	126.58	511.00
合计	55866.10	0.00	21248.16	1090.13	6409.80	5353.00	8035.02	3040.00	2741.95

　　在交互式风险决策过程中需要说明的一点是，科学家与决策者之间的沟通和互动是全过程的。他们初始的决策点也可以选择风险关系曲线上的任何一点。本书以 $\alpha = 0.01$，0.1，1，10，20，50，100 共计 7 个点进行曲线绘制，因此以这些点为例作说明。如果取其他的 α 值，或者取不在绘制曲线所采用的 α 值，

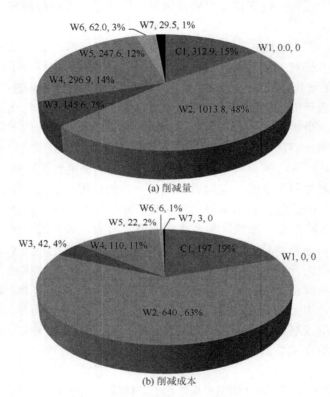

(a) 削减量

(b) 削减成本

图 4-15　Refined REILP 方案各子流域的削减量与削减成本（单位：t/a）（$\lambda_0 = 0.8$，$\alpha = 20$）

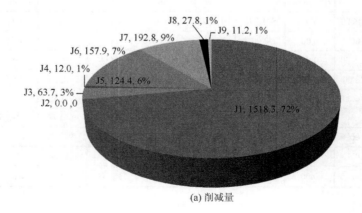

(a) 削减量

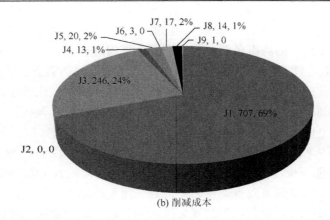

图 4-16　Refined REILP 方案各措施的削减量与削减成本（单位：t/a）（$\lambda_0 = 0.8$，$\alpha = 20$）

则需要用试错法进行试算，最后得出满意的决策点。由表 4-18 及图 4-15 和图 4-16 可以看出，$R_{8,4}$ 决策点的营养物削减方案基本符合滇池流域的实际状况。8 个子流域中，营养物削减量最大的是外海北岸重污染排水区，其次是城西草海汇水区；削减成本最高的也是外海北岸重污染排水区和城西草海汇水区。其主要原因是这两个区域都是滇池流域的城市核心区，人口和经济规模大，生活污染排放数量大。在 9 种营养物削减措施中，污水处理措施占据了削减量和削减成本的绝大部分，这也跟滇池流域污染控制的实际情形是比较符合的。因此，在已有的决策信息基础上，可以判断该决策点是最优的决策点。

4.3.4　风险关系曲线的决策意义

　　流域综合管理的成功实施非常重要的一点是利益相关人的共同参与和协商。但是在实际管理中，不同背景的利益相关者很难相互协商与沟通，其中一个重要的原因就是缺乏一种能够把双方纳入同一个决策平台上来的机制和工具。本书提出的基于 Refined REILP 的目标-约束风险曲线，正是为了解决现实中水环境管理者与水环境科学家之间沟通不畅的难题而提出的。这样一个交互式的决策过程，与本书流域综合管理研究进展部分所提及的交互式流域管理，以及理论基础与方法部分提及的流域管理动态反馈与调控的需求和主张是一致的，也是一种有益的方法补充。此外，长期以来，基层的水环境管理者被人诟病为拍脑袋决定；而水环境科学家却被人认为是闭门造车、不了解流域或湖泊的实际情况，自己玩数字游戏糊弄自己。Refined REILP 方法能使决策者将自己所掌握的流域背景信息纳入决策过程。而科学家在与决策者进行交互协商的过程中，也会对流域的背景知识有所了解，这种信息的交汇和融合大大提高了流域管理决策的效率。

对滇池流域而言，各个子流域有各自的特征，其决定了每个子流域满足目标函数和各项削减措施的约束条件会有所差异。根据这些差异性，决策者与建模者相互沟通，选取合适的风险意愿水平和目标-约束风险权衡系数。例如，松华坝水源保护区经济以传统农业产业为主，区内山地面积大，耕地比例小，且受水源地保护的种种限制，使得不能发展工业，这种背景信息如果纳入优化模型中去，则会对判断模型生成的方案是否符合实际情况非常有用。此外，该子流域按照污染源类别划分，规划区污染来源主要是面源污染，98.7%的 COD、98.3%的 TN 和99.0%的 TP 来源于面源污染。污染物 TP 的来源基本与 TN 相似，第一污染源是化肥流失，第二污染源是人畜粪便污染，第三污染源是水土流失，三者污染负荷占总负荷量的 96.0%，因此，控制规划区人为活动、减少农药化肥使用量、降低畜牧业发展速度、控制水土流失是控制区域水环境污染的关键。而如果生成的方案中主要的削减措施来自污水处理或者其他非面源削减措施，那么该方案需要被舍弃。

就该研究模型所生成的方案看，各种情形下的变化较小，因此 Refined REILP 在不同 α 水平下的结果表现得较为稳定。综合上面的分析，出现这种情况的主要原因有：然后，滇池流域是一个约束条件非常严格的重污染流域，而选择的 III 类水质目标的情景又是异常高标准的情景，因此留给模型可优化的空间并不大。其次，该方法的改进和优势并不在于提供比原始 REILP 更优的方案，而是提供更多的不确定性信息。在一个不确定性环境下，更多的不确定性信息能产生更高效率的决策。最后，基于该模型结果所产生的交互式风险决策方法是其最重要的意义所在。交互式的决策既是流域综合管理的内在要求，也是现实流域决策中的迫切需求。

当然，需要指出的是，本书是定量化的决策研究探索，研究内容只涵盖了可以定量化的一些决策变量，主要目的在于展示研究方法。滇池流域各种参数取值（如各削减措施的建设成本、单位处理能力等）均会随着时空而发生变化，这就需要在未来的研究中，在现有的模型框架下，探索更为精确的表征参数不确定性的方法（如随机、区间细分）。

4.4　小　　结

本章在滇池流域营养物综合减排策略的基础上，选择一种 TP 减排情景对其进行不确定性决策分析。首先，对两类不同的不确定性所产生的风险——目标风险与约束风险进行了简单的描述。继而根据本书第 2 章所提出的不确定性区间优化方法，对滇池流域的 TP 削减系统分别构建 ILP、REILP 和 Refined REILP 3 个模型。其包括目标函数与约束条件，3 个模型共计 45 个方程。运用 Lingo11.0 编程对上述方程求解。然后，使用 BWC 法求解 ILP 模型的上下界，以上下界为约束条件，求解 REILP 和 Refined 模型不同风险意愿水平 λ_0 与不同的风险权衡因子 α 下的解。

　　本章对部分 REILP 和 Refined REILP 的结果进行展示和分析，其主要目的在于给决策者提供更多的系统决策的不确定性信息。基于 Refined REILP 模型所得到的目标-约束风险关系曲线，是有效连接流域水环境管理者（决策者）与水环境科学家（建模者）之间的桥梁。通过目标-约束风险关系图，管理者与建模者能相互实现信息共享和交互反馈、动态调控，从而为获得更高效的决策和落实流域综合管理理念中的有效参与、动态调控提供了可能性。

　　需要特别说明的是，本书是定量化的决策研究探索，在优化模型中纳入了可以定量表征的部分削减措施。加之滇池流域本身的各项约束条件较为严格、水环境质量欠佳，因此 Refined REILP 在不同 α 水平下的结果表现得较为稳健。未来应该在现有的交互式风险决策方法框架下，探索一些新的、可精确表征参数不确定性的方法，从而使得优化结果更为精确且更为准确地反映流域的时空变化特征。

第5章 总　结

5.1　研 究 结 论

随着社会经济的快速发展，资源短缺和环境污染越来越成为我国未来可持续发展的主要瓶颈之一。在众多的资源与环境挑战中，淡水生态系统退化与富营养化问题受到社会各界的广泛关注。尽管自"九五"计划以来，国家和各级地方政府投入巨资治理流域水环境污染，但是水环境质量恶化的趋势并没有得到明显好转。究其根本原因，是因为没有采取一套可行的综合性治理方案，将流域内的社会经济发展、产业结构、资源配置、污染治理、人口布局等合理纳入流域的统一规划和管理中来。面对国际上早已采用流域综合管理的先进管理理念，而我国依然处于分散化、条块化治理水环境污染的现状差距，本书以解决滇池流域关键水环境问题为出发点，提出了基于流域综合管理的滇池流域营养物减排策略及其风险决策研究方法，期待为解决我国目前的流域水体污染与湖泊富营养化问题提供一种综合性与现实性的解决途径。本书在大量文献综述的基础上，构建了研究的理论基础和方法框架，继而以滇池流域的主要营养污染物 TN 和 TP 的减排为例，针对研究区域开展实证研究，取得的主要结论如下。

（1）第 1 章通过对流域综合管理、富营养化控制、不确定性区间规划的文献综述分析，总结了要基于流域综合管理理论与方法治理管理湖泊流域污染、控制湖泊富营养化，必须削减植物型营养物 TN 和 TP，以及运用区间优化模型进行流域系统决策分析的原因。

第一，历经数十年的发展和实践，流域综合管理是世界发达国家普遍采用的水资源管理先进理念和工具，能为我国未来的水资源管理和水污染控制提供有益借鉴，但是我国的流域综合管理目前还缺少成功的实践案例，尤其是缺少运用该理论和方法对污染严重的湖泊及其流域进行有效治理和恢复的案例。

第二，湖泊富营养化是由淡水生态系统在人类的强干扰下，大量输入 N、P 等植物型营养物而极大地加快了湖泊自然老化的进程而造成的；历经近百年的湖泊富营养化控制历史表明，有效抑制淡水生态系统的蓝藻水华暴发，需要大力削减 N 和 P 的输入负荷；面对数十年来富营养化控制过程中关于控 N 还是控 P 的争论，本书认为在目前我国主要污染物输入大大超出水环境容量的情形下，需采取 N 与 P 共同削减的战略。

第三，利用不确定性数学规划方法来描述环境系统中的不确定性问题已经取得长足的发展，但是面对现实世界中高度不确定性和数据缺失严重的流域生态系统，通过部分或全部以区间数来表示的区间不确定性优化方法表现出其特有的优势；已有的决策风险分析方法在考虑决策风险和系统回报之间权衡的基础上，能为决策变量计算出更充分有效的最优解集合，并在不同的偏好水平设置下呈现出局部稳健的特点，但是依然存在进一步改进和精炼的空间。

（2）第 2 章在对本书的关键概念和问题进行界定的基础上，构建了由流域综合管理理论基础和方法、源头—途径—末端全过程控制的四位一体营养物减排技术体系和精炼风险显性区间规划模型（Refined REILP）方法组成的理论基础和方法框架。

第一，基于对"综合"的内涵和外延的界定，构建了以流域综合管理理论基础、流域综合管理评价方法、流域公众参与方法、实施反馈及动态调控为主要内容的流域综合管理理论与方法框架，提出了以可持续解决方案导航（SSN）评价方法为主要工具的流域综合管理需求与最佳实践评价过程；该方法能在流域环境需求和最佳实践评价中分别考虑需求的重要性与满意程度、管理实践的价值与有效性两个维度，使得不同利益相关者能找到一个有效沟通和协商的方式，并获得流域综合管理的优先需求与最佳措施。

第二，构建"控源—减排—截污—治污—生态修复"污染物多级削减技术，涵盖营养物质产生的源头、途径及末端等各个环节；对各个环节的主要污染削减技术进行减排效果、优缺点、成本效益等方面的分析，以实现不同技术的组合和优化；在流域全过程多级污染削减技术体系的基础上，构建了"结构减排—工程减排—管理减排—生态减排"四位一体污染物减排框架，以实现流域污染减排效果的最大化。

第三，在已有的区间线性规划（ILP）模型和风险显性区间线性规划（REILP）模型的基础上，提出了精炼风险显性区间规划（Refined REILP）模型；在 Refined REILP 模型中，优化方程中的目标函数不确定性与约束条件不确定性被分离表征，通过引入一个由决策者自主选择的风险权衡系数 α 到风险函数，管理者能够根据具体的模型参数和流域背景信息在目标函数风险与约束风险之间进行权衡取舍。

（3）第 3 章以我国西南地区污染较严重的淡水湖泊之一——滇池流域为例，对本书提出的流域综合管理理论与方法、污染物减排框架体系进行实证研究，对 8 个子流域的 TN 和 TP 最小入湖削减量和污染源削减量进行综合减排，并提出各个子流域的综合减排方案。

第一，运用本书提出的可持续导航流域综合管理评价方法，对滇池流域的优先环境需求和管理实践进行了评价。评价结果表明，流域内各利益相关人认为，最优先的 3 个环境问题分别是控制蓝藻水华周年性暴发、恢复湖泊生态系统尤其是水陆交错带的生态系统健康和控制河流、湖泊水体散发恶臭；利益相关人最认可的 3 个管理实践分别是削减营养物 P 的入湖负荷、削减营养物 N 的入湖负荷和加强污水管网建设，加大污水收集处理力度。

第二，运用流域综合管理理念和流域分析方法，对滇池流域的污染控制进行了子流域分区，分区结果如下：全流域分为外海陆域控制区、草海陆域控制区和湖泊生态修复区 3 个一级区；其中，湖泊生态修复区又分为草海生态修复区（S1）和外海生态修复区（S2）2 个二级区；外海陆域控制区分为松华坝水源保护区（W1）、外海北岸重污染排水区（W2）、宝象河子流域控制区（W3）、外海东岸新城控制区（W4）、外海东南岸农业面源污染控制区（W5）、外海西南岸高富磷区（W6）和外海西岸湖滨散流区（W7）7 个二级区；草海陆域污染控制区分为城西草海汇水区（C1）1 个二级区；对各个二级区子流域的社会经济、人口、土地利用、排污状况等特点进行归纳，并将其作为所有污染削减规划的基础。

第三，以 2009 年为基准年，计算了滇池流域 TN 和 TP 在 III、IV、V 类水质目标下的环境容量，分别为 2054t/a、2171t/a、2335t/a 和 80t/a、88.7t/a、96.6t/a；滇池流域的 TN 和 TP 基准年入湖营养物分别为 7031.8t/a 和 208.5t/a，在 III、IV、V 类水质目标下 TN 和 TP 的最小入湖削减量分别为：4976.9t/a 和 128.0t/a、4861.0t/a 和 119.7t/a、4696.6t/a 和 111.9t/a；削减率分别达到 70.8%和 61.4%、69.1%和 57.4%、66.8%和 53.7%；TN 和 TP 的最小入湖削减量被分配到 8 个子流域。

第四，为了达到入湖削减量的控制目标，需要对各个子流域 TN 和 TP 的污染源产生和削减进行优化分配。其中，污染源归纳为城镇生活点源、企业点源（工业、三产、规模化畜禽养殖）、农业面源（种植业化肥施用量，不包括农村生活污水、散养型畜禽养殖、渔业养殖等极小规模污染源）。分配结果表明，滇池流域城镇生活点源、企业点源、城市面源的 TN 产生量在 2009 年的基础上至少需要削减 9435.7t/a、979.8t/a 和 848.0t/a，削减率分别为 78.4%、100%和 57.7%；TP 产生量在 2009 年的基础上至少需要削减 868.6t/a、150.7t/a 和 51.5t/a，削减率分别为 85.4%、100%和 57.9%。农业面源的产生量主要来自农业施肥，III、IV、V 类水质目标下需要削减的施肥量折合成 TN 和 TP 分别为 18764.6t/a 和 8278.0t/a、17343t/a 和 4903.7t/a、14480t/a 和 944.5t/a，削减率分别达到 65.9%和 65.9%、60.9%和 39.0%、50.9%和 7.5%。

第五，基于流域水环境承载力提出滇池流域未来的 4 种发展情景：基准发展情景、积极发展情景、限制发展情景和优化发展情景；运用系统动力学模型预测了 4 种情景下滇池流域 2020 年和 2030 年的 TN 与 TP 排放量，并以排放量与容量之间的差值作为未来营养物削减的总量控制目标，如优化情景下 2020 年 III、IV、V 类水质目标的 TN 总量控制目标分别为 17182t/a、16872t/a、16422t/a；2030 年 III、IV、V 类水质目标的 TN 总量控制目标分别为 18240t/a、17930t/a、17480t/a；

各情景下的总量控制目标是滇池流域全过程污染物多级削减方案设计的基础。

第六，以城西草海汇水区（C1）为例，说明 2020 年和 2030 年 2 个规划期，4 种发展情景，III、IV、V 类水质目标下，TN 和 TP 达到总量控制目标的削减规划方案设计过程和结果。例如，优化发展情景 IV 类水质目标下 2030 年的削减方案为：建设 33.1 万 m^3/d 的污水处理厂以控制点源，扣除已规划的 21 万 m^3/d 的三污外，还需新建一座 12.1 万 m^3/d 的污水处理厂，同时还需按规划建设第三和第九再生水厂共 6.9 万 m^3/d，再外调 17.8 万 m^3/d 污水处理厂尾水至安宁市，农业面源控制则需 519.4hm^2 耕地实施农业产业结构调整措施；上述措施共计减排 TN 和 TP 分别为 3642.8t/a 和 360t/a。

第七，基于 4 种发展情景、3 种水质目标下 TN 和 TP 的总量控制目标，针对 8 个子流域分别设计了源头—途径—末端处理的营养物综合减排方案，最后形成结构减排、工程减排、管理减排和生态减排相辅相成、全防全控的滇池流域综合营养物减排框架体系。方案中采用了污水处理、中水回用、尾水外调、雨污合流污水处理设施、退耕还林还草、清洁农业生产、人工防护林、湖滨自然湿地和人工湿地 9 类营养物削减措施。受篇幅所限，本书给出了优化发展情景下、2 个规划期、3 种水质目标的 TN 和 TP 综合减排方案，并分析了规划方案实施的可能风险，提出对规划方案进行不确定性风险决策分析。

（4）第 4 章构建了滇池流域营养物综合减排的 Refine REILP 模型，以实现流域管理决策者与流域科学家之间的交互式风险决策过程，完善流域综合管理的动态反馈与调控，提高流域决策的效率。

第一，滇池流域营养物综合减排系统是一个充满不确定性的复杂系统，其不确定性不仅源自系统本身的固有属性，而且与数据的质量、分析者的认知局限有关；需要运用优化模型对系统的不确定性进行定量分析。本书对模型自身的不确定性所产生的两类风险进行了分离，建立了以达到滇池流域营养物削减成本最低的目标函数风险最小化的显性风险函数和引入目标-约束风险权衡因子的风险显性优化函数。

第二，选择滇池流域 2030 年优化发展情景、IV 类水质目标下的 TP 削减方案，分别构建 ILP、REILP 和 Refined REILP 模型；运用 Lingo11.0 编程对 ILP 和两类风险函数进行求解，求解结果表明，在 REILP 方法下，各子流域的 TP 削减空间分布与 Refined REILP 大致相同，各项削减措施的削减规模也差异不大；但在 Refined REILP 方法下，能提供更多的风险决策信息。

第三，将 Refined REILP 方法下 11 种风险意愿水平和 7 种风险权衡因子下的目标风险与约束风险绘制成目标-约束风险关系图，可以为滇池流域的营养物削减决策提供直接的支持。决策者可根据风险关系图，选择整体风险最小的决策点进行决策，同时考虑该决策点的方案是否符合现实约束条件的需求。

第四，滇池流域的管理者运用目标-约束风险关系图，可以将自己对流域的背景知识融入决策中去。以风险意愿水平 $\lambda_0 = 0.8$ 为例，利用目标-约束风险关系曲线对流域的营养物综合削减进行交互式决定过程说明。在每一个决策点，决策者在目标风险与约束风险之间进行权衡时，会综合考虑情愿选择较小的约束风险而忍受较大的目标风险，或情愿选择较大的约束风险而忍受较小的目标风险，以求得整体风险的最小化。

5.2　主要创新点

基于以上主要研究结论，对本书的主要创新点简要总结如下。

（1）本书提出了一种流域综合管理评价方法，并基于流域综合管理理念提出了湖泊营养物"结构减排—工程减排—管理减排—生态减排"四位一体减排框架体系。

尽管流域综合管理概念已经提出数十年，在国外也有众多的成功案例，但是并没有在我国有过本土化的可操作性的实施，尤其涉及流域综合管理中极为关键的流域评价和公众参与，在我国更是少见。本书根据流域管理中不同利益相关者对环境管理的需求与最佳措施的差异，基于重要性与满意程度、价值与有效性二维评价模式提出流域可持续解决方案导航评价方法，并把流域综合管理的理念和方法进行了拓展和应用，即在流域的尺度将社会经济，城市规划、人口布局、产业结构、工程措施、生态修复、管理手段等综合到流域的优先环境需求中来，纵向提出源头控制、途径削减、末端处理和生态修复的污染物全过程削减方案，横向构建了以流域为尺度的污染物"结构减排—工程减排—管理减排—生态减排"四位一体减排框架体系。

（2）对区间不确定性优化方法进行了拓展，在风险显性区间线性规划模型的基础上，提出了精炼风险显性区间规划模型，并建立两种求解方法，并以该模型为基础，构建了交互式水环境管理决策机制，有效地提高了科学家与决策者之间的沟通效率。

区间线性规划模型是为了应对目前水环境中监测不足、数据缺乏和流域生态系统充满不确定性的现实困难而提出的，但是在实际的应用中依然面临诸多的不足和弊端。考虑本书的研究对象滇池流域营养物负荷的削减本身就是一个充满不确定性的决策系统，而各项削减措施的削减能力、流域的污染物环境容量、各项削减方案的建设成本等在现实中也都是处于一定范围的变化之中，因此，将区间优化模型引入营养物削减决策系统的优化中来。基于已有的风险显性区间线性规划（REILP）模型，分离其目标函数的不确定性和约束条件的不确定性，引入风险权衡因子 α，提出精炼风险显性区间规划（Refined REILP）模型，并建立了 AOC

和 DOC 两种模型求解方法,使目标函数的风险和约束条件的风险定量化,从而使得决策者有条件在决策中对目标风险和约束风险进行权衡。

精炼风险显性区间规划模型的求解结果能够生成直接反映某个决策系统目标函数风险和约束条件风险之间定量关系的目标-约束风险关系图,也可称为风险决策图。风险决策图能有效地把科学家和管理者联系到一起,充分发挥科学家的科学理性的分析特长及管理者实践经验丰富和对流域的背景知识了解更深的特长。例如,面对某项决策方案,决策者可以在牺牲一部分目标风险换取更小的约束风险或者在与之相反的情形下做出选择。此外,当管理者面对风险决策图时,可以将其专业背景知识融入决策过程,如管理者对模型的某项约束条件掌握娴熟,也有能力对约束条件的风险做出取舍。建模者(科学家)与决策者(管理者)二者的有效沟通即为交互式水资源管理决策机制的实现。因此,Refined REILP 为建模者和管理者之间形成交互式风险决策机制创造了条件。

(3)以滇池流域为案例,对上述方法进行了实证研究,使得流域综合管理理念在我国得到落地,并为滇池流域的营养物削减决策提供有力的技术支持。

滇池是我国污染较为严重的淡水湖泊之一,是国家重点治理的"三湖"中的难点。以滇池为案例研究区域,对于其他湖泊,尤其是浅水淡水湖泊和高原湖泊具有较大的示范意义。运用本书提出的源头控制、途径削减、末端处理和生态修复的污染物全过程削减方式和以流域为尺度的污染物"结构减排—工程减排—管理减排—生态减排"四位一体减排框架,提出了滇池流域 TN、TP 的综合减排策略,并运用 Refined REILP 模型对流域的 8 个子流域和 9 种营养物削减措施进行削减规模和空间配置优化,提出了更高效的营养物削减方案。综合上述理论、方法、模型和案例研究,探索其背后的普适性意义,能为中国的其他湖泊-流域综合管理提供决策支持。

5.3 研 究 展 望

湖泊-流域富营养化控制是一个综合而又复杂的系统工程。控制湖泊富营养化的目的在于恢复湖泊淡水生态系统的健康属性。因此,本书所提出来的基于流域综合管理的营养物减排策略及风险决策研究,只是整个系统工程中的一部分,要想顺利实现湖泊水质全面恢复生态系统健康发展的目标,未来的研究可考虑从如下几个方面展开。

(1)流域综合管理是一个包括广泛内容的综合性管理过程,水污染控制只是其中的一个环节,未来的流域管理应该把社会经济发展、资源配置与利用,以及流域生态系统管理等各个方面都纳入到统一的规划与管理框架中来。

(2)本书提出的"结构减排—工程减排—管理减排—生态减排"四位一体污

染物综合减排框架体系仍需进一步细化和量化，特别是需要产业经济学家的共同合作，将产业结构调整、城市规划布局优化等宏观层面的规划方案所产生的源头减排进一步量化，使得整个系统的减排配置更为优化和高效。

（3）营养物减排优化分配需要大量的复杂环境模型支持，本书所提出的减排框架体系的实现也有赖于系统动力学（SD）模型、HSPF 水质水动力学模型、EFDC模型，以及其他各类容量总量耦合-优化模型，加强上述各方面的模型与方法的研究，也能为系统综合减排的进一步优化提供有力支持。

（4）精炼风险显性区间规划（Refined REILP）模型在处理系统的不确定性问题中已经显现其优势，但是 Refined REILP 在应用中也有一些弊端，依然具备改进的空间，如风险函数的求解方法过于复杂、目标-约束风险关系曲线的上下收敛如何判断等问题仍然需要进一步研究和探讨。

以上几个方面都期待后来的研究者做进一步的深入探讨。

参 考 文 献

常锋毅. 2009. 浅水湖泊生态系统的草-藻型稳态特征与稳态转换研究. 武汉：中国科学院水生
　　生物研究所博士学位论文.
晁建颖, 张毅敏, 刘庄, 等. 2010. 基于产业结构调整的太湖流域江浙部分减排效果分析. 生态
　　与农村环境学报, 26（S1）：73-76.
陈连东, 屠泉洪, 孙时轩. 1991. 小美旱杨插条苗（1-0）施肥的研究. 北京林业大学学报,
　　13（1）：37-40.
陈星, 邹锐, 刘永, 等. 2012. 风险显性区间数线性规划模型（REILP）解对约束风险偏好的敏
　　感性与稳健性研究. 北京大学学报（自然科学版）, 48（6）：942-948.
陈宜瑜, 王毅, 李利锋, 等. 2007. 中国流域综合管理战略研究. 北京：科学出版社.
邓聚龙. 2002. 灰理论基础. 武汉：华中科技大学出版社.
邓祥征, 吴锋, 席北斗, 等. 2010. 鄱阳湖流域经济发展与氮、磷减排调控关系的均衡分析. 中
　　国环境科学, 30（S1）：92-96.
邓义祥, 郑一新, 富国, 等. 2011. 路径分析法在滇池流域水污染防治规划中的应用. 湖泊科学,
　　23（4）：520-526.
丁鸾, 王雪梅. 2008. 城市雨水资源利用与雨污分流制. 天津市政工程, 1：21-22.
高月香, 张毅敏, 吴晓敏, 等, 2010. 面源污染控制的前置库工程的长效运行与管理模式研究//
　　中国环境科学学会. 中国环境科学学会学术年会论文集. 北京：中国环境科学出版社：
　　1062-1065.
郭怀成, 尚金城, 张天柱. 2010. 环境规划学（第二版）. 北京：高等教育出版社.
国家统计局. 2011. 中国统计年鉴2010. 北京：中国统计出版社.
国务院第一次全国污染源普查领导小组办公室. 2009. 第一次全国污染源普查农业污染源肥料
　　流失系数手册. http://www.docin.com/p-307757881.html[2018-04-30].
何成杰. 2011. 环境承载力在流域管理中的应用——以滇池流域为例. 北京：北京大学硕士学位
　　论文.
何佳, 王丽, 张丽平, 等. 2015. 滇池北岸重污染排水区污染控制与水质改善方案研究. 中国给
　　水排水, 31（5）：66-71.
何佳, 徐晓梅, 陈云波, 等. 2010. 滇池流域点源污染负荷总量变化趋势及原因分析. 中国工程
　　科学, 12（6）：75-79.
黄沈发, 吴建强, 唐浩, 等. 2008. 滨岸缓冲带对面源污染物的净化效果研究. 水科学进展, 19（5）：
　　722-728.
黄小赠. 2009. 中国"十一五"污染物总量减排任务及对策措施. 中国建设信息（水工业市场）,
　　（3）：5-6.
霍夫曼. 1931. 工业化的阶段和类型. 北京：中国对外翻译出版公司.

姜潮. 2008. 基于区间的不确定性优化理论与算法. 长沙：湖南大学博士学位论文.

蒋峥，戴连奎，吴铁军. 2005. 区间非线性规划问题的确定化描述及其递阶求解. 系统工程理论与实践，25（1）：110-116.

金相灿. 2003. 湖泊富营养化控制和管理技术. 北京：化学工业出版社.

金相灿. 2008. 湖泊富营养化研究中的主要科学问题——代"湖泊富营养化研究"专栏序言. 环境科学学报，28（1）：21-23.

昆明市统计局. 1990—2009. 昆明统计年鉴. 北京：中国统计出版社.

李恒鹏，陈雯，刘晓玫. 2004. 流域综合管理方法与技术. 湖泊科学，16（1）：85-90.

李新，石建屏，曹洪. 2011. 基于指标体系和层次分析法的洱海流域水环境承载力动态研究. 环境科学学报，31（6）：1338-1344.

李跃勋，徐晓梅，何佳，等. 2010. 滇池流域点源污染控制与存在问题解析. 湖泊科学，22（5）：633-639.

刘宝碇，彭锦. 2005. 不确定理论教程. 北京：清华大学出版社.

刘宝碇，赵瑞清，王纲. 2003. 不确定规划及应用. 北京：清华大学出版社.

刘慧. 2011. 滇池流域水环境经济系统综合模拟及应用研究. 北京：北京大学硕士学位论文.

刘年磊. 2011. 基于不确定性的环境系统风险优化决策模型研究与应用. 天津：天津大学博士学位论文.

刘永. 2007. 湖泊-流域生态系统管理研究. 北京：北京大学博士学位论文.

刘永，郭怀成. 2008. 湖泊-流域生态系统管理研究. 北京：科学出版社.

刘永，郭怀成，范英英，等. 2005. 湖泊生态系统动力学模型研究进展. 应用生态学报，16（6）：1169-1175.

刘永，阳平坚，盛虎，等. 2012a. 滇池流域水污染防治规划与富营养化控制战略研究. 环境科学学报，32（8）：1962-1972.

刘永，邹锐，郭怀成. 2012b. 智能流域管理. 北京：科学出版社.

刘玉生，郑丙辉，戴树桂. 2004. 滇池富营养化及其综合治理技术研究. 北京：海洋出版社.

陆海燕，胡正义，张瑞杰，等. 2010. 滇池北岸典型农区韭菜田大气氮湿沉降与氮挥发研究. 中国环境科学，30（10）：1309-1315.

罗佳翠，马巍，禹雪中，等. 2010. 滇池环境需水量及牛栏江引水效果预测. 中国农村水利水电，（7）：25-28.

毛国柱，刘永，郭怀成，等. 2006. 湖泊富营养化控制技术综合集成方法框架. 环境工程，24（1）：65-67.

孟伟. 2008. 流域水污染物总量控制技术与示范. 北京：中国环境科学出版社.

孟伟，苏一兵，郑丙辉. 2004. 中国流域水污染现状与控制策略的探讨. 中国水利水电科学研究院学报，2（4）：242-246.

潘珉，高路. 2010. 滇池流域社会经济发展对滇池水质变化的影响. 中国工程科学，12（6）：117-122.

钱纳里. 1995. 工业化与经济增长的比较研究. 上海：上海人民出版社.

钱正英，张光斗. 2001. 中国可持续发展水资源战略研究综合报告及各专题报告. 北京：中国水利水电出版社.

沈佐，孙时轩. 1989. 侧柏苗（1＋0）施用氮、磷、钾效果的研究. 林业科学，25（5）：401-408.

生态环境部. 2013. 2012 年中国环境质量状况公报. http://www.zhb.gov.cn/hjzl/zghjzkgb/lssj/

2012nzghjzkgb/[2018-04-30].

盛虎，郭怀成，刘慧，等.2012. 滇池外海蓝藻水华爆发反演及规律探讨. 生态学报，32（1）：56-63.

舒庆.2008. "十一五"环境规划汇编. 北京：红旗出版社.

水利部.2015. 2012年中国水资源公报. http://szy.mwr.gov.cn/xxfb/gb/201505/t20150511_665070.html[2018-04-30].

宋国君，宋宇，王军霞，等.2010.中国流域水环境保护规划体系设计. 环境污染与防治，32（12）：81-86.

苏涛.2011. "十一五"期间滇池水质变化及原因. 环境科学导刊，30（5）：33-36.

万能，宋立荣，王若南，等.2008. 滇池藻类生物量时空分布及其影响因子. 水生生物学报，32（2）：184-188.

王浩.2010. 湖泊流域水环境污染治理的创新思路与关键对策研究. 北京：科学出版社.

王红梅，陈燕.2009. 滇池近20年富营养化变化趋势及原因分析. 环境科学导刊，28（3）：57-60.

王明翠，刘雪芹，张建辉.2002. 湖泊富营养化评价方法及分级标准. 中国环境监测，18（5）：47-49.

吴舜泽.2009. "十二五"环保规划前期研究和编制. 环境保护，424（14）：11-15.

夏军，翟金良，占车生.2011. 我国水资源研究与发展的若干思考. 地球科学进展，26（9）：905-915.

阳平坚，郭怀成，周丰，等.2007. 水功能区划的问题识别及相应对策.中国环境科学，27（3）：419-422.

杨东明.2009. 山坡地开发建设中水土流失防治措施的探讨.中国高新技术企业，（17）：118-119.

杨逢乐，金竹静，王伟.2009. 滇池流域受污染河流原位处理技术研究. 环境工程，27（3）：17-19，32.

杨桂山，于秀波，李恒鹏，等.2004. 流域综合管理导论. 北京：科学出版社.

杨文龙，杨树华.1998. 滇池流域非点源污染控制区划研究.湖泊科学，10（3）：55-60.

于贵瑞，谢高地，于振良，等.2002. 我国区域尺度生态系统管理中的几个重要生态学命题. 应用生态学报，13（7）：885-891.

郁亚娟，王翔，王冬，等.2012. 滇池流域水污染防治规划回顾性评估. 环境科学与管理，37（4）：184-189.

曾立雄，黄志霖，肖文发，等.2010. 河岸植被缓冲带的功能及其设计与管理水. 林业科学，46（2）：128-133.

张德刚，汤利，陈永川，等.2009. 滇池流域典型城郊氮P污染负荷定量研究. 水土保持学报，23（5）：167-170.

张永春，张毅敏，胡孟春，等.2006.平原河网地区面源污染控制的前置库技术研究.中国水利，（17）：14-18.

赵士洞，汪业勖.1997. 生态系统管理的基本问题. 生态学杂志，16（4）：35-38.

赵卫，刘景双，孔凡娥.2008. 辽河流域水环境承载力的仿真模拟.中国科学院研究生院学报，25（6）：738-747.

中国工程院和生态环境部.2011. 中国环境宏观战略研究报告. 北京：中国环境科学出版社.

周丰，陈国贤，郭怀成，等.2008. 改进区间线性规划及其在湖泊流域管理中的应用. 环境科学学报，28（8）：1688-1698.

周丰，郭怀成. 2010. 不确定性非线性系统"模拟-优化"耦合模型研究. 北京：科学出版社.

周丰，刘永，黄凯，等. 2007. 流域水环境功能区划及其关键问题. 水科学进展，18（2）：216-222.

邹锐，朱翔，贺彬，等. 2011. 基于非线性响应函数和蒙特卡洛模拟的滇池流域污染负荷削减情景分析. 环境科学学报，31（10）：2312-2318.

Agrawal S C，Chand M. 1981. A note on integer solution to linear fractional interval programming-problems by a branch and bound technique. Naval Research Logistics，28（4）：671-677.

Ahmed S，Sahinidis N V. 2003. An approximation scheme for stochastic integer programs arising in capacity expansion. Operations Research，51（3）：461-471.

Alexander J H，Goldman C R. 1994. Limnology (2nd edition). New York：McGraw-Hill.

Andersen K A，Hooker J N.1996. A linear programming framework for logics of uncertainty. Decision Support Systems，16（1）：39-53.

Ansari A A，Khan F A. 2006a. Growth responses of Spirodela polyrrhiza treated with a common detergent at varying temperature and pH conditions. Nature Environment and Pollution Technology，5（3）：399-404.

Ansari A A，Khan F A. 2006b. Studies on the role of selected nutrient source in the eutrophication of fresh water ecosystems. Nature Environment and Pollution Technology，5（1）：47-52.

Armitage D. 2004. Nature-society dynamics，policy narratives，and ecosystem management：integrating perspectives on upland change and complexity in Central Sulawesi，Indonesia. Ecosystems，7（7）：717-728.

Armstrong R，Charnes A，Phillips F. 1979. Page cuts for integer interval-programming. Discrete Applied Mathematics，1（1-2）：1-14.

Arrow K，Bolin B，Costanza R，et al. 1995. Economic growth，carrying capacity，and the environment. Science（Washington），268（5210）：520-521.

Arumugam P T，Furtable J I. 1980. Physicochemistry destrafication and nutrient budget of a lowland eutrophication Malaysian reservoir and its limnological implications. Hydrobiologia，70：11-24.

Ayyub B M. 1998. Uncertainty Modeling and Analysis in Civil Engineering. Boca Raton，FL：CRC Press.

Baresel C，Destouni G. 2007. Uncertainty-accounting environmental policy and management of water systems. Environmental Science and Technology，41（10）：3653-3659.

Bartram J，Chorus I. 1999. Toxic Cyanobacteria in Water：A Guide to Their Public Health Consequences，Monitoring，and Management. World Health Organization.

Bazargan M. 2007. A linear programming approach for aircraft boarding strategy. European Journal of Operational Research，183（1）：394-411.

Beale E M L. 1955. On minimizing a convex function subject to linear inequalities. Journal of the Royal Statistical Society，Series B（Methodological），17（2）：173-184.

Beisner B E. 2012. A plankton research gem：the probable closure of the Experimental Lakes Area. Canada Journal of Plankton Researches，34（10）：849-852.

Bellman R E，Zadeh L A. 1970. Decision-making in a fuzzy environment. Management Science，

17（4）: 141-164.

Bellman R E. 1957. Dynamic Programming. Princeton: Princeton University Press.

Ben-Israel A, Robers P D. 1970. A decomposition method for interval linear programming. Management Science, 16（5）: 374-387.

Ben-Tal A, Nemirovski A. 1997. Robust truss topology design via semidefinite programming. SIAM Journal of Optimization, 7（4）: 991-1016.

Bingham D. 1993. Urban Runoff Pollution, Prevention and Control Planning: Handbook. Darby: DIANE Publishing.

Birge J R, Louveaux F V. 1997. Introduction to Stochastic Programming. New York: Springer.

Biswas A K. 1992. Sustainable water development: a global perspective. Water International, 17（2）: 68-80.

Biswas A K. 2004. From Mar del Plata to Kyoto: an analysis of global water policy dialogue. Global Environmental Change, 14（50）: 81-88.

Brookes J D, Carey C C. 2011. Resilience to blooms. Science, 333（6052）: 46-47.

Bryhn A C, Håkanson L. 2009. Coastal eutrophication: whether N and/or P should be abated depends on the dynamic mass balance. Proceedings of the National Academy of Sciences, 106（1）: E3.

Brylinsky M, Mann K H. 1973. An analysis of factors governing productivity in lakes and reservoirs. Limnology and Oceanography, 18（1）: 1-14.

Bundy L G, Andraski T W, Powell J M. 2001. Management practice effects on phosphorus losses in runoff in corn production systems. Journal of Environmental Quality, 30（5）: 1822-1828.

Byrne S L, Foito A, Hedley P E, et al. 2011. Early response mechanisms of perennial ryegrass （Lolium perenne）to phosphorus deficiency. Annals of Botany, 107（2）: 243-254.

Carpenter S R, Kitchell J F, Hodgson J R. 1985. Cascading trophic interactions and lake productivity. BioScience, 35（10）: 634-639.

Carpenter S R. 2005. Eutrophication of aquatic ecosystems: biostability and soil phosphorus. Proceedings of the National Academy of Sciences, 102（29）: 10002-10005.

Carpenter S R. 2008. Phosphorus control is critical to mitigating eutrophication. Proceedings of the National Academy of Sciences, 105（32）: 11039-11040.

Carvalho L, Bekioglu M, Moss B. 1995. Changes in a deep lake following sewage diversion-a challenge to the orthodoxy of external phosphorus control as a restoration strategy? Freshwater Biology, 34（2）: 399-410.

Castelle A J, Johnson A W, Conolly C. 1994. Wetland and stream buffer size requirements—a review. Journal of Environmental Quality, 23（5）: 878-882.

Chan L K, Wu M L. 2002. Quality function deployment: a literature review. European Journal of Operational Research, 143（3）: 463-497.

Chang N B, Chen H W. 1997. Water pollution control in a river basin by interactive fuzzy interval multi-objective programming. Journal of Environmental Engineering, ASCE, 123（12）: 1208-1216.

Chang N B, Wang S F. 1997. A fuzzy goal programming approach for the optimal planning of metropolitan solid waste management systems. Journal of Operation Research, 32（4）: 303-321.

Chang N B，Wen C G，Chen Y L，et al. 1996. Optimal planning of the reservoir watershed by grey fuzzy multi-objective programming（II）：application. Water Research，30（10）：2335-2340.

Chang N B，Wen C G，Chen Y L. 1997. A fuzzy multi-objective programming approach for optimal management of the reservoir watershed. European Journal of Operational Research，99（2）：289-302.

Chapra S C. 1979. Applying phosphorus loading models to embayments. Limnology and Oceanography，24（1）：E168.

Charnes A，Cooper W W. 1959. Chance-constrained programming. Management Science，6（1）：73-79.

Charnes A，Granot D，Granot F. 1976. Algorithm for solving general fractional interval programming-problem. Naval Research Logistics，23（1）：53-65.

Chatterjee C，Raziuddin M. 2001. Assessment of physico-chemical and microbial status of River Nunia in relation to its impact on public health. Journal of Environment and Pollution，8（3）：267-270.

Chen H W，Chang N B. 2006. Decision support for allocation of watershed pollution load using grey fuzzy multiobjective programming. Journal of the American Water Resources Association，42（3）：725-745.

Chinneck J W，Ramadan K. 2000. Linear programming with interval coefficients. Journal of the Operational Research Society，51（2）：209-220.

Conley D J，Paerl H W，Howarth R W，et al. 2009. Controlling eutrophication：nitrogen and phosphorus. Science，323（5917）：1014-1015.

Conley D J. 1999. Biogeochemical nutrient cycles and nutrient management strategies. Hydrobiologia，410：87-96.

Contamin R，Ellison A M.2009. Indicators of regime shifts in ecological systems：what do we need to know and when do we need to know it? Ecological Applications，19（3）：799-816.

Cooke D，Welch E，Peterson S，et al. 1993. Restoration and Management of Lakes and Reservoirs（2nd edition）. New York：Lewis Publishers.

Cooper D M. 2004. Some effects of sampling design on water quality estimation in streams. Hydrological Sciences Journal，49（6）：1055-1080.

Cox P A，Banack S A，Murch S J，et al. 2005. Diverse taxa of cyanobacteria produce β-N-methylamino-L-alanine，a neurotoxic amino acid. Proceedings of the National Academy of Sciences of the United States of America，102（14）：5074-5078.

Creighton J，Priscoli J D，Dunning C M. 1983. Public Involvement Techniques：A Reader of Ten Years Experience at the Institute for Water Resource. Fort Belvoir：US Army Engineer Institute for Water Resources Research Report.

Daily G C，Ehrlich P R. 1992. Population，sustainability，and earth's carrying capacity. Bioscience，42（10）：761-771.

Dantzig G B. 1955. Linear programming under uncertainty. Management Science，1（3-4）：197-206.

Datta B，Dhiman S D. 1996. Chance-constrained optimal monitoring network design for pollutants in groundwater. Journal of Water Resources Planning and Management，122（3）：180-188.

DePinto J V, Freedman P L, Dilks D M, et al. 2004. Models quantify the total maximum daily load process. Journal of Environmental Engineering, 130 (6): 703-713.

Diaz R G, Rosenberg R. 2008. Spreading dead zones and consequences for marine ecosystems. Science, 321 (5891): 926-929.

Dillaha T A, Reneau R B, Mosyaghimi S, et al. 1989. Vegetative filter strips for agricultural nonpoint source pollution control. Transactions of the ASAE, 32 (2): 513-519.

Dorn J L, Ranjithan S R. 2003. Evolutionary Multiobjective Optimization in Watershed Water Quality Management. Heidelberg: Springer Berlin Heidelberg.

Dupačová J. 1990. Stability and sensitivity-analysis for stochastic programming. Annals of Operations Research, 27 (1): 115-142.

Dupuis A P, Hann B J. 2009. Warm spring and summer water temperatures in small eutrophic lakes of the Canadian prairies: potential implications for phytoplankton and zooplankton. Journal of Plankton Research, 31 (5): 489-502.

Edmondson W T. 1970. Phosphorus, nitrogen, and algae in Lake Washington after diversion of sewage. Science, 169 (3946): 690-691.

Edmondson W T. 1991. The uses of ecology: Lake Washington and beyond. Limnology & Oceanography, 37 (6): 1340.

Edmondson W T. 1996. Uses of Ecology: Lake Washington and Beyond. Seattle: University of Washington Press.

Ehrenberg M, Rigler R. 1974. Rotational brownian motion and fluorescence intensify fluctuations. Chemical Physics, 4 (3): 390-401.

Elser J J, Andersen T, Baron J S, et al. 2009. Shifts in lake N: P stoichiometry and nutrient limitation driven by atmospheric nitrogen deposition. Science, 326 (5954): 835-837.

Elser J J, Bracken M E, Cleland E E, et al. 2007. Global analysis of nitrogen and phosphorus limitation of primary producers in freshwater, marine and terrestrial ecosystems. Ecology Letters, 10 (12): 1135-1142.

Elser J J, Chrzanowski T H, Sterner R W, et al. 1998. Stoichiometric constraints on food-web dynamics: a whole-lake experiment on the Canadian Shield. Ecosystems, 1 (1): 120-136.

Elshorbagy A, Teegavarapu R S V, Ormsbee L. 2005. Total maximum daily load (TMDL) approach to surface water quality management: concepts, issues, and applications. Canadian Journal of Civil Engineering, 32 (2): 442-448.

Emerson S, Broecker W S, Schindler D W. 1973. Gas-exchange rates in a small lake as determined by the radon method. Journal of the Fisheries Board of Canada, 30 (10): 1475-1484.

Endter-Wada J, Blahna D, Krannich R, et al. 1998. A framework for understanding social science contributions to ecosystem management. Ecological Applications, 8 (3): 891-904.

Fellin W, Lessmann H, Oberguggenberger M, et al. 2005. Analyzing Uncertainty in Civil Engineering. Heidelberg: Springer Berlin Heidelberg .

Fiedler M, Nedoma J, Ramik J, et al. 2006. Linear Optimization Problems with Inexact Data. New York: Springer.

Fohrer N, Moller D, Steiner N. 2002. An interdisciplinary modelling approach to evaluate the effects of land use change. Physics and Chemistry of the Earth, 27 (9-10): 655-662.

Fontaine T D, Lesht B M.1987.Contaminant management strategies for the Great Lakes: optimal solutions under uncertain conditions. Journal of Great Lakes Research, 13 (2): 178-192.

Forbes S A. 1925. The lake as a microcosm. Bulletin of the Peoria Scientific Association, 15: 537-550.

Freedman P L, Nemura A D. 2004.Viewing total maximum daily loads as a process, not a singular value: adaptive watershed management. Journal of Environmental Engineering-ASCE, 130(6): 695-702.

Fruh E G, Stewart K M, Lee G F, et al. 1966. Measurement of eutrophication and trends. Journal Water Pollution Control Federation, 38 (8): 1237-1258.

Garande T, Dagg S. 2005. Public participation and effective water governance at the local level: a case study from a small under-developed area in Chile. Environment, Development and Sustainability, 7 (4): 417-431.

Gen M, Cheng R W. 1996. Optimal design of system reliability using interval programming and genetic algorithms. Computers and Industrial Engineering, 31 (1-2): 237-240.

George C, Kirkpatrick C. 2007. Impact Assessment and Sustainable Development: European Practice and Experience. Cheltenham: Edward Elgar.

Ghosh S, Suresh H R, Mujumdar P P. 2011. Fuzzy waste load allocation model: application to a case study. Journal of Intelligent Systems, 17 (1-3): 283-296.

Gibson R, Hassan S, Holtz S, et al. 2005. Sustainability Assessment: Criteria, Processes and Applications. London: Earthscan.

Goodman A S, Edwards K A. 1992. Integrated water resources planning. Natural Resources Forum, 16 (1): 65-70.

Grandmont J M. 1972. Continuity properties of a von Neumann-Morgenstern utility. Journal of Economic Theory, 4 (1): 45-57.

Gren I M, Destouni G, Tempone R. 2002.Cost effective policies for alternative distributions of stochastic water pollution. Journal of Environmental Management, 66 (2): 145-157.

Guldman J M. 1988. Chance-constrained dynamic model of air quality management. Fuzzy Sets and Systems, 114 (5): 1116-1126.

Guo P, Huang G H, He L. 2008. ISMISIP: an inexact stochastic mixed integer linear semi-infinite programming approach for solid waste management and planning under uncertainty. Stochastic Environmental Research and Risk Assessment, 22 (6): 759-775.

Hansen E R, Walster G W. 2004. Global Optimization Using Interval Analysis (2nd edition). New York: CRC Press.

Hardin G. 1992. Cultural carrying capacity: a biological approach to human problems. Focus, 2 (3): 599-606.

Harley C D G, Randall A H, Hultgren K M, et al. 2006. The impacts of climate change in coastal marine systems. Ecology Letters, 9 (2): 228-241.

Hasler A D. 1947. Eutrophication of lakes by domestic drainage. Ecology, 28 (4): 383-395.

Havens K E, Walker W W. 2002. Development of a total phosphorus concentration goal in the TMDL process for Lake Okeechobee, Florida (USA). Lake and Reservoir Management, 18 (3): 227-238.

He D, Chen J. 2001. Issues, perspectives and need for integrated watershed management in China. Environmental Conservation, 28 (4): 368-377.

Heathcote I W. 1993. An integrated water management strategy for Ontario: Conservation and protection for sustainable use//Nath B, Candela L, Hens L, et al. Environmental Pollution: Science, Policy and Engineering. London: European Centre for Pollution Research, University of London.

Heathcote I W. 2009. Integrated Watershed Management: Principles and Practice (2nd edition) European Journal of Immunology, 36 (1): 207-215.

Hickey J T, Diaz G E. 1999. From flow to fish to dollars: an integrated approach to water allocation. Journal of American Water Resources Association, 35 (5): 1053-1067.

Holley P K, Ostler N K. 1997. Sampling and Analysis. Englewood Cliff: Prentice-Hall.

Howarth R W, Marino R. 2006. Nitrogen as the limiting nutrient for eutrophication in coastal marine ecosystems: evolving views over three decades. Limnology and Oceanography, 51(1): 364-376.

Howarth R, Paerl H W. 2008. Coastal marine eutrophication: control of both nitrogen and phosphorus is necessary. Proceedings of the National Academy of Sciences, 105 (49): E103.

Huang G H, Baetz B W, Patry G G.1992. A grey linear programming approach for municipal solid waste management planning under uncertainty. Civil Engineering Systems, 9 (4): 319-335.

Huang G H, Baetz B W, Patry G G.1993. A grey fuzzy linear programming approach for waste management and planning under uncertainty. Civil Engineering Systems, 10 (2): 123-146.

Huang G H, Baetz B W, Patry G G.1995.Grey integer programming: an application to waste management planning under uncertainty. European Journal of Operational Research, 83 (3): 594-620.

Huang G H, Cohen S J, Yin Y Y, et al. 1996. Incorporation of inexact dynamic optimization with fuzzy relation analysis for integrated climate change impact study. Journal of Environmental Management, 48 (1): 45-68.

Huang G H, Loucks D P. 2000. An inexact two-stage stochastic programming model for water resources management under uncertainty. Civil Engineering and Environmental Systems, 17 (2): 95-118.

Huang G H, Moore R D. 1993. Grey linear programming, its solving approach, and its application to water pollution control. International Journal of Systems Sciences, 24 (1): 159-172.

Huang G H, Sae-Lim N, Chen Z, et al. 2001. Long-term planning of waste management system in the City of Regina-an integrated inexact optimization approach. Environmental Modeling and Assessment, 6 (4): 285-296.

Huang G H. 1996. IPWM, an interval parameter water quality management model. Engineering Optimization, 26 (2): 79-103.

Huang G H. 1998. A hybrid inexact-stochastic water management model. European Journal of Operational Research, 107 (1): 137-158.

Huisman J H, Matthijs C P, Visser P M. 2005. Harmful Cyanobacteria. Springer Aquatic Ecology

Series 3. Dordrecht: Springer.

Hutchinson G E. 1969. Eutrophication, past and present//Eutrophication: Causes, Consequences, Correctives. Washington D.C.: National Academy of Sciences: 17-26.

Hutchinson G E. 1973. Marginalia: eutrophication: the scientific background of a contemporary practical problem. American Scientist, 61 (3): 269-279.

Hynes H B N. 1969. The enrichment of streams//Eutrophication: Causes, Consequences, Correctives. Washington D.C.: National Academy of Sciences: 188-196.

International Joint Commission, International Reference Group on Great Lakes Pollution from Land Use Activities. 1978. Contribution of Phosphorus to the Great Lakes From Agricultural Land in the Canadian Great Lakes Basin. Windsor: International Joint Commission.

Inuiguchi M, Sakawa M. 1997. An achievement rate approach to linear programming problems with an interval objective function. Journal of the Operational Research Society, 48 (1): 25-33.

Ishibuchi H, Tanaka H. 1989. Interval 0-1 programming problem and product-mix analysis. Journal of the Operations Research Society of Japan, 32 (3): 352-370.

Jairaj P G, Vedula S. 2000. Multireservoir system optimization using fuzzy mathematical programming. Water Resource Management, 14 (6): 457-472.

Jaulin L, Kieffer M, Didrit O, et al. 2001. Applied Interval Analysis. London: Springer Verlag.

Jensen M E, Bourgeron P S. 2001. A Guidebook for Integrated Ecological Assessments. New York: Springer.

Jeppesen E, Søndergaard M, Jensen J P, et al. 1998. Cascading trophic interactions from fish to bacteria and nutrients after reduced sewage loading: an 18-year study of a shallow hypertrophic lake. Ecosystems, 1 (3): 250-267.

Johnson C R, Luecke C. 2012. Copepod dominance contributes to phytoplankton nitrogen deficiency in lakes during periods of low precipitation. Journal of Plankton Research, 34 (5): 345-355.

Johnson W E, Vallentyne J R. 1971. Rationale, background, and development of experimental lake studies in northwestern Ontario. Journal of the Fisheries Board of Canada, 28 (2): 123-128.

Jones M L, Taylor W W. 1999. Challenges to the implementation of the ecosystem approach in the Great Lakes basin. Aquatic Ecosystem Health and Management, 2 (2): 249-254.

Kajak Z, Hillbricht-Ilkowska A. 1972. Productivity Problems of Freshwaters. Warszawa: Polish Scientific Publishers PWN.

Kaufmann A. 1975. Introduction to the Theory of Fuzzy Subsets. New York: Academic Press.

Kerachian R, Karamouz M. 2007. A stochastic conflict resolution model for water quality management in reservoir-river systems. Advances in Water Resources, 30 (4): 866-882.

Kerr P C, Paris D F, Brockway D L. 1970. Inter relationship of carbon and phosphorus in regulating heterotrophic and autotrophic population in aquatic ecosystems. Journal of American History, 97 (2): 491.

King P, Annandale D, Bailey J. 2003. Integrated economic and environmental planning in Asia: a review of progress and proposal for policy reform. Progress in Planning, 59 (4): 233-315.

Kinnell P I A. 2005. Why the universal soil loss equation and the revised version of it do not predict event erosion well. Hydrological Processes, 19 (3): 851-854.

Koudstaal R, Rijsberman F R, Savenije H. 1992. Water and sustainable development. Natural Resources Forum, 16 (4): 277-290.

Kramer D B, Polasky S, Starfield A, et al. 2006. A comparison of alternative strategies for cost-effective water quality management in lakes. Environmental Management, 38 (3): 411-425.

Kruse R, Meyer K D. 1987. Statistics With Vague Data. Dordrecht: D. Reidel Publishing Company.

Kuentzel L E. 1969. Bacteria, carbon dioxide, and algal blooms. Journal Water Pollution Control Federation, 41 (10): 1737-1747.

Kwakernaak H. 1978. Fuzzy random variables I. Information Sciences, 15 (1): 1-29.

Landsberg J H. 2002. The effects of harmful algal blooms on aquatic organisms. Reviews in Fisheries Science, 10 (2): 113-390.

Lange W. 1970. Cyanophyta-Bacteria systems: effects of added carbon compounds or phosphate on algal growth at low nutrient concentrations. Journal of Phycology, 6 (3): 230-234.

Larsen D P, Schults D W, Malueg K W. 1981. Summer internal phosphorus supplies in Shagawa Lake, Minnesota. Limnology and Oceanography, 26 (4): 740-753.

Larsen D P, Sickle J V, Malueg K W, et al. 1979. The effect of wastewater phosphorus removal on shagawa lake, Minnesota: phosphorus supplies, lake phosphorus and chlorophyll a. Water Research, 13 (12): 1259-1272.

Lee E S, Li R J. 1993. Fuzzy multiple objective programming and compromise programming with pareto optimum. Fuzzy Sets and Systems, 53 (3): 275-288.

Lee T. 1992. Water management since the adoption of the Mar del Plata action plan: lessons for the 1990s. Natural Resources Forum, 16 (3): 202-211.

Legge R F, Dingeldein D. 1970. We hung phosphates without a fair trial. Canadian Research and Development, 3: 19-42.

Li Y P, Huang G H, Nie S L, et al. 2007. ITCLP: an inexact two-stage chance constrained program for planning waste management systems. Resources, Conservation and Recycling, 49 (3): 284-307.

Li Y P, Huang G H, Nie S L. 2011. Optimization of regional economic and environmental systems under fuzzy and random uncertainties. Journal of Environmental Management, 92 (8): 2010-2020.

Li Y P, Huang G H. 2009. Two-stage planning for sustainable water-quality management under uncertainty. Journal of Environmental Management, 90 (8): 2402-2413.

Li Y P, Huang G H. 2006. An inexact two-stage mixed integer linear programming method for solid waste management in the City of Regina. Journal of Environmental Management, 81: 188-209.

Likens G E. 1972. Nutrients and eutrophication. American Society of Limnology and Oceanography, Speech Symposia, 1: E328.

Liu B D. 1997. Dependent-chance programming: a class of stochastic optimization. Computer and Mathematics with Applications, 34 (12): 89-104.

Liu B D. 2000. Dependent-chance programming in fuzzy environments. Fuzzy Sets and Systems, 109 (1): 97-106.

Liu B D. 2002a. Theory and Practice of Uncertain Programming. Heidelberg: Physica-Verlag.

Liu B D. 2002b. Toward fuzzy optimization without mathematical ambiguity. Fuzzy Optimization and Decision Making, 1 (1): 43-63.

Liu B D, Iwamura K. 1998a. A note on chance constrained programming with fuzzy coefficients. Fuzzy Sets and Systems, 100 (1-3): 229-233.

Liu B D. 2004. Uncertainty Theory: An Introduction to its Axiomatic Foundations. Berlin: Springer-Verlag.

Liu B D, Iwamura K. 1998b. Chance constrained programming with fuzzy parameters. Fuzzy Sets and Systems, 94 (2): 227-237.

Liu L, Huang G H, Liu Y, et al. 2003. A fuzzy-stochastic robust programming model for regional air quality management under uncertainty. Engineering Optimization, 35 (2): 177-199.

Liu Y, Evans M A, Scavia D. 2010. Gulf of Mexico hypoxia: exploring increasing sensitivity to nitrogen loads. Environmental Science and Technology, 44 (15): 5836-5841.

Liu Y, Guo H C, Wang L J. 2006. Dynamic phosphorus budget for lake-watershed ecosystem. Journal of Environmental Science, 18 (3): 596-603.

Liu Y, Guo H C, Yu Y J, et al. 2008b. Ecological-economic modeling as a tool for lake-watershed management: a case study of Lake Qionghai Watershed, China. Limnogica, 38 (2): 89-104.

Liu Y, Guo H C, Zhang Z X, et al. 2007. An optimization method based on scenario analyses for watershed management under uncertainty. Environmental Management, 39 (5): 678-690.

Liu Y, Guo H C, Zhou F, et al. 2008a. Inexact chance-constrained linear programming model for optimal water pollution management at the watershed scale. Journal of Water Resources Planning and Management-ASCE, 134 (4): 347-356.

Liu Y, Zou R, Guo H C. 2011a. A risk explicit interval linear programming model for uncertainty-based nutrient-reduction optimization for the Lake Qionghai Watershed. Journal of Water Resources Planning and Management-ASCE, 137 (1): 83-91.

Liu Y, Zou R, Riverson J, et al. 2011b. Guided adaptive optimal decision making approach for uncertainty based watershed scale load reduction. Water Research, 45 (16): 4885-4895.

Liu Y K, Liu B D. 2003. Fuzzy random variables: a scalar expected value operator. Fuzzy Optimization and Decision Making, 2 (2): 143-160.

Lung W S. 2001. Water Quality Modeling for Wasteload Allocations and TMDLs. Hoboken: John Wiley Press.

Luo B, You J. 2007. A watershed-simulation and hybrid optimization modeling approach for water-quality trading in soil erosion control. Advances in Water Resources, 30 (9): 1902-1913.

Mahmoud M I, Gupta H V, Rajagopal S. 2011. Scenario development for water resources planning and watershed management: methodology and semi-arid region case study. Environmental Modelling and Software, 26 (7): 873-885.

Mankin K R, Koelliker J K, Kalita P K. 1999. Watershed and lake water quality assessment: an integrated modeling approach. Journal of the American Water Resources Association, 35 (5): 1069-1088.

Maqsood I, Huang G H, Yeomans J C. 2005. An interval-parameter fuzzy two-stage stochastic program for water resources management under uncertainty. European Journal of Operational

Research，167（1）：208-225.

Markowitz H M. 1991. Foundations of portfolio theory. The Journal of Finance，46（2）：469-477.

Marshall B E，Falconer A C.1973. Eutrophication of a tropical African impoundment. Hydrobiologia，43：109-123.

Martin S，Gattuso J P. 2009. Response of Mediterranean coralline algae to ocean acidification and elevated temperature. Global Change Biology，15（8）：2089-2100.

Mazumdlr A，Taylor W D，McQueen D J，et al. 1989. Effects of nutrients and grazers on periphyton phosphorus in lake enclosures. Freshwater Biology，22（3）：405-415.

McDonald A T，Kay D. 1988. Water Resources Issues and Strategies. New York：Longman Scientific and Technical and John Wiley and Sons.

Mcqueen D J，Post J R，Stewart T J. 1989. Bottom-up and top-down impacts on freshwater pelagic community structure. Ecological Monographs，59（3）：289-309.

Mitchell B. 2002. Resource and Environmental Management（2nd edition）. Harlow：Pearson Education Limited.

Mittelbach G G，Osenberg C W，Wainwright P C. 1999. Variation in feeding morphology between pumpkinseed populations：phenotypic plasticity or evolution. Evolutionary Ecology Research，1（1）：111-128.

Mittelbach G G，Turner A M，Hall D J，et al. 1995. Perturbation and resilience：a long-term，whole-lake study of predator extinction and reintroduction. Ecology，76（8）：2347-2360.

Moore R E. 1966. Interval Analysis. New York：Prentice-Hall.

Nahmias S. 1978. Fuzzy variables. Fuzzy Sets and Systems，1（2）：97-110.

National Research Council（NRC）. 1992. National Research Council Academy of Sciences. Restoration of Aquatic Ecosystems. Washington D. C.：National Academy Press.

National Research Council（NRC）. 1999. New Strategies for America's Watersheds. Washington D.C.：National Academy Press.

National Research Council（NRC）. 2001. Assessing the TMDL Approach to Water Quality Management. Washington D. C.：National Academy Press.

National Rivers Authority. 1993. National Rivers Authority Strategy（8-part series encompassing water quality，water resources，flood defense，fisheries，conservation，recreation，navigation，research and development）. Bristol：National Rivers Authority Corporate Planning Branch.

Newson M. 1992，Water and sustainable development the "turn-around decade"？Journal of Environmental Planning and Management，25（2）：175-183.

Nickum J E，Easter K W. 1990. Institutional arrangements for managing water conflicts in lake basins. Natural Resources Forum，14（3）：210-220.

Novotny V，Olem H. 1994. Water Quality：Prevention，Identification，and Management of Diffuse Pollution. Florence：Van Nostrand Reinhold.

Oberkampf W L，deLand S M，Rutherford B M，et al. 2002. Error and uncertainty in modeling and simulation. Reliability Engineering and System Safety，75（3）：333-357.

Oglethorpe D R，Sanderson R A. 1999. An ecological-economic model for agri-environmental policy analysis. Ecological Economics，28（2）：245-266.

Oliveira C, Antunes C H. 2007. Multiple objective linear programming models with interval coefficients-an illustrated overview. European Journal of Operational Research, 181 (3): 1434-1463.

Orr P, Colvin J, King D. 2007. Involving stakeholders in integrated river basin planning in England and Wales. Integrated Assessment of Water Resources and Global Change, Berlin: Springer Netherlands.

Ouarda T, Labadie J W. 2001. Chance-constrained optimal control for multireservoir system optimization and risk analysis. Stochastic Environmental Research and Risk Assessment, 15(3): 185-204.

Ozdemir M S, Saaty T L. 2006. The unknown in decision making what to do about it. European Journal of Operational Research, 174 (1): 349-359.

Pace M L, Cole J J, Carpenter S R, et al. 1999. Trophic cascades revealed in diverse systems. Trends of Ecology and Evolution, 14 (12): 483-488.

Paerl H W, Huisman J. 2008. Climate: blooms like it hot. Science, 320 (5872): 57-58.

Paerl H W, Huisman J. 2009. Climate change: a catalyst for global expansion of harmful cyanobacterial blooms. Environmental Microbiology Reports, 1 (1): 27-37.

Paerl H W, Rossignol K L, Hall S N, et al. 2010. Phytoplankton community indicators of short- and long-term ecological change in the anthropogenically and climatically impacted neuse river estuary, North Carolina, USA. Estuaries and Coasts, 33 (2): 485-497.

Paine R T. 1980. Food webs: linkage, interaction strength and community infrastructure. Journal of Animal Ecology, 49 (3): 667-685.

Pant M C, Sharma A P, Sharma P C. 1980. Evidence for the increased eutrophication of lake Nainital (India) as a result of human interference. Environmental Pollution Series B, Chemical and Physical, 1 (2): 149-161.

Pearse P H, Bertrand F, MacLaren J W. 1985. Current of Change: Final Report of the Inquiry on Federal Water Policy. Ottawa: Queen's Printer.

Pelley J. 2003. New watershed approach rooted in TMDL. Environmental Science and Technology, 37 (21): E388.

Peña-Haro S, Pulido-Velazquez M, Llopis-Albert C. 2011. Stochastic hydro-economic modeling for optimal management of agricultural groundwater nitrate pollution under hydraulic conductivity uncertainty. Environmental Modelling and Software, 26 (8): 999-1008.

Pereira M V F, Pinto L M V. 1991. Multi-stage stochastic optimization applied to energy planning. Mathematical Programming, 52 (2): 359-375.

Phelps D J. 2007. Water and conflict: historical perspective. Journal of Water Resources Planning and Management, 133 (5): 382-385.

Pintér J. 1991. Stochastic modelling and optimization for environmental management. Annals of Operations Research, 31 (1): 527-544.

Prat N, Daroca M V. 1983. Eutrophication processes in Spanish reservoirs as revealed by biological records in profundal sediments. Hydrobiologia, 103 (1): 153-158.

Puri M L, Ralescu D A. 1986. Fuzzy random variables. Journal of Mathematical Analysis and

Applications, 114 (2): 409-422.

Qin X S, Huang G H, Zeng G M, et al. 2007. An interval-parameter fuzzy nonlinear optimization model for stream water quality management under uncertainty. European Journal of Operational Research, 180 (1): 1331-1357.

Qin X, Huang G H, Chen B, et al. 2009. An interval-parameter waste-load-allocation model for river water quality management under uncertainty. Environmental Management, 43 (6): 999-1012.

Rabalais N N, Turner R E, Justic D, et al. 2009. Global change and eutrophication of coastal waters. ICES Journal of Marine Science, 66 (7): 1528-1537.

Redfield A C. 1934. On the proportions of organic derivations in sea water and their relation to the composition of plankton//Daniel R J. James Johnstone Memorial Volume. Liverpool: University Press of Liverpool: 177-192.

Renard K G, Foster G R, Weesies G A, et al. 1997. Predicting Soil Erosion by Water: A Guide to Conservation Planning with the Revised Universal Soil Loss Equation(RUSLE). Washington D. C.: Agriculture Handbook.

Robers P D, Ben-Israel A. 1969. An interval programming algorithm for discrete linear L1 approximation problems. Journal of Approximation Theory, 2 (4): 323-336.

Robers P D. 1968. Interval Linear Programming. Evanston: Northwestern University.

Rodriguez H G, Popp J, Maringanti C, et al. 2011. Selection and placement of best management practices used to reduce water quality degradation in Lincoln Lake watershed. Water Resources Research, 47 (1): 1-13.

Rommelfanger H. 1996. Fuzzy linear programming and applications. European Journal of Operational Research, 92 (3): 512-527.

Rommelfanger H, Hanuscheck R, Wolf J. 1989. Linear programming with fuzzy objectives. Fuzzy Sets Systems, 29 (1): 31-48.

Rotmans J. 2006. Tools for integrated sustainability assessment: a two-track approach. The Integrated Assessment Journal, 6 (4): 35-57.

Roughgarden J. 1979. Theory of Population Genetics and Evolutionary Ecology: An Introduction. New York: Macmillan.

Rowe W D. 1994. Understanding uncertainty. Risk Analysis, 14 (5): 743-750.

Russell B D, Connell S D. 2009. Eutrophication science: moving into the future. Trends in Ecology and Evolution, 24 (10): 527-528.

Ruszczynski A.1997. Decomposition methods in stochastic programming. Mathematical Programming, 79 (1-3): 333-353.

Scavia D, Liu Y. 2009. Exploring estuarine nutrient susceptibility. Environmental Science and Technology, 43 (10): 3474-3479.

Scheffer M, Carpenter S, Foley J A, et al. 2001. Catastrophic shifts in ecosystems. Nature, 413 (6856): 591-596.

Scheffer M, Rinaldi S, Gragnani A, et al. 1997. On the dominance of filamentous cyanobacteria in shallow, turbid lakes. Ecology, 78 (1): 272-282.

Schindler D W, Brunskill G J, Emerson S, et al.1972. Atmospheric carbon dioxide: its role in maintaining phytoplankton standing crops. Science, 177 (4055): 1192-1194.

Schindler D W, Hecky R E, Findlay D L, et al. 2008. Eutrophication of lakes cannot be controlled by reducing nitrogen input: results of a 37-year whole-ecosystem experiment. Proceedings of the National Academy of Sciences, 105 (32): 11254-11258.

Schindler D W, Hecky R E. 2008. Reply to howarth and paerl: is control of both nitrogen and phosphorus necessary. Proceedings of the National Academy of Sciences of the United States of America, 105 (49): E104.

Schindler D W, Hecky R E. 2009a. Eutrophication: more nitrogen data needed. Science, 324 (5928): 721-722.

Schindler D W, Hecky R E. 2009b. Reply to bryhn and håkanson: models for the baltic agree with our experiments and observations in lakes. Proceedings of the National Academy of Sciences, 106 (1): E4.

Schindler D W, Vallentyne J R. 2008. The Algal Bowl: Overfertilization of the World's Freshwaters and Estuaries. London: Earthscan Ltd.

Schindler D W. 1971. Carbon, nitrogen, and phosphorus and the eutrophication of freshwater lakes. Journal of Phycology, 7 (4): 321-329.

Schindler D W. 1974. Eutrophication and recovery in experimental lakes: implications for lake management. Science, 184 (4139): 897-899.

Schindler D W. 1977. Evolution of phosphorus limitation in lakes. Science, 195 (4275): 260-262.

Schindler D W. 2006. Recent advances in the understanding and management of eutrophication. Limnology and Oceanography, 51 (1-2): 356-363.

Schindler D W. 2009. A personal history of the Experimental Lakes Project. Canadian Journal of Fisheries and Aquatic Sciences, 66 (11): 1837-1847.

Schindler D W. 2012. The dilemma of controlling cultural eutrophication of lakes. Proceedings of the Royal Society B, 279 (1746) 4322-4333.

Schmitt T J, Dosskey M G, Hoagland K D. 1999. Filter strip performance and processes for different vegetation, widths, and contaminants. Journal of Environmental Quality, 28 (5): 1479-1489.

Schramm G. 1980. Integrated river basin planning in a holistic universe. Natural Resources Journal, 20 (4): 787-805.

Schueler T R, Caraco D S. 2014. Prospects for low impact land development at watershed level//Urbonas B. Linking Stormwater BMP Designs and Performance to Receiving Water Impact Mitigation. ASCE: 196-209.

Sengupta A, Pal T K, Chakraborty D. 2001. Interpretation of inequality constraints involving interval coefficients, a solution to interval linear programming. Fuzzy Sets and Systems, 119 (1): 129-138.

Sheng H, Liu H, Wang C Y, et al. 2012. Analysis of cyanobacteria bloom in the Waihai part of Dianchi Lake, China. Ecological Informatics, 10: 37-48.

Sherali H D, Fraticelli B. 2002. A modification of Benders'decomposition algorithm for discrete subproblems: an approach for stochastic programs with integer recourse. Journal of Global Optimization, 22 (1-4): 319-342.

Smith V H. 1990. Lake restoration by reduction of nutrient loading: expectations, experiences. extrapolations. Limnology & Oceanography, 35 (6): 1412-1413.

Smith V H. 2003. Eutrophication of freshwater and coastal marine ecosystems: a global problem. Environmental Science and Pollution Research, 10 (2): 126-139.

Smith V H, Joye S B, Howarth R W. 2006. Eutrophication of freshwater and marine ecosystems. Limnology and Oceanography, 51 (1): 351-355.

Smith V H, Schindler D W. 2009. Eutrophication science: where do we go from here? Trends in Ecology and Evolution, 24 (4): 201-207.

Sokile C S, Koppen B. 2004. Local water rights and local water user entities: the unsung heroines of water resource management in Tanzania. Physics and Chemistry of the Earth, 29 (15): 1349-1356.

Sreenivasan A. 1969. Eutrophication trends in a chain of artificial lakes in Madras (India). Environmental Health, 11: 392-401.

Sunaga T, Hayakawa A J, Maruki Y. 1985. A computational method for all-integer interval linear-programming. Journal of the Operations Research Society of Japan, 28 (2): 87-111.

Surowiecki J. 2004. The Wisdom of Crowds: Why the Many are Smarter Than the Few and How Collective Wisdom Shapes Business, Economies, Societies, and Nations. New York: Doubleday.

Taguchi T, Yokota T, Gen M. 1998. Reliability optimal design problem with interval coefficients using Hybrid Genetic Algorithms. Computer and Industrial Engineering, 35 (1-2): 373-376.

Takahasi Y, Uitto J I. 2004. Evolution of river management in Japan: from focus on economic benefits to a comprehensive view. Global Environmental Change, 14 (2004): 63-70.

Takriti S, Ahmed S. 2004. On robust optimization of two-stage systems. Mathematical Programming, 99 (1): 109-126.

Thilaga A, Subhashini S, Sobhana S, et al. 2005. Studies on nutrient content of the Ooty lake with reference to pollution. Nature Environment and Pollution Technology, 4: 299-302.

Thomann R V, Mueller J A. 1987. Principles of Surface Water Quality Modeling and Control. New York: Harper and Row Publishers.

Thorsen M, Refsgaard J C, Hansen S, et al. 2001.Assessment of uncertainty in simulation of nitrate leaching to aquifers at catchment scale. Journal of Hydrology, 242 (3): 210-227.

Tong S C. 1994. Interval number and fuzzy number linear programming. Fuzzy Sets and Systems, 66 (3): 301-306.

US EPA. 2001. Protocol for Developing Pathogen TMDLs: First Edition. Washington D.C.: EPA Office of Water.

US Geological Survey (USGS). 2005. Estimated Use of Water in the United States in 2005. http://pubs.usgs.gov/circ/1344/index.html[2018-04-30].

US Water Resources Council (USWRC). 1983. Economic and Environmental Principles and Guidelines for Water and Related Land Resources Implementation Studies. Washmgton D. C.: Water Resources Council.

van Ast J A. 1999. Trends towards interactive water management: developments in international river basin management. Physics and Chemistry of the Earth (B), 24 (6): 597-602.

Viessmann W. 1990. Water management issues for the nineties. Water Resources Bulletin, 26 (6): 883-891.

Voinov A, Gaddis E B.2008. Lessons for successful participatory watershed modeling: a perspective from modeling practitioners. Ecological Modeling, 216 (2): 197-207.

Vollenweider R A. 1968. Scientific Fundamentals of the Eutrophication of Lakes and Flowing Waters, with a Particular Reference to Phosphorus and Nitrogen as Factor in Eutrophication. Paris: Organization for Economic Cooperation and Development.

Vollenweider R A. 1976. Input-output models with special reference to the phosphorus loading concept in limnology. Schweizerische Zeitschrift fur Hydrologie, 37: E53.

Waller D H, Novak Z. 1981. Pollution loading to the Great Lakes from municipal sources in Ontario. Water Pollution Control Federation, 53 (3): 387-395.

Weber A, Fohrer N, Moller D. 2001. Long-term land use changes in a mesoscale watershed due to socio-economic factors-effects on landscape structures and functions. Ecological Modelling, 140 (1-2): 125-140.

Weber C A. 1907. Aufbau und vegetation der Moore Norddeutschlands. Botanische Jahrbuch 40. Beiblatt zo den botanischen Jahrbuchern, 90 (1907): 19-34.

Wen C G, Lee C S. 1998. A neural network approach to multiobjective optimization for water quality management in a river basin. Water Resources Research, 34 (3): 427-436.

Weschsler D. 1971. Concept of collective intelligence. American Psychologist, 26 (10): 904-907.

Wetzel R G. 2001. Limnology: Lake and River Ecosystems: third edition. San Diego: Academic Press.

Whiting P J. 2006. Estimating TMDL background suspended sediment loading to great lakes tributaries from existing data. Journal of the American Water Resources Association, 42 (3): 769-776.

Wilks D. 1975. Water supply regulation//Chatham House Study Group. Regional Management of the Rhine. London: Chatham House.

Wood S A, Prentice M J, Smith K, et al. 2010. Low dissolved inorganic nitrogen and increased heterocyte frequency: precursors to Anabaena planktonica blooms in a temperate, eutrophic reservoir. Journal of Plankton Research, 32 (9): 1315-1325.

Wu S M, Huang G H, Guo H C. 1997. An interactive inexact-fuzzy approach for multiobjective planning of water environmental systems. Water Science and Technology, 36 (5): 235-242.

Xu Y, Huang G H, Qin X S, et al. 2009. SRCCP: a stochastic robust chance constrained programming model for municipal solid waste management under uncertainty. Resources, Conservation and Recycling, 53 (6): 352-363.

Yang P J, Dong F F, Liu Y, et al. 2016. A refined risk explicit interval linear programming approach for optimal watershed load reduction with objective-constraint uncertainty tradeoff analysis. Frontiers of Environmental Science & Engineering, 10 (1): 129-140.

Yang P J, He G F, Mao G, et al. 2013. Sustainability needs and practices assessment in the building industry of China. Energy Policy, 57 (4): 212-220.

Yang Y H, Zhou F, Guo H C, et al. 2010. Analysis of spatial and temporal water pollution patterns in Lake Dianchi using multivariate statistical methods. Environmental Monitoring and Assessment,

（170）：407-416.

Yokota T，Gen M，Li Y X，et al. 1996. A genetic algorithm for interval nonlinear integer programming problem. Computer and Industrial Engineering，31（3-4）：913-917.

Yokota T，Gen M，Taguchi T，et al. 1995. A method for interval 0-1 nonlinear-programming problem using a genetic algorithm. Computer and Industrial Engineering，29（1-4）：531-535.

Young R A. 2001. Uncertainty and the Environment：Implications for Decision Making and Environmental Policy. Cheltenham：Edward Elgar.

Zadeh L A. 1965. Fuzzy sets. Information and Control，8（3）：338-353.

Zadeh L A. 1978. Fuzzy sets as a basis for a theory of possibility. Fuzzy Sets and Systems，1（1）：3-28.

Zdanowski B. 1982. Variability of nitrogen and phosphorus contents and lake eutrophication. Polish Archives of Hydrobiology，29：541-597.

Zheng Y，Keller A A. 2008. Stochastic watershed water quality simulation for TMDL development-a case study in the Newport Bay Watershed. Journal of the American Water Resources Association，44（6）：1397-1410.

Zhou F，Huang G H，Chen G X，et al. 2009. Enhanced-interval linear programming. European Journal of Operational Research，199（2）：323-333.

Zhou J，Liu B D. 2004. Analysis and algorithms of bifuzzy systems. International Journal of Uncertainty，Fuzziness and Knowledge-Based Systems，12（3）：357-376.

Zhu Y G，Liu B D. 2004. Continuity theorems and chance distribution of random fuzzy variable. Proceedings of the Royal Society of London Series A，460（2049）：2505-2519.

Zou R，Liu Y，Liu L，et al. 2010. REILP approach for uncertainty-based decision making in civil engineering. Journal of Computing in Civil Engineering，24（4）：357-364.

Zou R，Lung W S，Guo H C，et al. 2000. An independent variable controlled grey fuzzy linear programming approach for waste plow allocation planning. Engineering Optimization，33（1）：87-111.

附录　模型求解程序

附录 1：ILP 模型

ILP 模型上界

Model:

!求解 ILP 模型上界;

SETS:
I/1..8/: TPD, FLA, RFLU, RFLL, TLA, TSL, TWD, TIPI, PEPI, APD, ROD, MLA, PWT, RPD, RPE;
J/1..9/: APRL, APRU, IICU, IICL, TIPJ, PEPJ;
XIJ(I, J): X, aa;
ENDSETS

DATA:
IICU = @OLE('e: \\DATA.XLS', 'IICU');
IICL = @OLE('DATA.XLS', 'IICL');
RFLU = @OLE('DATA.XLS', 'RFLU');
RFLL = @OLE('DATA.XLS', 'RFLL');
TPD = @OLE('DATA.XLS', 'TPD');
TLAQ = @OLE('DATA.XLS', 'TLAQ');
TWD = @OLE('DATA.XLS', 'TWD');
APRL = @OLE('DATA.XLS', 'APRL');
APRU = @OLE('DATA.XLS', 'APRU');
TECL = @OLE('DATA.XLS', 'TECL');
TECU = @OLE('DATA.XLS', 'TECU');
FLA = @OLE('DATA.XLS', 'FLA');

```
TLA = @OLE('DATA.XLS', 'TLA');
TLR = @OLE('DATA.XLS', 'TLR');
TSL = @OLE('DATA.XLS', 'TSL');
RMLU = @OLE('DATA.XLS', 'RMLU');
RMLL = @OLE('DATA.XLS', 'RMLL');
RWTU = @OLE('DATA.XLS', 'RWTU');
RWTL = @OLE('DATA.XLS', 'RWTL');
RPEU = @OLE('DATA.XLS', 'RPEU');
RPEL = @OLE('DATA.XLS', 'RPEL');
RLRU = @OLE('DATA.XLS', 'RLRU');
RLRL = @OLE('DATA.XLS', 'RLRL');
TPDQ = @OLE('DATA.XLS', 'TPDQ');
RSLL = @OLE('data.xls', 'RSLL');
RSLU = @OLE('data.xls', 'RSLU');
aa = @OLE('data.xls', aa);
WWT = @OLE('data.xls', WWT);
AWTL = @OLE('data.xls', AWTL);
AWTU = @OLE('data.xls', AWTU);
APD = @OLE('data.xls', APD);
ROD = @OLE('data.xls', ROD);
DWTL = @OLE('data.xls', DWTL);
DWTU = @OLE('data.xls', DWTU);
MLA = @OLE('data.xls', MLA);
PWT = @OLE('data.xls', PWT);
RPD = @OLE('data.xls', RPD);
RPE = @OLE('data.xls', RPE);

@OLE('DATA.XLS', 'LX') = X;
@OLE('DATA.XLS', 'LTIPJ') = TIPJ;
@OLE('DATA.xls', 'LPEPJ') = PEPJ;
@OLE('DATA.xls', 'LPEPI') = PEPI;
@OLE('DATA.xls', 'LTIPI') = TIPI;

end data
```

!目标方程;
Min = @SUM(XIJ(II, JJ): X(II, JJ)*IICU(JJ)*aa(II, JJ));

!环境容量约束;
TPDQ-@SUM(XIJ(II, JJ): X(II, JJ)*APRL(JJ)*aa(II, JJ))< = TECL;
TPDQ> = @SUM(XIJ(II, JJ): X(II, JJ)*APRL(JJ)*aa(II, JJ));

!耕地面积约束;
@SUM(I(II)|II#ne#2: X(II, 5)*aa(II, 5))< = RMLL*TLAQ;

!坡耕地约束;
@FOR(I(II)|II#ne#2: RSLU*TSL(II)*aa(II, 5)< = X(II, 5)*aa(II, 5));

!森林覆盖率约束;
@FOR(I(II)|II#ne#2: (RFLU(II)*TLA(II)-FLA(II))* @IF((aa(II, 5) + aa(II, 7))#
eq#0, 0, 1)< = X(II, 5)*aa(II, 5) + X(II, 7)*aa(II, 7));
@FOR(I(II)|II#ne#2: TLA(II)* @IF((aa(II, 5) + aa(II, 7))#eq#0, 0, 1)*0.8> =
X(II, 5)*aa(II, 5) + X(II, 7)*aa(II, 7));

!生活污水处理率约束;
@FOR(I(II)|II#ne#2: X(II, 1)*aa(II, 1)> = TWD(II)*PWT(II));
@FOR(I(II)|II#ne#2: RWTU*TWD(II)*@if((aa(II, 1) + aa(II, 9))#eq# 0, 0, 1)< =
X(II, 1)*aa(II, 1) + X(II, 9)*aa(II, 9));
@FOR(I(II)|II#ne#2: TWD(II)*@if((aa(II, 1) + aa(II, 9))#eq# 0, 0, 1)> = X(II, 1)*
aa(II, 1) + X(II, 9)*aa(II, 9));

!生态恢复约束;
RLRU*TLR< = @SUM(I(II): X(II, 8)*aa(II, 8));
!湿地面积约束;
@FOR(I(II)|II#ne#2: X(II, 8)*aa(II, 8)< = MLA(II));

!重点污染流域;
@for(I(II)|II#ne#2: RPE(II)*TPD(II)< = @sum(J(JJ):
X(II, JJ)*aa(II, JJ)*APRL(JJ)* @if(RPE(II)#eq#0, 0, 1)));

!尾水外调约束;
@FOR(I(II)|II#ne#2: X(II, 3)*aa(II, 3)＞ = aa(II, 3)*WWT*TWD(II)*RWTU);
@SUM(I(II)|II#ne#2: X(II, 3)*aa(II, 3))＜ = 21900;
!农村面源污染处理率约束;
@FOR(I(II)|II#ne#2: APD(II)*AWTU * @if((aa(II, 5) + aa(II, 6) + aa(II, 7))#eq#
0, 0, 1)＜ = X(II, 5)*aa(II, 5)*APRL(5) + X(II, 6)*aa(II, 6)*APRL(6) + X(II, 7)*aa(II, 7)*
APRL(7));
@FOR(I(II): APD(II)*@if((aa(II, 5) + aa(II, 6) + aa(II, 7))#eq# 0, 0, 1)＞ = X(II, 5)*
aa(II, 5)*APRL(5) + X(II, 6)*aa(II, 6)*APRL(6) + X(II, 7)*aa(II, 7)*APRL(7));
@for(I(II)|II#ne#2: X(II, 6)*aa(II, 6)＜ = TSL(II)*aa(II, 6));

!雨污合流约束;
@FOR(I(II)|II#ne#2: X(II, 4)*aa(II, 4)*APRL(4)＞ = DWTU*ROD(II)*aa(II, 4));
@FOR(I(II)|II#ne#2: X(II, 4)*aa(II, 4)＜ = RPD(II)*aa(II, 4));

@FOR(J(JJ):
TIPJ(JJ) = @SUM(I(II): X(II, JJ)*aa(II, JJ)*IICU(JJ));
PEPJ(JJ) = @SUM(I(II): X(II, JJ)*aa(II, JJ)*APRL(JJ)));

@FOR(I(II):
TIPI(II) = @SUM(J(JJ): X(II, JJ)*aa(II, JJ)*IICU(JJ));
PEPI(II) = @SUM(J(JJ): X(II, JJ)*aa(II, JJ)*APRL(JJ)));
@FOR(I(II): PEPI(II)＜ = TPD(II));

end

ILP 模型下界
Model:

SETS:
I/1..8/: TPD, FLA, RFLU, RFLL, TLA, TSL, TWD, TIPI, PEPI, APD, ROD,
MLA, PWT, RPD, RPE, PEPIL;
J/1..9/: APRL, APRU, IICU, IICL, TIPJ, PEPJ;
XIJ(I, J): X, aa;

```
ENDSETS

data:
IICU = @OLE('e: \\DATA.XLS', 'IICU');
IICL = @OLE('DATA.XLS', 'IICL');
RFLU = @OLE('DATA.XLS', 'RFLU');
RFLL = @OLE('DATA.XLS', 'RFLL');
TPD = @OLE('DATA.XLS', 'TPD');
TLAQ = @OLE('DATA.XLS', 'TLAQ');
TWD = @OLE('DATA.XLS', 'TWD');
APRL = @OLE('DATA.XLS', 'APRL');
APRU = @OLE('DATA.XLS', 'APRU');
TECL = @OLE('DATA.XLS', 'TECL');
TECU = @OLE('DATA.XLS', 'TECU');
FLA = @OLE('DATA.XLS', 'FLA');
TLA = @OLE('DATA.XLS', 'TLA');
TLR = @OLE('DATA.XLS', 'TLR');
TSL = @OLE('DATA.XLS', 'TSL');
RMLU = @OLE('DATA.XLS', 'RMLU');
RMLL = @OLE('DATA.XLS', 'RMLL');
RWTU = @OLE('DATA.XLS', 'RWTU');
RWTL = @OLE('DATA.XLS', 'RWTL');
RPEU = @OLE('DATA.XLS', 'RPEU');
RPEL = @OLE('DATA.XLS', 'RPEL');
RLRU = @OLE('DATA.XLS', 'RLRU');
RLRL = @OLE('DATA.XLS', 'RLRL');
TPDQ = @OLE('DATA.XLS', 'TPDQ');
RSLL = @OLE('data.xls', 'RSLL');
aa = @OLE('data.xls', aa);
WWT = @OLE('data.xls', WWT);
AWTL = @OLE('data.xls', AWTL);
AWTU = @OLE('data.xls', AWTU);
APD = @OLE('data.xls', APD);
APD = @OLE('data.xls', APD);
ROD = @OLE('data.xls', ROD);
```

```
DWTL = @OLE('data.xls', DWTL);
DWTU = @OLE('data.xls', DWTU);
MLA = @OLE('data.xls', MLA);
PWT = @OLE('data.xls', PWT);
RPD = @OLE('data.xls', RPD);
RPE = @OLE('data.xls', RPE);

@OLE('DATA.XLS', 'LX') = X;
@OLE('DATA.XLS', 'LTIPJ') = TIPJ;
@OLE('DATA.xls', 'LPEPJ') = PEPJ;
@OLE('DATA.xls', 'LPEPI') = PEPI;
@OLE('DATA.xls', 'LTIPI') = TIPI;

end data

!目标方程;
Min = @SUM(XIJ(II, JJ)|II#ne#2: X(II, JJ)*IICL(JJ)*aa(II, JJ));


!环境容量约束;
TPDQ-@SUM(XIJ(II, JJ)|II#ne#2: X(II, JJ)*APRU(JJ)*aa(II, JJ))< = TECU;
TPDQ> = @SUM(XIJ(II, JJ)|II#ne#2: X(II, JJ)*APRL(JJ)*aa(II, JJ));

!耕地面积约束;
@SUM(I(II)|II#ne#2: X(II, 5)*aa(II, 5))< = RMLU*TLAQ;

!坡耕地约束;
@FOR(I(II)|II#ne#2: RSLL*TSL(II)*aa(II, 5)< = X(II, 5)*aa(II, 5));

!森林覆盖率约束;
@FOR(I(II)|II#ne#2:  (RFLL(II)*TLA(II)-FLA(II))*  @IF((aa(II, 5) + aa(II, 7))
#eq#0, 0, 1)< = X(II, 5)*aa(II, 5) + X(II, 7)*aa(II, 7));
   @FOR(I(II)|II#ne#2: TLA(II)*  @IF((aa(II, 5) + aa(II, 7))#eq#0, 0, 1)*0.8> =
X(II, 5)*aa(II, 5) + X(II, 7)*aa(II, 7));
```

!生活污水处理率约束;

@FOR(I(II)|II#ne#2: X(II, 1)*aa(II, 1)> = TWD(II)*PWT(II));

@FOR(I(II)|II#ne#2: RWTL*TWD(II)*@if((aa(II, 1) + aa(II, 9))#eq# 0, 0, 1)< = X(II, 1)*aa(II, 1) + X(II, 9)*aa(II, 9));

@FOR(I(II)|II#ne#2: TWD(II)*@if((aa(II, 1) + aa(II, 9))#eq# 0, 0, 1)> = X(II, 1)*aa(II, 1) + X(II, 9)*aa(II, 9));

!污染物削减约束;

@for(I(II)|II#ne#2: RPE(II)*TPD(II)< = @sum(J(JJ): X(II, JJ)*aa(II, JJ)*APRU(JJ)*@if(RPE(II)#eq#0, 0, 1)));

!生态恢复约束;

RLRL*TLR< = @SUM(I(II)|II#ne#2: X(II, 8)*aa(II, 8));

!湿地面积约束;

@FOR(I(II)|II#ne#2: X(II, 8)*aa(II, 8)< = MLA(II));

!尾水外调约束;

@FOR(I(II)|II#ne#2: X(II, 3)*aa(II, 3)> = aa(II, 3)*WWT*TWD(II)*RWTL);

@SUM(I(II)|II#ne#2: X(II, 3)*aa(II, 3))< = 21900;

!农村面源污染处理率约束;

@FOR(I(II)|II#ne#2: APD(II)*AWTL * @if((aa(II, 5) + aa(II, 6) + aa(II, 7))#eq#0, 0, 1)< = X(II, 5)*aa(II, 5)*APRU(5) + X(II, 6)*aa(II, 6)*APRU(6) + X(II, 7)*aa(II, 7)*APRU(7));

@FOR(I(II)|II#ne#2: APD(II)*@if((aa(II, 5) + aa(II, 6) + aa(II, 7))#eq# 0, 0, 1)> = X(II, 5)*aa(II, 5)*APRL(5) + X(II, 6)*aa(II, 6)*APRL(6) + X(II, 7)*aa(II, 7)*APRL(7));

@for(I(II)|II#ne#2: X(II, 6)*aa(II, 6)< = TSL(II)*aa(II, 6));

!雨污合流约束;

@FOR(I(II)|II#ne#2: X(II, 4)*aa(II, 4)*APRU(4)> = DWTL*ROD(II)*aa(II, 4));

@FOR(I(II)|II#ne#2: X(II, 4)*aa(II, 4)< = RPD(II)*aa(II, 4));

!additional variable;

@FOR(I(II)|II#ne#2:
PEPIL(II) = @SUM(J(JJ): X(II, JJ)*aa(II, JJ)*APRL(JJ)));

@FOR(I(II)|II#ne#2: PEPIL(II)< = TPD(II));

@FOR(J(JJ):
TIPJ(JJ) = @SUM(I(II)|II#ne#2: X(II, JJ)*aa(II, JJ)*IICL(JJ));
PEPJ(JJ) = @SUM(I(II)|II#ne#2: X(II, JJ)*aa(II, JJ)*APRU(JJ)));

@FOR(I(II)|II#ne#2:
TIPI(II) = @SUM(J(JJ): X(II, JJ)*aa(II, JJ)*IICL(JJ));
PEPI(II) = @SUM(J(JJ): X(II, JJ)*aa(II, JJ)*APRU(JJ)));

end

附录 2：REILP 模型

Model:

!REILP 模型;

SETS:
I/1..8/: TPD, FLA, RFLU, RFLL, TLA, TSL, TWD, TIPI, PEPI, APD, r5, r6,
ROD, MLA, PWT, RPD, RPE, PEPIL;
J/1..9/: APRL, APRU, IICU, IICL, TIPJ, PEPJ, rr, r1;
XIJ(I, J): X, aa;
ENDSETS
!目标函数;

constraint_risk = risk1 + risk2 + risk3 + risk4 + risk5 + risk6 + risk7 + risk8 + risk
9 + risk10;

Min = constraint_risk;

!费用约束;
@sum(XIJ(II, JJ): X(II, JJ)*(IICU(JJ)-rr(JJ)*(IICU(JJ)-IICL(JJ)))*aa(II, JJ))＜ = total_cost;
total_cost = Upperobjective-r0*(Upperobjective-Lowerobjective);
@for(J(JJ): rr(JJ)＜ = 1);
@FOR(J(JJ): rr(JJ) = r0);

!环境容量约束;
TPDQ-@SUM(XIJ(II, JJ)|II#ne#2: X(II, JJ)*(APRL(JJ) + r1(JJ)*(APRU(JJ)-APRL(JJ)))* aa(II, JJ))＜ = TECL + r2*(TECU-TECL);
@for(J(JJ): r1(JJ)＜ = 1);
TPDQ＞ = @SUM(XIJ(II, JJ): X(II, JJ)*aa(II, JJ)*APRL(JJ));
r2＜ = 1;
risk1 = (@sum(XIJ(II, JJ)|II#ne#2: X(II, JJ)*r1(JJ)*(APRU(JJ)-APRL(JJ))*aa(II, JJ)) + r2*(TECU-TECL))/(TPDQ-TECL)/;

!耕地面积约束;
@SUM(I(II): X(II, 5)*aa(II, 5))＜ = (RMLL + r3*(RMLU-RMLL))*TLAQ;
r3＜ = 1;
risk2 = r3*(RMLU-RMLL)/RMLL;

!坡耕地约束;
@FOR(I(II)|II#ne#2: (RSLU-r4*(RSLU-RSLL))*TSL(II)*aa(II, 5)＜ = X(II, 5)*aa(II, 5));
r4＜ = 1;

risk3 = r4*(RSLU-RSLL)/RSLL;

!森林覆盖率约束;
@FOR(I(II)|II#ne#2: ((RFLU(II)-r5(II)*(RFLU(II)-RFLL(II)))*TLA(II)-FLA(II))*@IF((aa(II, 5) + aa(II, 7)) #eq#0, 0, 1)＜ = X(II, 5)*aa(II, 5) + X(II, 7)*aa(II, 7));
@FOR(I(II)|II#ne#2: TLA(II)* 0.8* @IF((aa(II, 5) + aa(II, 7))#eq#0, 0, 1)＞ = X(II, 5)*aa(II, 5) + X(II, 7)*aa(II, 7));

@for(I(II): r5(II)< = 1);

risk4 = @SUM(I(II)|@IF((aa(II, 5) + aa(II, 7))#eq#0, 0, 1): r5(II)*(RFLU(II)-RFLL(II))* TLA(II)/(FLA(II)-RFLL(II)*TLA(II)))

/@SUM(I(II)|@IF((aa(II, 5) + aa(II, 7))#eq#0, 0, 1): 1);

!生活污水处理率约束;

@FOR(I(II)|II#ne#2: X(II, 1)*aa(II, 1)> = TWD(II)*PWT(II));

@FOR(I(II)|@if((aa(II, 1) + aa(II, 9))#eq# 0, 0, 1): (RWTU-r6(II)*(RWTU-RWTL))* TWD(II)< = X(II, 1)*aa(II, 1) + X(II, 9)*aa(II, 9));

@FOR(I(II)|@if((aa(II, 1) + aa(II, 9))#eq# 0, 0, 1): TWD(II)> = X(II, 1)*aa(II, 1) + X(II, 9)*aa(II, 9));

@for(I(II): r6(II)< = 1);

risk5 = @SUM(I(II): @if((aa(II, 1) + aa(II, 9))#eq# 0, 0, 1)* r6(II)*(RWTU-RWTL)/ RWTL)/@SUM(I(II): @if((aa(II, 1) + aa(II, 9))#eq# 0, 0, 1));

!污染物削减约束;

@for(I(II)|@if(RPE(II)#eq#0, 0, 1): RPE(II)*TPD(II)< = @sum(J(JJ): X(II, JJ)*aa(II, JJ)*(APRL(JJ) + r1(JJ)*(APRU(JJ)-APRL(JJ)))));

risk6 = @SUM(I(II)|@if(RPE(II)#eq#0, 0, 1): @SUM(J(JJ): X(II, JJ)*aa(II, JJ) *r1(JJ)*(APRU(JJ)-APRL(JJ)))/TPD(II)/RPE(II));

!生态恢复约束;

(RLRU-r7*(RLRU-RLRL))*TLR< = @SUM(I(II): X(II, 8)*aa(II, 8));

!湿地面积约束;

@FOR(I(II)|II#ne#2: X(II, 8)*aa(II, 8)< = MLA(II));

r7< = 1;

risk7 = r7*(RLRU-RLRL)/RLRL;

!尾水外调约束;

@FOR(I(II): X(II, 3)*aa(II, 3)> = aa(II, 3)*WWT*TWD(II)*(RWTU-r8*(RWTU-RWTL)));

r8< = 1;

risk8 = r8*(RWTU-RWTL)/RWTL;

@SUM(I(II)|II#ne#2: X(II, 3)*aa(II, 3))< = 21900;

!农村面源污染处理率约束;

@FOR(I(II)|@if((aa(II, 5) + aa(II, 6) + aa(II, 7))#eq# 0, 0, 1): APD(II)*(AWTU-r9*(AWTU-AWTL))

$<$ =

X(II, 5)*aa(II, 5)*(APRL(5) + r1(5)*(APRU(5)-APRL(5))) + X(II, 6)*aa(II, 6)*(APRL(6) + r1(6)*(APRU(6)-APRL(6))) + X(II, 7)*aa(II, 7)*(APRL(7) + r1(7)*(APRU(7)-APRL(7))));

@FOR(I(II)|@if((aa(II, 5) + aa(II, 6) + aa(II, 7))#eq# 0, 0, 1): APD(II)$>$ = X(II, 5)*aa(II, 5)*APRL(5) + X(II, 6)*aa(II, 6)*APRL(6) + X(II, 7)*aa(II, 7)*APRL(7));

@for(I(II)|II#ne#2: X(II, 6)*aa(II, 6)$<$ = TSL(II)*aa(II, 6));

r9$<$ = 1;

risk9 = @SUM(I(II)|@if((aa(II, 5) + aa(II, 6) + aa(II, 7))#eq# 0, 0, 1):

(X(II, 5)*aa(II, 5)*r1(5)*(APRU(5)-APRL(5)) + X(II, 6)*aa(II, 6)*r1(6)*(APRU(6)-APRL(6)) + X(II, 7)*aa(II, 7)*r1(7)*(APRU(7)-APRL(7)) +

r9*(AWTU-AWTL)*APD(II))/AWTL/APD(II))/5;

!雨污合流约束;

@FOR(I(II)|@if(ROD(II)#eq#0, 0, 1): X(II, 4)*aa(II, 4)*(APRL(4) + r1(4)*(APRU(4)-APRL(4)))$>$ = (DWTU-r10*(DWTU-DWTL))*ROD(II)*aa(II, 4));

@FOR(I(II)|@if(ROD(II)#eq#0, 0, 1): X(II, 4)*aa(II, 4)$<$ = RPD(II)*aa(II, 4));

r10$<$ = 1;

risk10 = @SUM(I(II)|@if(aa(II, 4)#eq#0, 0, 1): (X(II, 4)*aa(II, 4)* r1(4)*(APRU(4)-APRL(4)) + r10*(DWTU-DWTL))/ROD/DWTU)/3;

@FOR(I(II):

PEPIL(II) = @SUM(J(JJ): X(II, JJ)*aa(II, JJ)*APRL(JJ)));

@FOR(I(II)|II#ne#2: PEPIL(II)$<$ = TPD(II));

@FOR(J(JJ): TIPJ(JJ) = @SUM(I(II): X(II, JJ)*aa(II, JJ)*(IICU(JJ)-rr(JJ)*(IICU(JJ)-IICL(JJ))));

PEPJ(JJ) = @SUM(I(II): X(II, JJ)*aa(II, JJ)*(APRL(JJ) + r1(JJ)*(APRU(JJ)-APRL(JJ)))));

@FOR(I(II):

TIPI(II) = @SUM(J(JJ): X(II, JJ)*aa(II, JJ)*(IICU(JJ)-rr(JJ)*(IICU(JJ)-IICL(JJ))));

PEPI(II) = @SUM(J(JJ): X(II, JJ)*aa(II, JJ)*(APRL(JJ) + r1(JJ)*(APRU(JJ)-APRL(JJ)))));

```
data:
IICU = @OLE('e: \\DATA.XLS', 'IICU');
IICL = @OLE('DATA.XLS', 'IICL');
RFLU = @OLE('DATA.XLS', 'RFLU');
RFLL = @OLE('DATA.XLS', 'RFLL');
TPD = @OLE('DATA.XLS', 'TPD');
TLAQ = @OLE('DATA.XLS', 'TLAQ');
TWD = @OLE('DATA.XLS', 'TWD');
APRL = @OLE('DATA.XLS', 'APRL');
APRU = @OLE('DATA.XLS', 'APRU');
TECL = @OLE('DATA.XLS', 'TECL');
TECU = @OLE('DATA.XLS', 'TECU');
FLA = @OLE('DATA.XLS', 'FLA');
TLA = @OLE('DATA.XLS', 'TLA');
TLR = @OLE('DATA.XLS', 'TLR');
TSL = @OLE('DATA.XLS', 'TSL');
RMLU = @OLE('DATA.XLS', 'RMLU');
RMLL = @OLE('DATA.XLS', 'RMLL');
RWTU = @OLE('DATA.XLS', 'RWTU');
RWTL = @OLE('DATA.XLS', 'RWTL');
RPEU = @OLE('DATA.XLS', 'RPEU');
RPEL = @OLE('DATA.XLS', 'RPEL');
RLRU = @OLE('DATA.XLS', 'RLRU');
RLRL = @OLE('DATA.XLS', 'RLRL');
TPDQ = @OLE('DATA.XLS', 'TPDQ');
RSLL = @ole('data.xls', 'RSLL');
RSLU = @ole('data.xls', 'RSLU');
aa = @ole('data.xls', aa);
WWT = @ole('data.xls', WWT);
AWTL = @ole('data.xls', AWTL);
AWTU = @ole('data.xls', AWTU);
APD = @ole('data.xls', APD);
```

```
Upperobjective = @OLE('DATA.XLS', 'Upperobjective');
Lowerobjective = @OLE('DATA.XLS', 'Lowerobjective');
ROD = @OLE('data.xls', ROD);
DWTL = @OLE('data.xls', DWTL);
DWTU = @OLE('data.xls', DWTU);
MLA = @OLE('data.xls', MLA);
PWT = @OLE('data.xls', PWT);
RPD = @OLE('data.xls', RPD);
RPE = @OLE('data.xls', RPE);

end data

end
```

附录 3： Refined REILP 模型

```
model:

!refined REILP, tradeoff = 1, r0 = 0.3;


SETS:
I/1..8/: TPD, FLA, RFLU, RFLL, TLA, TSL, TWD, TIPI, PEPI, APD, r5, r6,
ROD, MLA, PWT, RPD, RPE, PEPIL;
J/1..9/: APRL, APRU, IICU, IICL, TIPJ, PEPJ, rr, r1;
XIJ(I, J): X, aa;
ENDSETS
!目标函数;
constraint_risk = risk1 + risk2 + risk3 + risk4 + risk5 + risk6 + risk7 + risk8 + risk
9 + risk10;

total_risk = constraint_risk + @sum(J(JJ): rr(JJ))/9.0;
Min = constraint_risk + tradeoff*@sum(J(JJ): rr(JJ))/9.0;
```

!费用约束;

@sum(XIJ(II, JJ): X(II, JJ)*(IICU(JJ)-rr(JJ)*(IICU(JJ)-IICL(JJ)))*aa(II, JJ)) < = total_cost;

total_cost = Upperobjective-r0*(Upperobjective-Lowerobjective);

@for(J(JJ): rr(JJ) < = 1);

@FOR(J(JJ): rr(JJ) < = r0);

!环境容量约束;

TPDQ-@SUM(XIJ(II, JJ)|II#ne#2: X(II, JJ)*(APRL(JJ) + r1(JJ)*(APRU(JJ)-APRL(JJ)))*aa(II, JJ)) < = TECL + r2*(TECU-TECL);

@for(J(JJ): r1(JJ) < = 1);

TPDQ > = @SUM(XIJ(II, JJ): X(II, JJ)*aa(II, JJ)*APRL(JJ));

r2 < = 1;

risk1 = (@sum(XIJ(II, JJ)|II#ne#2: X(II, JJ)*r1(JJ)*(APRU(JJ)-APRL(JJ))*aa(II, JJ)) + r2*(TECU-TECL))/(TPDQ-TECL)/;

!耕地面积约束;

@SUM(I(II): X(II, 5)*aa(II, 5)) < = (RMLL + r3*(RMLU-RMLL))*TLAQ;

r3 < = 1;

risk2 = r3*(RMLU-RMLL)/RMLL;

!坡耕地约束;

@FOR(I(II)|II#ne#2: (RSLU-r4*(RSLU-RSLL))*TSL(II)*aa(II, 5) < = X(II, 5)*aa(II, 5));

r4 < = 1;

risk3 = r4*(RSLU-RSLL)/RSLL;

!森林覆盖率约束;

@FOR(I(II)|II#ne#2: ((RFLU(II)-r5(II)*(RFLU(II)-RFLL(II)))*TLA(II)-FLA(II)*@IF((aa(II, 5) + aa(II, 7))#eq#0, 0, 1) < = X(II, 5)*aa(II, 5) + X(II, 7)*aa(II, 7));

@FOR(I(II)|II#ne#2: TLA(II)*0.8*@IF((aa(II, 5) + aa(II, 7))#eq#0, 0, 1) > = X(II, 5)*aa(II, 5) + X(II, 7)*aa(II, 7));

@for(I(II): r5(II) < = 1);

risk4 = @SUM(I(II)|@IF((aa(II, 5) + aa(II, 7))#eq#0, 0, 1): r5(II)*(RFLU(II)-RFLL(II))* TLA(II)/(FLA(II)-RFLL(II)*TLA(II)))

/@SUM(I(II)|@IF((aa(II, 5) + aa(II, 7))#eq#0, 0, 1): 1);

!生活污水处理率约束;
@FOR(I(II)|II#ne#2: X(II, 1)*aa(II, 1)＞ = TWD(II)*PWT(II));
@FOR(I(II)|@if((aa(II, 1) + aa(II, 9))#eq# 0, 0, 1): (RWTU-r6(II)*(RWTU-RWTL))*TWD(II)＜ = X(II, 1)*aa(II, 1) + X(II, 9)*aa(II, 9));
@FOR(I(II)|@if((aa(II, 1) + aa(II, 9))#eq# 0, 0, 1): TWD(II)＞ = X(II, 1)*aa(II, 1) + X(II, 9)*aa(II, 9));
@for(I(II): r6(II)＜ = 1);
risk5 = @SUM(I(II): @if((aa(II, 1) + aa(II, 9))#eq# 0, 0, 1)* r6(II)*(RWTU-RWTL)/RWTL)/@SUM(I(II): @if((aa(II, 1) + aa(II, 9))#eq# 0, 0, 1));

!污染物削减约束;
@for(I(II)|@if(RPE(II)#eq#0, 0, 1): RPE(II)*TPD(II)＜ = @sum(J(JJ): X(II, JJ)*aa(II, JJ)*(APRL(JJ) + r1(JJ)*(APRU(JJ)-APRL(JJ)))));
risk6 = @SUM(I(II)|@if(RPE(II)#eq#0, 0, 1): @SUM(J(JJ): X(II, JJ)*aa(II, JJ)*r1(JJ)*(APRU(JJ)-APRL(JJ)))/TPD(II)/RPE(II));

!生态恢复约束;
(RLRU-r7*(RLRU-RLRL))*TLR＜ = @SUM(I(II): X(II, 8)*aa(II, 8));
!湿地面积约束;
@FOR(I(II)|II#ne#2: X(II, 8)*aa(II, 8)＜ = MLA(II));

r7＜ = 1;
risk7 = r7*(RLRU-RLRL)/RLRL;

!尾水外调约束;
@FOR(I(II): X(II, 3)*aa(II, 3)＞ = aa(II, 3)*WWT*TWD(II)*(RWTU-r8*(RWTU-RWTL)));
r8＜ = 1;
risk8 = r8*(RWTU-RWTL)/RWTL;

@SUM(I(II)|II#ne#2: X(II, 3)*aa(II, 3))＜ = 21900;

!农村面源污染处理率约束;

@FOR(I(II)|@if((aa(II, 5) + aa(II, 6) + aa(II, 7))#eq# 0, 0, 1): APD(II)*(AWTU-r9*(AWTU-AWTL))

$<$ = X(II, 5)*aa(II, 5)*(APRL(5) + r1(5)*(APRU(5)-APRL(5))) + X(II, 6)*aa(II, 6)*(APRL(6) + r1(6)*(APRU(6)-APRL(6))) + X(II, 7)*aa(II, 7)*(APRL(7) + r1(7)*(APRU(7)-APRL(7))));

@FOR(I(II)|@if((aa(II, 5) + aa(II, 6) + aa(II, 7))#eq# 0, 0, 1): APD(II)$>$ = X(II, 5)*aa(II, 5)*APRL(5) + X(II, 6)*aa(II, 6)*APRL(6) + X(II, 7)*aa(II, 7)*APRL(7));

@for(I(II)|II#ne#2: X(II, 6)*aa(II, 6)$<$ = TSL(II)*aa(II, 6));

r9$<$ = 1;

risk9 = @SUM(I(II)|@if((aa(II, 5) + aa(II, 6) + aa(II, 7))#eq# 0, 0, 1):

(X(II, 5)*aa(II, 5)*r1(5)*(APRU(5)-APRL(5)) + X(II, 6)*aa(II, 6)*r1(6)*(APRU(6)-APRL(6)) + X(II, 7)*aa(II, 7)*r1(7)*(APRU(7)-APRL(7)) +

r9*(AWTU-AWTL)*APD(II))/AWTL/APD(II))/5;

!雨污合流约束;

@FOR(I(II)|@if(ROD(II)#eq#0, 0, 1): X(II, 4)*aa(II, 4)*(APRL(4) + r1(4)*(APRU(4)-APRL(4)))$>$ = (DWTU-r10*(DWTU-DWTL))*ROD(II)*aa(II, 4));

@FOR(I(II)|@if(ROD(II)#eq#0, 0, 1): X(II, 4)*aa(II, 4)$<$ = RPD(II)*aa(II, 4));

r10$<$ = 1;

risk10 = @SUM(I(II)|@if(aa(II, 4)#eq#0, 0, 1): (X(II, 4)*aa(II, 4)* r1(4)*(APRU(4)-APRL(4)) + r10*(DWTU-DWTL))/ROD/DWTU)/3;

@FOR(I(II):

PEPIL(II) = @SUM(J(JJ): X(II, JJ)*aa(II, JJ)*APRL(JJ)));

@FOR(I(II)|II#ne#2: PEPIL(II)$<$ = TPD(II));

@FOR(J(JJ): TIPJ(JJ) = @SUM(I(II): X(II, JJ)*aa(II, JJ)*(IICU(JJ)-rr(JJ)*(IICU(JJ)-IICL(JJ))));

PEPJ(JJ) = @SUM(I(II): X(II, JJ)*aa(II, JJ)*(APRL(JJ) + r1(JJ)*(APRU(JJ)-APRL(JJ)))));

@FOR(I(II):

TIPI(II) = @SUM(J(JJ): X(II, JJ)*aa(II, JJ)*(IICU(JJ)-rr(JJ)*(IICU(JJ)-IICL(JJ))));

PEPI(II) = @SUM(J(JJ): X(II, JJ)*aa(II, JJ)*(APRL(JJ) + r1(JJ)*(APRU(JJ)-

APRL(JJ)))));

```
data:
IICU = @OLE('e: \\DATA.XLS', 'IICU');
IICL = @OLE('DATA.XLS', 'IICL');
RFLU = @OLE('DATA.XLS', 'RFLU');
RFLL = @OLE('DATA.XLS', 'RFLL');
TPD = @OLE('DATA.XLS', 'TPD');
TLAQ = @OLE('DATA.XLS', 'TLAQ');
TWD = @OLE('DATA.XLS', 'TWD');
APRL = @OLE('DATA.XLS', 'APRL');
APRU = @OLE('DATA.XLS', 'APRU');
TECL = @OLE('DATA.XLS', 'TECL');
TECU = @OLE('DATA.XLS', 'TECU');
FLA = @OLE('DATA.XLS', 'FLA');
TLA = @OLE('DATA.XLS', 'TLA');
TLR = @OLE('DATA.XLS', 'TLR');
TSL = @OLE('DATA.XLS', 'TSL');
RMLU = @OLE('DATA.XLS', 'RMLU');
RMLL = @OLE('DATA.XLS', 'RMLL');
RWTU = @OLE('DATA.XLS', 'RWTU');
RWTL = @OLE('DATA.XLS', 'RWTL');
RPEU = @OLE('DATA.XLS', 'RPEU');
RPEL = @OLE('DATA.XLS', 'RPEL');
RLRU = @OLE('DATA.XLS', 'RLRU');
RLRL = @OLE('DATA.XLS', 'RLRL');
TPDQ = @OLE('DATA.XLS', 'TPDQ');
RSLL = @ole('data.xls', 'RSLL');
RSLU = @ole('data.xls', 'RSLU');
aa = @ole('data.xls', aa);
WWT = @ole('data.xls', WWT);
AWTL = @ole('data.xls', AWTL);
AWTU = @ole('data.xls', AWTU);
APD = @ole('data.xls', APD);
Upperobjective = @OLE('DATA.XLS', 'Upperobjective');
```

```
Lowerobjective = @OLE('DATA.XLS', 'Lowerobjective');
ROD = @OLE('data.xls', ROD);
DWTL = @OLE('data.xls', DWTL);
DWTU = @OLE('data.xls', DWTU);
MLA = @OLE('data.xls', MLA);
PWT = @OLE('data.xls', PWT);
RPD = @OLE('data.xls', RPD);
RPE = @OLE('data.xls', RPE);


end data

end
```

彩　　图

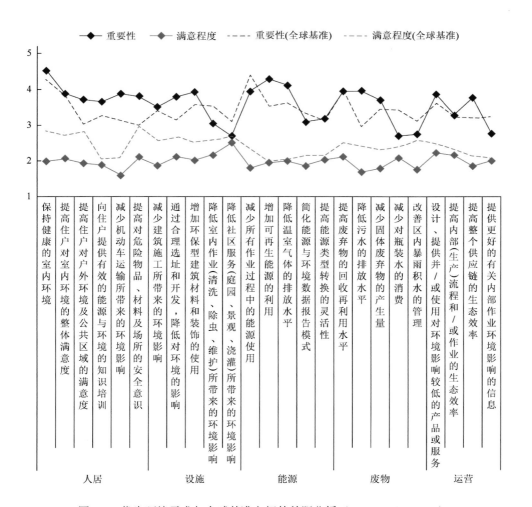

图 2-4　优先环境需求与全球基准之间的差距分析（Yang et al.，2013）

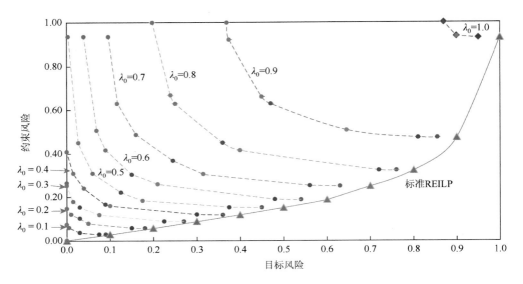

图 2-7　目标-约束风险关系图（Yang et al.，2013）

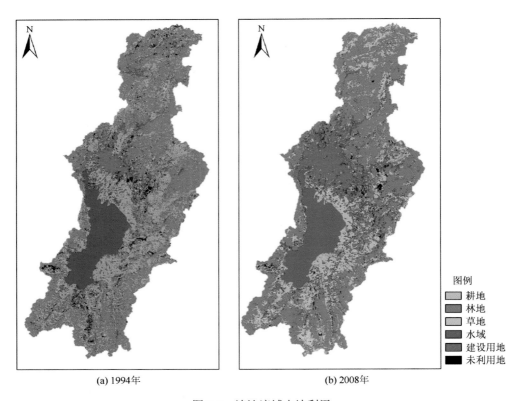

(a) 1994年　　　　　　　　　(b) 2008年

图 3-2　滇池流域土地利用

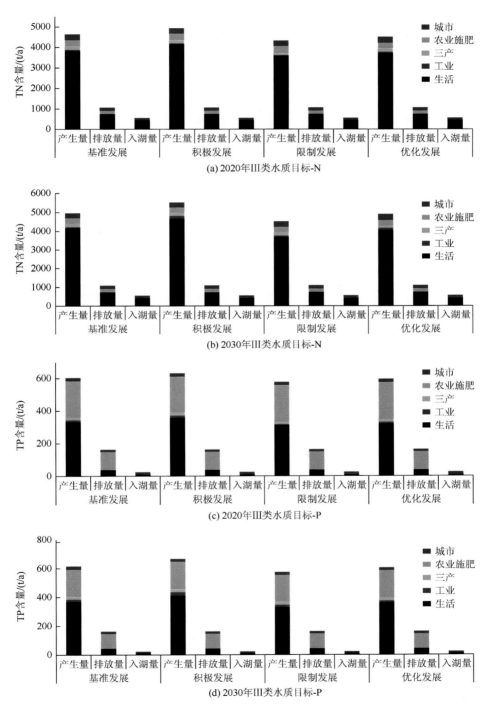

图 3-21　城西草海汇水区 2020 年和 2030 年Ⅲ类水质目标 N、P 削减图

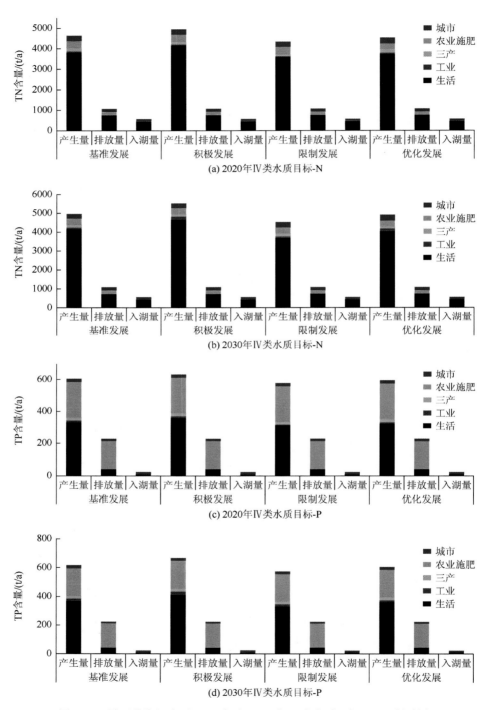

图 3-22 城西草海汇水区 2020 年和 2030 年Ⅳ类水质目标 N、P 削减图

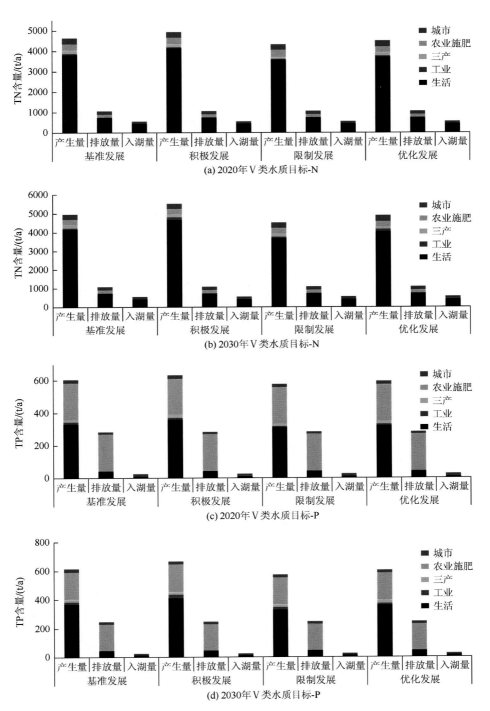

图 3-23 城西草海汇水区 2020 年和 2030 年 V 类水质目标 N、P 削减图

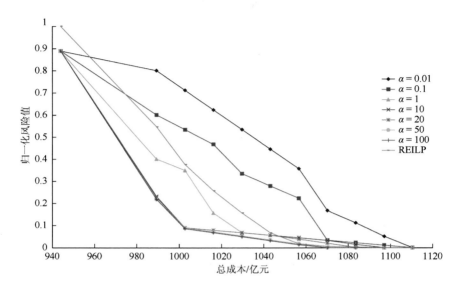

图 4-11　成本-目标风险曲线

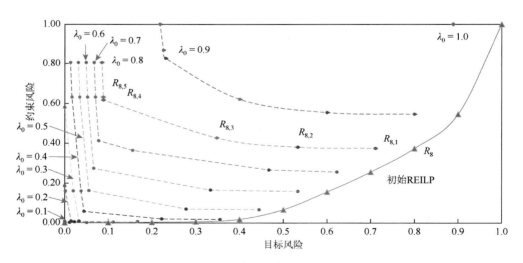

图 4-12　目标-约束风险关系图